Analysis of Typical Corrosion Cases in Power Plant Boilers

电站锅炉典型腐蚀案例分析

华北电力科学研究院有限责任公司　组编

李永立　主编

中国电力出版社
CHINA ELECTRIC POWER PRESS

内 容 提 要

本书筛选了国内外大量电站锅炉侧腐蚀结垢爆管典型案例，对不同类型腐蚀的发生部位、表征、危害、失效机理、典型特征及影响因素进行了重点剖析，并针对性地介绍了防治措施。本书在写作过程中充分考虑了近年来新技术的应用及相关研究进展，对电站锅炉热力系统的水汽运行监控及防腐防垢防爆工作具有较大的借鉴价值。

本书可作为发电厂化学、锅炉、金属等专业运行、监督、检修技术人员，以及电力科研、设计、调试等单位技术人员的培训教材，也可供大专院校相关专业师生学习参考使用。

图书在版编目（CIP）数据

电站锅炉典型腐蚀案例分析/华北电力科学研究院有限责任公司组编；李永立主编 . —北京：中国电力出版社，2021.12

ISBN 978-7-5198-6238-1

Ⅰ.①电… Ⅱ.①华… ②李… Ⅲ.①火电厂—锅炉—防腐—案例—研究　Ⅳ.①TM621.2

中国版本图书馆 CIP 数据核字（2021）第 247291 号

出版发行：中国电力出版社
地　　址：北京市东城区北京站西街 19 号（邮政编码 100005）
网　　址：http：//www.cepp.sgcc.com.cn
责任编辑：赵鸣志
责任校对：黄　蓓　马　宁
装帧设计：赵丽媛
责任印制：吴　迪

印　　刷：三河市万龙印装有限公司
版　　次：2021 年 12 月第一版
印　　次：2021 年 12 月北京第一次印刷
开　　本：787 毫米×1092 毫米　16 开本
印　　张：15.25
字　　数：352 千字
印　　数：0001—1000 册
定　　价：85.00 元

本书编委会

主　　编 李永立

副 主 编 吴华成　李志成　王智春

参编人员 张洪江　胡远翔　王　锐　吕雨龙　韩哲文

　　　　　　刘玉鹏　彭　波　星成霞　管辉尧　谢连科

　　　　　　刘国强　王竞一　李　磊　王熙俊　顾融融

前　言

我国一次能源的分布特点决定了在相当长的一段时间内，火力发电仍将是我国的主要发电方式，目前煤电装机容量占比约为 50％，其发电量占比超过 60％。近年来一大批高热效率、低污染物排放、良好运行灵活性的超（超）临界机组陆续投产，截至 2021 年 6 月底，我国 1000MW 等级煤电机组已投运 150 台，装机容量超 1.5 亿千瓦，占煤电装机容量近 10％。

随着近期国家双碳目标的确定，新能源项目大量上马，越来越多的大容量、高参数火电机组将参与深度调峰运行，这将对机组的安全性要求更高。在电力系统的安全事故中，锅炉受热面管爆漏损坏事故造成的经济损失大、后果严重，是影响发电机组安全经济环保运行的主要因素。伴随着新材料、新工艺的大量应用，电站锅炉热力系统对水汽品质的要求越来越高，出现的腐蚀、结垢、积盐、爆管事故也越来越多，发生的周期在缩短，造成的危害非常严重，电站锅炉的腐蚀与防护工作正日益受到电厂管理者及专业技术人员的重视。

鉴于电站锅炉受热面腐蚀失效的发生机理比较复杂，涉及化学、锅炉及金属等多个专业，在实际的分析处理过程中易出现判定不清晰、主次影响因素混淆、措施针对性不强、结果跟踪不到位等问题。为帮助相关技术人员更准确地判定受热面腐蚀失效的原因，本书较全面地收集了电站锅炉腐蚀爆管的典型案例，从机组运行状况、现场检查、试验测试、失效原因分析、预防与跟踪等方面展开讨论，通过大量图表直观展现了电站锅炉受热面各类腐蚀失效的发生部位、形貌特征、参数表征和运行检测数据，重点探讨了发生的机理机制、形成过程及历史演变，并结合应用实践提出了防治方案，供相关技术人员参考。

本书在编写过程中参考了许多科研单位、生产企业及个人的技术资料，在此对相关单位及作者一并表示衷心感谢。同时，十分感谢长沙理工大学朱志平教授在百忙之中对全书的审阅和指导。

限于编者水平，加之时间仓促，书中难免不足和疏漏之处，敬请读者批评指正。

编　者
2021 年 9 月

目　录

第一章 概 述

第一节 电力行业的发展与变化

电力属于社会公用事业，是国民经济的基础性支柱行业，随着我国经济的发展，用电需求逐年增加。为了满足社会用电量需求的增长，燃煤（燃气）、水电、风电、太阳能、核电、生物质、垃圾焚烧、地热等各种发电方式蓬勃发展。根据我国一次能源分布的"富煤贫油少气"特点，在近期及相当长一段时间内，火力发电仍将是我国主要发电方式。截至 2020 年底，全国全口径火电装机容量达 124 517 万 kW，占全部装机容量的 56.58%（其发电量为 53 302 亿 kW·h，占总发电量的 68.52%）。其中，煤电装机容量为 107 992 万 kW，占全部装机容量的 49.07%（其发电量为 49 177 亿 kW·h，占总发电量的 63.22%），气电装机容量为 9802 万 kW，占全部装机容量的 4.45%。表 1-1、表 1-2 分别给出了 2011—2020 年我国电力装机结构与发电量数据。

表 1-1 　　　　　　　　　 **2011—2020 年全国电力装机结构** 　　　　　　（万 kW）

年份	火电	水电	核电	风电	太阳能发电
2011	76 834	23 298	1257	4623	212
2012	81 968	24 947	1257	6142	341
2013	87 009	28 044	1466	7652	1589
2014	93 232	30 486	2008	9657	2486
2015	100 554	31 954	2717	13 075	4318
2016	106 094	33 207	3364	14 747	7631
2017	111 009	34 411	3582	16 400	13 042
2018	114 408	35 259	4466	18 427	17 433
2019	118 957	35 804	4874	20 915	20 418
2020	124 517	37 016	4989	28 153	25 343

表 1-2 　　　　　　　　　 **2011—2020 年全国发电量结构** 　　　　　　（亿 kW·h）

年份	火电	水电	核电	风电	太阳能发电
2011	38 337.0	6989.4	863.5	703.3	6.0
2012	38 928.1	8721.1	973.9	959.8	36.0
2013	42 470.1	9202.9	1116.1	1412.0	84.0
2014	44 001.1	10 728.8	1325.4	1599.8	235.0
2015	42 841.9	11 302.7	1707.9	1857.7	395.0
2016	44 370.7	11 840.5	2132.9	2370.7	665.0

年份	火电	水电	核电	风电	太阳能发电
2017	47 546.0	11 978.7	2480.7	2972.3	1178.0
2018	50 963.2	12 317.9	2943.6	3659.7	1769.0
2019	52 201.5	13 044.4	3483.5	4057.0	2240.0
2020	53 302.5	13 552.1	3662.5	4665.0	2611.0

近年来燃煤发电得到了快速迅猛的发展，呈现两大特点：

一是机组向着大容量、高参数、高效率和低能耗的方向快速迈进，超临界、超超临界机组以其高热效率、低污染物排放、良好的运行灵活性以及负荷适应性等方面的优势已成为火力发电的主力机组。我国首台超临界机组 2×600MW（24.2MPa，538/566℃）于1991年在上海石洞口电厂投产运行，是成套引进国外技术的超临界机组。国产第一台600MW超临界机组于2004年12月在华能沁北电厂成功投运，国产第一台1000MW超超临界机组于2006年10月在华能玉环电厂投入商业运行。根据2019年底统计，我国现有营运或在建75座1000MW超超临界电厂，全国煤电机组数近3000台，其中，1000MW级煤电机组1.37亿kW，600MW级机组3.6亿kW，300MW级机组2.7亿kW。

二是燃煤发电消耗了国家能源总量的25％以上，2020年中国燃煤发电占中国总发电量63.22％，而中国燃煤发电占全球燃煤发电量52.2％、占全球发电总量18.3％；2020年我国煤炭消耗42亿t（国产原煤39.0亿t、进口3.04亿t），煤炭消费量占能源消费总量的56.8％，其中50％以上的煤炭用于发电。

当今社会对电力工业的安全性要求越来越高，这直接关系国家和人民的生命财产安全。在电力系统的安全事故中，因设备腐蚀而造成的破坏事故占相当大的比例，因此电力设备的腐蚀控制一直备受关注。根据对全国100MW以上电站锅炉的可靠性统计，锅炉受热面管（水冷壁管、过热器管、再热器管、省煤器管，简称"四管"）的爆漏损坏事故是最为严重的、也是最常见的，约占电站锅炉事故的71.7％。火电厂锅炉"四管"的爆漏引起的非计划停运时间占机组非计划停运时间的40％左右，是影响发电机组安全经济运行的主要因素。

电站锅炉水汽系统由于长期处于高温高压下，发生腐蚀、沉积的风险非常大，一旦发生腐蚀沉积将会直接影响锅炉受热面的热传导，降低锅炉热效率，增加煤耗及排烟热损失。严重时将会堵塞炉管，影响水汽循环，导致炉管壁温升高，造成爆管事故，降低锅炉的使用寿命。尤其是超（超）临界机组在多年运行后也逐渐暴露出一些共性的腐蚀沉积问题，如锅炉压差上升较快、减温水及疏水阀堵塞、氧化皮大面积脱落、炉管腐蚀爆裂及结垢速率高、汽轮机动静叶片积盐断裂等。

随着近期国家双碳目标的确定和电力行业行动计划的制定，新能源项目将大量上马，越来越多的大容量、高参数火电机组将深度调峰运行，这些机组在启停阶段由于承受着较大的金属热应力，极易导致过热器和再热器氧化皮剥落、炉管超温爆管、汽轮机主汽门卡涩等问题，将严重影响机组的安全经济运行。据测算660MW和1000MW超（超）临界发电机组因氧化皮脱落引起过热器、再热器堵塞爆管的非计划停运事故每台次造成的直接经济损失分别高达 300 万元和 500 万元。个别电厂因爆管事故造成的非计划停运一年可达数次之多，已经严重影响机组的安全运行和电厂的经济效益。

第二节 锅炉炉管的腐蚀问题

虽然我国在发电机组的参数、性能以及投入商业运行的机组数量上都处于世界前列，但在机组运行调控、热力系统腐蚀结垢控制、汽水品质优化等方面仍然缺少足够的重视，投入的研究经费和人力较少。锅炉炉管的腐蚀问题涉及金属材料、机组运行、检修维护以及化学控制等多方面的专业知识，会对锅炉、汽机相关热力系统的安全经济环保运行产生重大影响。

金属材料腐蚀是一种微观变化过程，受金属材质、介质成分（含 pH 值、电导率等）、运行条件（温度、压力、流速）、运行时间等的影响很大。金属发生腐蚀的过程比较复杂，金属原子在离开金属表面之前先失去部分电子被氧化成阳离子，或与周围环境中某种腐蚀性物质反应形成化合物。金属表面的氧化膜对金属的腐蚀与防护起到至关重要的作用，其氧化膜的形成过程可描述为：氧化剂吸附于金属表面→氧化剂分解并形成化学键→分解后的氧化剂溶解于金属并形成氧化物颗粒→氧化物颗粒不断长大并形成连续的氧化膜→氧化膜继续生长或停止。

在高温环境下，水蒸气管道内会出现水分子中的氧与金属元素发生氧化反应，当金属的工作温度 >570℃时，铁的氧化速率会大大增加。对于抗氧化性能良好的合金钢，因铬、硅、铝等合金元素的离子更容易氧化，会在管道表面形成结构致密的合金氧化膜并阻碍原子或离子的扩散，大大减缓氧化速率。不过，随着时间的推移，氧化层仍会逐渐增厚。当然，其氧化过程将按对数规律而逐步趋于收敛。对于同一种合金钢材，工质温度越高，相对应的管道温度越高，蒸汽氧化作用就越强。另外，管道的传热强度（热通量）越高，管道的平均温度越高，其蒸汽氧化作用也越强。当蒸汽侧氧化层出现后，相当于管内结垢，这提高了管壁的平均温度，从而又加速了蒸汽氧化。金属在蒸汽中产生氧化皮是一个自然过程，在开始时，氧化皮生成很快，而一旦氧化皮生成后，进一步氧化便会慢下来。金属初期形成的氧化皮结构较致密（一般为双层膜结构），起到阻止金属进一步发生氧化的作用。但在某些不利的运行条件下，如超温或压力温度剧烈波动时，金属表面的双层膜氧化皮会发展为多个双层膜组成的多层膜氧化皮结构，金属氧化皮厚度增加后易发生氧化皮剥落的问题。锅炉受热面氧化皮最容易剥落的位置为 U 形立式管的上端，尤其是出口端。因为出口段温度最高，氧化皮厚度最厚。而立式管的上端承受着管屏的自重，产生很大的拉应力。当温度变化大的时候，该部位产生拉伸变化，加上热膨胀系数的差异，附着在管壁上的氧化皮与金属本体间的伸缩变化的差异更大。

Fe 和 H_2O 发生反应生成铁氧化物过程中，$3/4Fe + H_2O \Longrightarrow 1/4Fe_3O_4 + H_2$；自由能在高温下是小于零的，可以自发进行。而 $2/3Fe + H_2O \Longrightarrow 1/3Fe_2O_3 + H_2$ 在 900K 以后自由能大于零，无法自发进行。在有氧存在的情况下，会发生如下氧化反应。$6Fe(OH)_2 + O_2 \Longrightarrow 2Fe_3O_4 + 6H_2O$ 反应自由能比 $2Fe(OH)_2 + O_2 \Longrightarrow Fe_2O_3 + 2H_2O$ 低得多，说明更容易形成 Fe_3O_4，只有在氧压足够大时，才能形成 Fe_2O_3。

电站汽水循环系统中的腐蚀产物有多种形式，离子态的有 Fe^{2+}、Fe^{3+}，颗粒态的有 Fe_3O_4、$\alpha\text{-}Fe_2O_3$ 和 $\gamma\text{-}Fe_2O_3$，氢氧化物有 $Fe(OH)_2$、$Fe(OH)_3$，羟基氧化物有 $\alpha\text{-}FeOOH$、$\beta\text{-}FeOOH$ 和 $\gamma\text{-}FeOOH$ 等，这些产物在不同的环境下还会发生相互转化。对于电站整个汽水循环系统，不同位置的水汽流体工质的参数不尽相同，致使在汽水循环的不同阶段下金属材料发生腐蚀的形式和程度也随之不同，并进一步影响多种腐蚀产物在整个汽水循环中的存在形式。在电站给水系统中主要有两种基本金属腐蚀类型：一种是管壁不断减薄且腐蚀产物主要为离子形式的低温腐蚀，另一种是流动加速腐蚀（Flow Accelerated Corrosion，FAC），主要是液态单相流或汽液双相流工质在碳钢或者低合金钢管道设备表面引发的，导致表面的保护性氧化膜溶解、减薄、脱落，进入给水的 Fe^{2+} 和 Fe_3O_4 颗粒随着工质在后续的热力系统中扩散、迁移、沉积，根据电厂水汽系统的运行情况，给水的 pH 值一般在 9 左右，温度在 300℃ 以下，给水管道基本或部分处于 Fe^{2+} 及其可溶性衍生物的稳定区域内，故腐蚀产物容易随着水工质的流动随汽水循环迁移，导致汽水管道的进一步腐蚀。根据 Fe^{2+} 及其衍生物的稳定区域在 E-pH 图中的变化过程，溶解的铁离子可能会在锅炉管蒸发段发生沉积和结垢，给锅炉运行带来一系列的安全问题。

机组水汽循环系统金属材料的腐蚀首先是在表面形成一层保护性氧化膜，随着氧化膜稳定性的减弱，其部分溶解到水汽中，金属厚度减薄。氧化膜的稳定性决定了其保护作用的大小，在高温水溶液中形成的氧化膜伴随着水解过程，氧化物很少含结晶水，温度的升高会加速其化学溶解。水汽与金属在无氧、300℃ 及以下发生的是电化学反应，金属铁单质作为反应阳极放出电子被氧化成二价铁并与水中电离出的 OH^- 结合形成氢氧化亚铁，电子转移给水中的 H^+ 并被还原成 H_2 分子。氢氧化亚铁随着反应进行发生缩合脱水反应，形成内外两层的磁性 Fe_3O_4，外层的结构松散，孔隙较多，不牢固，这样的氧化膜易被冲刷带走，增大水中铁的含量。当水汽处于 300～400℃ 时，即为电化学反应与化学反应混合的过渡区域，水的能量增大，足够使部分 Fe^{2+} 氧化成为 Fe^{3+}，形成较为致密的 Fe_3O_4 氧化膜，伴随着温度的不断升高，氧化膜的生成逐渐以化学反应主导。当温度到达 400℃ 以上时，铁与水蒸气直接反应。高温水汽自身发生分解，产生 O^{2-} 与扩散的铁离子接触，形成氧化物释放出氢。此时的氧化膜在金属表面向两侧生长，氧化膜致密均匀，保护能力较强，不易被溶液带走。

一般情况下水汽系统中氧化物的生成和溶解速率是几乎相等的，即它们的增长达到一个平衡状态。在异常情况下，氧化物溶解进入水汽中的速率比金属表面氧化物生成速率快。进入超临界态后水工质物性会发生巨大变化，高温段炉管蒸汽侧的氧化腐蚀速率加快。超临界机组水汽中铁腐蚀产物溶解度随着压力的升高而增大，随着温度的升高而降低。腐蚀产物在整个汽水系统中迁移会造成省煤器后节流圈堵塞、水冷壁沉积速率增大、锅炉运行压差增大等严重问题。

通常而言，水汽系统中的铁 99.9% 都是以化合物形式存在的。Ca^{2+}、Mg^{2+}、Na^+、硅酸化合物、Cl^-、SO_4^{2-} 及金属腐蚀产物是进入超临界机组水汽系统中的主要杂质组分。给水中的 Ca^{2+}、Mg^{2+} 在过热蒸汽中的溶解度较低且随压力的增加变化不大；而钠化合物在过热蒸汽中的溶解度较大且随压力的增加溶解度稳步增加；硅化合物在亚临界以上工况下的溶解度已接近同压力下的水中的溶解度，且随压力的增加溶解度也渐渐增加；强酸阴离子如氯离子在过热蒸汽中的溶解度较低，但随压力的增加变化较大；硫酸根离子在过热蒸汽中的溶解度较低且随压力的增加变化不大；铁氧化物在蒸汽中的溶解度随压力的升高也呈不断升高趋势，而铜氧化物在蒸汽中的溶解度随压力的升高而增加，当压力升高到一定程度时有发生突跃性增加的情况。图 1-1 给出了典型汽轮机蒸汽条件下杂质在过热蒸汽中的溶解度。

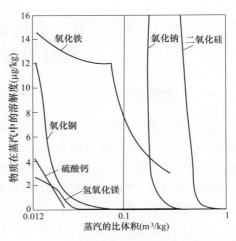

图 1-1　在典型汽轮机蒸汽条件下杂质在过热蒸汽的溶解度

锅炉炉管的氧化皮由两部分组成：一是高温高压环境下金属管壁发生的直接氧化，Fe^{2+} 由基体向工质内扩散，同时氧分子由工质向基体扩散，在马氏体钢和奥氏体钢表面生成以 $FeCr_2O_4$ 和 Fe_3O_4 为主的双层氧化膜；二是来自流体工质内的腐蚀产物沉积，由于工质物性参数的变化，如在经过临界点时腐蚀产物的溶解度降低几个数量级，处于过饱和状态，将会发生沉积反应。运行温度的提高会加剧电站锅炉过热器、再热器甚至包括联箱和管道等蒸汽通流部件的汽侧氧化，氧化皮层阻碍介质与管壁的热交换，壁温升高又将加速氧化程度。有关计算表明，每增加 0.025mm 氧化皮，再热器管壁温度约增加 0.28℃，过热器管壁温度约增加 1.67℃。在机组启停炉过程中氧化皮的剥落率最高，在立式布置的高温过热器和高温再热器中，从 U 形管垂直管段剥离下来的氧化皮，一部分被高速流动的蒸汽带出过热器，另一部分会落到 U 形管底部弯头处而大量堆积，使得管内通流截面减小，流动阻力增加，蒸汽通过量减少，管壁大幅超温后将引起爆管。

给水加氧处理（Oxygen Treatment，OT）可以达到减缓热力设备腐蚀的目的，改善给水管道流动加速腐蚀状况，减少炉管内沉积物量，解决直流锅炉炉管和加热器压差快速升高问题，降低锅炉清洗频率，延长凝结水精处理运行周期等。1988 年我国在望亭电厂的燃油亚临界直流锅炉进行加氧处理工业试验，并取得满意结果，随后又在燃煤亚临界、超临界和超超临界直流锅炉中取得成功的运行经验。

目前，常规电站机组水汽系统主要部件使用的材质类别有碳钢、低合金结构钢、高合金结构钢和奥氏体不锈（耐热）钢，其中，碳钢常用的有 20G、20MnG、25MnG、SA-106 B、SA-106 C、SA-210 A-1、SA-210 C 等；低合金结构钢常用的有 15MoG、20MoG、15CrMoG、12Cr1MoVG、12Cr2MoG、10CrMo910、12Cr2MoWVTiB（G102）、15Ni1MnMoNbCu（WB36）、T11/P11、T12/P12、T22/P22 和 T23 等；高合金结构钢常用的有 10Cr9Mo1VNbN（T91/P91）、10Cr9MoW2VNbBN（T92/P92）、10Cr11MoW2VNbCu1BN（T112/P112）等；奥氏体不锈（耐热）钢常用的有 07Cr19Ni10（TP304H）、07Cr25Ni21（TP310H）、07Cr19Ni11Ti（TP321H）、07Cr18Ni11Nb（TP347H）、08Cr18Ni11NbFG（TP347HFG）、10Cr18Ni9NbCu3BN(Super304H)、07Cr25Ni21NbN（TP310HCbN、HR3C）等。长期运行时各种材料在高温水、蒸汽环境中都会发生氧化形成氧化膜，不同的材质在相同的环境中形成的氧化膜有所不同，相同的材质在不同水工况条件下所形成的氧化膜也有区别。

第三节　余热锅炉、空冷机组及核电 机组的水汽系统腐蚀特点

一、余热锅炉

随着经济的快速发展，社会对能源的需求和环保的要求越来越高。近年来在国内发达经济地区燃气-蒸汽联合循环（Gas Turbine Combined-Cycle，GTCC）发电机组迅猛发展，我国目前以国外 GE、三菱、西门子等公司的燃气轮机为主，"二拖一""一拖一"机组应用较为普遍。和传统燃煤发电机组相比，燃气-蒸汽联合循环发电机组具有建设周期短、安装成本低、发电效率高、启动快、调峰能力强、占地面积小、用水少、环保等优点，可以大大改善电力系统运行环境，增强系统的调峰能力和事故应急处理能力。

余热锅炉（Heat Recovery Steam Generators，HRSG）作为燃气-蒸汽联合循环发电机组的主要组成部分，型式有三压、再热、无补燃、自然循环等，布置上有卧式（水平于烟气通道）和立式（垂直于烟气通道）之分。立式余热锅炉起源于欧洲，占地面积小，对调峰运行时产生的热应力敏感度较低；卧式余热锅炉在北美和我国应用较多，分为设置除氧器的和利用凝汽器除氧的两种。余热锅炉水汽系统比燃煤机组复杂，一般为：凝结水→凝结水泵→除铁过滤器→低压省煤器→除氧器（低压汽包）→低压饱和蒸汽及中、高压给水泵→中、高压汽包→中、高压饱和蒸汽，其水汽控制质量标准与炉型结构、压力等级密切相关。目前的余热锅炉基本都存在水汽系统氢电导率超标等问题，主要原因有热网加热器泄漏、天然气性能加热器泄漏、凝结水负压系统不严密、热泵等疏水超标、机组运行方式改变等。

余热锅炉采用模块化设计，容易进行安装，但不易进行维护和更换；受热面虽不易发生烟气冲刷问题，但由于管壁较薄，部分管壁腐蚀余量设计仅为 1mm，一旦发生内壁结垢、腐蚀问题，将严重影响机组的安全稳定运行。流动加速腐蚀是余热锅炉最易发生的腐蚀损坏形式，其主要影响因素有水流状态、金属材质、介质流体特性等。余热锅炉蒸发系统不但流速高，而且伴随着管壁面上介质剧烈的相变过程，对金属表面的氧化膜有很强的破坏作用。

目前越来越多的燃气-蒸汽联合循环机组由基荷模式向调峰模式转换，余热锅炉趋向于每天启停，频繁响应和快速启动是余热锅炉设计的标准要求。设计基础通常考虑的是每月一次冷启动，每周一次温启动，每天一次热启动，在 25 年寿命期内 300 次冷启动，1300 次温启动，9000 次热启动。冷启动通常在 60min 内达到满负荷，也可能在 30min 内完成。加负荷和减负荷速度不受限制的快速启停对余热锅炉的损害较大，大量破坏受热面管内的保护性氧化膜，一般至少需要连续两周的连续运行时间才能重新形成。

二、空冷机组

由于我国北方地区大多富煤贫水，采用直接空冷系统的机组比湿冷机组节水 70% 以上。从 2000 年起我国空冷机组建设进入快速发展期，尤其是大批 600MW 和 1000MW 超（超）临界空冷机组相继投运，目前无论从数量还是单机容量我国空冷机组均位于世

界前列。通常为了提高大型直接空冷岛的冷却效果，采用带鳍片的碳钢管作为换热元件，并设置庞大的冷凝系统，水汽在冷凝过程中接触的金属表面是相同容量湿冷机组的 10 余倍。

直接空冷凝汽器作为汽轮机低压缸排汽的冷却设备，做功后的乏汽在设备内部发生冷凝，在空冷系统湿蒸汽环境中，介质温度较低，水蒸气以汽相和液相两种方式存在于系统中，同时蒸汽冷凝时氨与杂质在汽液两相再分配，导致液膜 pH 值降低、腐蚀性离子富集及氧量不足。直接空冷设备的腐蚀问题突出，主要是空冷凝汽器的材料为碳钢，进入空冷岛的汽轮机乏汽流速较快，并且夹杂着低 pH 值初凝液滴，对金属表面产生冲刷和冲击作用，破坏液膜边界层，加快了 Fe^{2+} 传质速率，导致其发生单相流、汽液两相流的流动加速腐蚀，凝结水的含铁量通常是湿冷机组的 3～5 倍。这些腐蚀涉及面积大、影响因素多，如果不加以重视会导致严重的突发性事件，如管壁腐蚀穿透、空冷岛无法维持真空、甚至跳机等。

大量空冷机组的检查发现空冷系统的内部，包括排汽装置、蒸汽分配管、换热管、凝结水收集管等部位均存在较为严重的腐蚀，部分严重部位呈金属色泽，最大减薄处达到 3mm 以上。另外，空冷凝汽器内的除铁装置截留了大量铁的腐蚀产物。

三、　核电机组

20 世纪中叶以来核电已经成为发达国家电力供应的主要形式之一，核电发电量的占比曾经达到总发电量的 17% 以上。核电作为一种可持续供应的清洁能源，可以节约大量原煤，缓解铁路运输压力，同时保护自然生态环境，减少大气污染，是我国能源的重要组成部分。截至 2020 年底，我国运行核电总装机 49 台，装机容量约为 4989 万 kW，《十四五规划和 2035 年远景目标纲要》中指出：核电运行装机容量要达到 7000 万 kW。随着大量核电站的建设和运营，核电站设备在运行环境下的腐蚀失效越来越引起人们的高度关注，一旦发生就有可能造成大量放射性物质的泄漏，对周围的环境造成严重的污染。

核电站二回路主要由蒸汽发生器、汽轮机、凝汽器、多级给水加热器、除氧器、主给水泵等设备和相应的汽水分离再热、抽汽疏水、蒸汽发生器排污及其他辅助系统组成，管道主要选用低碳钢管件焊接连接。二回路为封闭的汽水循环回路，其主要功能是将高温高压蒸汽导入汽轮机做功后冷凝，再将冷凝水逐级加热送至蒸汽发生器二次侧产生蒸汽，并维持这一汽水循环。二回路介质处于高温、高压环境中，不同材料和介质之间的交互作用会导致不同形态的腐蚀。

国内某压水堆核电站二回路系统在 1 个换料周期（约 410 天）中，管道频繁腐蚀泄漏，给运行带来了很大的安全隐患。我国压水堆核电站二回路系统水化学处理方式多采用氨和联氨的 AVT（R）还原性全挥发处理［All Volatile Treatment（Reduction），AVT（R）］工况，由于氨的挥发系数较大，在水汽两相区域水相中氨的含量明显偏少，pH 值明显偏低，容易引起碳钢和低合金钢等材料的流动加速腐蚀，受影响的管线主要包括主蒸汽管线、主给水管线、凝结水管线、疏水管线、抽汽管线、再热蒸汽管线等。根据欧美地区二回路有机胺处理的成熟做法，国内部分核电站正在二回路开展使用低挥发性的有机胺（如吗啉、乙醇胺等）替代氨的相关试验。另外，核电站二回路汽水管道环焊缝根部由流动加速腐蚀引起的局部减薄现象也应引起重视，如不进行有效的检测和监督，可能导致高能管道泄漏或破裂。

核电站常用的金属材料有低合金结构钢（WB36CN1、P22 等）、奥氏体不锈钢（TP304L、TP316L 等）和镍基合金（Inconel600、Inconel690 等），压水堆主管道多采用耐腐蚀能力强、抗疲劳能力强的奥氏体不锈钢。核电用材料长期处于高辐射、高温高压的苛刻工作环境，材料性能会逐渐劣化，应力腐蚀、缝隙腐蚀、点蚀、腐蚀疲劳等腐蚀形式均有出现。但因系统复杂，设备管道难于更换。根据瑞典核电监察机构的报告，应力腐蚀开裂处于失效事件的第一位，其次是流动加速腐蚀。根据全世界超过 12 000 堆·年的统计数据表明，流动加速腐蚀约占核电站管道失效的 33%。根据美国电力研究院 EPRI 的统计分析表明，核电材料腐蚀问题大体上可分为沸水堆管道破裂、压水堆管道破裂、高强度零件破裂和蒸汽发生器管子损坏等，其中以沸水堆管道以及压水堆蒸汽发生器的腐蚀损坏问题最为普遍和严重。而这些关键部位材料的正常工作情况决定了整座核电站的安全状况。

第四节　锅炉炉管腐蚀检（监）测评价技术简介

近年来大容量、高参数发电机组日益受到重视，机组蒸汽参数的不断提高给热力管道受热面的安全运行带来了严峻挑战。在不断提高机组金属材料耐高温强度、抗腐蚀能力以及水化学处理技术的同时，发展机组水汽循环系统的腐蚀监测评价技术来预测和控制水汽系统腐蚀与沉积，也逐渐成为热点。

一、　常用腐蚀检测手段

常用腐蚀检测手段主要有现场调查、物理检测、机械检测、腐蚀产物检测和电化学检测。质量法是腐蚀研究中最常用、最经典的方法，用来确定由腐蚀和侵蚀引起的总金属质量损失。腐蚀形貌观测主要利用扫描电镜、表面光度仪、透射电镜、金相显微镜和 X 射线光电子能谱等，对微观组织结构及腐蚀产物进行形貌观测，用来确定金属材料在腐蚀破坏后的损伤特征，是质量法和电化学测量技术的重要补充。

二、　腐蚀影响因素检测技术

腐蚀产物及水汽品质等影响因素的检测有分光光度法、离子色谱法、等离子发射光谱法、原子吸收分析法、质谱法等，还有离子交换富集技术、多种技术联用等综合手段。颗粒检测方法常用的有浊度法、颗粒计数法，激光 Doppler 测速仪可应用于紊流环境中局部干扰流场的测量。

三、　腐蚀电化学测量方法

电化学测试很早就被用于金属腐蚀领域，其相对于传统腐蚀测量方法的优势在于可以迅速、精确反映电子通过电极材料期间发生的变化过程；电压和电流的变化是这种变化过程宏观上的表现方式，可以快速获得，并准确分析工作电极材料的性质变化规律。

1. 极化曲线技术

极化曲线技术是 Stern 等人在 1957 年提出的，可以快速、简便地测定金属的瞬时腐蚀速率，是电化学测试方法中测试腐蚀速率最简单的一种，也是技术发展比较成熟的方法。一般需要在体系的电极表面状态、极化电流、电极电势稳态的情况下测量，通常要求在金属腐蚀电位附近的微小电位区间（如±10mV）中测定电位变化与电流变化的线性关系，由其斜率确定R_P。一般分为恒电位法和恒电流法两种，恒电位法是使用最多的一种。通常控制电位的方法有静态法和动态法，动态法较静态法有更多的优点，因此应用更广。

2. 交流阻抗技术

交流阻抗技术也称为电化学阻抗谱（Electrochemical Impedance Spetroscopy，EIS），是一种用于表征各种电化学系统和确定电解过程的技术。电化学阻抗谱测量可以通过几种不同的方法进行，包括模拟分析和使用定制 EIS 设备或数字计算在时域和/或频域处理系统。通过较小的 AC 电势或电流信号施加到电化学电池中并测量对应电压（或电流）响应来执行 EIS 测试，然后从中计算阻抗值。可在离线和使用定制设备进行的，然后使用传递函数产生面板的等效电路，数据通常通过等效电路来解释。通过对测得的阻抗谱进行等效电路拟合之后，可以准确得到腐蚀体系中的详细的电化学信息，其中包括极化电阻的数值R_P，从而计算出工作电极的腐蚀速率。通过阻抗测试所得的 EIS 图可以清晰地分辨出整个过程中包含的子过程动力学步骤及其动力学特征。由于交流阻抗法的后期数据处理过程比较复杂，对测试者要求较高。

3. 数值计算模拟技术

数值计算模拟技术自 21 世纪以来应用越来越多，主要是由于实验条件往往受到许多外在环境因素的限制，得到的实验结果通常不那么精确，但是数值模拟不受实验条件的限制，由计算机软件在一定的参数条件下完成，因此能很好地辅助实验，并且可以节约实验时间和节省实验费用。锅炉炉管的某些特殊实验条件往往非常苛刻，如高温、高压、高流速，一般很难在实际中完成，而数值模拟就可以很有效地解决这个问题。具有耗时少、省人力、便于优化设计、条件易于控制等优点，比实验研究更灵活，并且具有很好的可重复性。CFD（Computational Fluid Dynamics）模拟是一种基于解决众所周知的Navier-Stokes 方程的数值分析技术。Fluent 软件是 CFD 软件中应用较多的一种，它可以利用当前存在的程序对目标进行研究，而且对操作人员要求较低。

4. 在线腐蚀监测技术

（1）挂片法：是一种普遍采用的传统方法，测定结果分散不具有连续性，同时在试样的处理过程中会引入较大的误差。

（2）在线电阻探针监测技术：是一种自动测量的挂片失重法，将电阻探针暴露于腐蚀介质中，测量暴露在介质中的金属元件因腐蚀减少横截面积而引起的电阻变化。这种方法既能在液相中测定，又能在汽相中测定。

（3）电化学噪声测试技术：是目前比较适合用于腐蚀现场监测的技术，有着直接、无扰动等优点。测量的是电极表面电压或者电流随时间的变化情况，是一种原位无损的电化学腐蚀监测测试技术，在测量过程中对被测电极不施加任何外界扰动。在电化学动力系统的演化过程中，系统的电学状态参量随时间发生随机的非平衡波动现象，提供了丰富的系统演化信息，包括系统从量变到质变的信息。这种波动现象提供了大量电极系统反应的信息。根据测量仪器所检测的电学信号的不同，可将电化学噪声分为电流噪声和电位噪声。电流噪声是指电极界面反应引起的外侧电流密度波动，而电位噪声则指电极界面反应引起的电极电位波动。由于一个电化学传感器所能监测的面积有限，因此若利用电化学噪声技术对一个对象进行腐蚀监检测，需要使用多个传感器对多个点进行测试，仪器必须具备多通道检测的能力。电化学噪声的测量可以分为两种，测试系统都应置于屏蔽箱中防止外界干扰。第一种是极化式，这种方式主要见于早期的电化学噪声研究。即在恒电位时测量电化学电流，或者在恒电流时测量电位噪声。采用恒电位极化方式时一般采用三电极测试体系，即在双电极的基础上增加一个辅助电极给研究电极提供恒电压极化。第二种是倾听式，是在完全不扰动被测体系的情况下，测量体系的电流及电位。这种方式采用较多，主要是因为在测量过程中不须对被测体系施加可能改变腐蚀过程的外界扰动，因此所需的仪器设备简单，不用事先建立被测体系的电极过程模型，不需要满足电化学阻抗谱测量所必需的因果性、线性和稳定性三个基本条件。

（4）在线腐蚀电位监测技术：指在不扰动腐蚀体系的情况下采集腐蚀体系的电位，具有测试装置简单、维护方便、易于实现长期监测、远程操作、原位无损的特点，可看作是电化学噪声监测的简化版，该方法在阴极保护系统中已使用多年。但该方法的缺点是得到的腐蚀信息太少，腐蚀电位的变化能体现腐蚀体系反应的进行情况，但无法得到腐蚀速度等指标。

第二章 氧 腐 蚀

第一节 氧腐蚀的概念和发生机理

一、氧腐蚀

氧腐蚀是电站热力设备中一种普遍存在、常见的腐蚀形式。热力设备在安装、运行和停用期间都有可能发生氧腐蚀，其中以锅炉在运行和停用期间的氧腐蚀最为严重。

根据腐蚀电化学的基本原理，在铁-水体系中氧具有双重作用。它可以作为阴极去极化剂，参加阴极反应，使金属的溶解加快，起着腐蚀剂的作用；也可以作为阳极钝化剂，阻碍阳极反应过程的进行，起着保护作用。

二、发生机理

1. 碳钢在中性充气 NaCl 溶液中氧腐蚀机理

碳钢表面由于电化学不均匀性，如金相组织的差别、夹杂物的存在、氧化膜的不完整、氧浓度差别等，造成各部分电位不同，形成微电池，其腐蚀反应为：

阳极反应 $$Fe \longrightarrow Fe^{2+} + 2e \tag{2-1}$$

阴极反应 $$O_2 + 2H_2O + 4e \longrightarrow 4OH^- \tag{2-2}$$

所生成的 Fe^{2+} 进一步反应，即 Fe^{2+} 水解产生 H^+，其反应式为：

$$Fe^{2+} + H_2O \longrightarrow FeOH^+ + H^+ \tag{2-3}$$

钢中的夹杂物，如 MnS 和 H^+ 反应，其反应式为：

$$MnS + 2H^+ \longrightarrow H_2S + Mn^{2+} \tag{2-4}$$

所生成的 H_2S 可以加速铁的溶解，由于 H_2S 的加速溶解作用，腐蚀所形成的微小蚀坑将进一步发展。

由于小蚀坑的形成及 Fe^{2+} 的水解，坑内溶液和坑外溶液相比，pH 值下降，溶解氧的浓度下降，形成电位差异，坑内的钢进一步腐蚀，蚀坑得到扩展和加深，如图 2-1 所示。

管壁上氧腐蚀引起的蚀坑如图 2-2 所示。

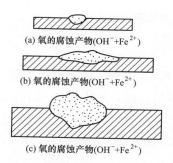

(a) 氧的腐蚀产物(OH^-+Fe^{2+})

(b) 氧的腐蚀产物(OH^-+Fe^{2+})

(c) 氧的腐蚀产物(OH^-+Fe^{2+})

图 2-1 碳钢氧腐蚀机理示意图

图 2-2 管壁上氧腐蚀引起的蚀坑

在蚀坑内部，其反应过程为：

阳极反应 $\qquad\qquad Fe \longrightarrow Fe^{2+} + 2e$ (2-5)

Fe^{2+} 的水解 $\qquad\qquad Fe^{2+} + H_2O \longrightarrow FeOH^+ + H^+$ (2-6)

硫化物的溶解 $\qquad\qquad MnS + 2H^+ \longrightarrow H_2S + Mn^{2+}$ (2-7)

阴极反应 $\qquad\qquad 2H^+ + 2e \longrightarrow H_2$ (2-8)

在蚀坑口，其反应过程为：

$FeOH^+$ 氧化 $\qquad 2FeOH^+ + 1/2O_2 + 2H^+ \longrightarrow 2FeOH^{2+} + H_2O$ (2-9)

Fe^{2+} 氧化 $\qquad 2Fe^{2+} + 1/2O_2 + 2H^+ \longrightarrow 2Fe^{3+} + H_2O$ (2-10)

Fe^{3+} 水解 $\qquad Fe^{3+} + H_2O \longrightarrow FeOH^{2+} + H^+$ (2-11)

$FeOH^{2+}$ 水解 $\qquad FeOH^{2+} + H_2O \longrightarrow Fe(OH)_2^+ + H^+$ (2-12)

形成 Fe_3O_4 $\qquad 2FeOH^{2+} + 2H_2O + Fe^{2+} \longrightarrow Fe_3O_4 + 6H^+$ (2-13)

形成 $FeOOH$ $\qquad Fe(OH)_2^+ + OH^- \longrightarrow FeOOH + H_2O$ (2-14)

在蚀坑外部，其反应过程为：

氧的还原 $\qquad\qquad O_2 + 2H_2O + 4e \longrightarrow 4OH^-$ (2-15)

$FeOOH$ 的还原 $\qquad 3FeOOH + e \longrightarrow Fe_3O_4 + H_2O + OH^-$ (2-16)

所生成的氧化产物覆盖坑口，这样氧很难进入坑内。坑内由于 Fe^{2+} 水解，溶液的 pH 值进一步下降，硫化物溶解产生加速铁溶解的 H_2S，而 Cl^- 可以通过电迁移进入坑内，H^+ 和 Cl^- 都使坑内的阳极反应加速。这样蚀坑可进一步扩展，形成闭塞腐蚀电池。

铁在中性 NaCl 溶液中氧腐蚀机理示意图如图 2-3 所示。

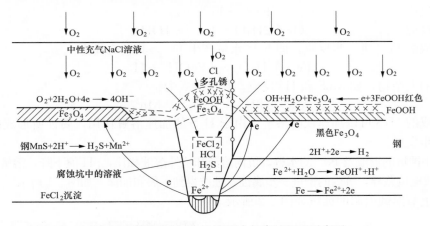

图 2-3　铁在中性 NaCl 溶液中氧腐蚀机理示意图

2. 热力设备运行氧腐蚀机理

热力设备运行时氧腐蚀的机理和碳钢在中性充气 NaCl 溶液中的机理相类似。虽然在中性充气 NaCl 溶液中氧、Cl^- 的浓度高，而热力设备运行时，水中氧和 Cl^- 浓度都低得多，但同样具备闭塞电池腐蚀的条件。

（1）由于炉管表面的电化学不均匀性，可以组成腐蚀电池。阳极反应为铁的离子化，生成的 Fe^{2+} 会水解使溶液酸化；阴极反应为氧的还原。

（2）形成闭塞电池。因为腐蚀反应的结果是产生铁的氧化物，所生成的氧化物不能形成保护膜，却阻碍氧的扩散，腐蚀产物下面的氧在反应耗尽后，得不到补充，因而形成闭塞区。

（3）闭塞区内继续腐蚀。因为钢变成 Fe^{2+}，并且水解产生 H^+，为了保持电中性，Cl^- 可以通过腐蚀产物电迁移进入闭塞区，O_2 在腐蚀产物外面的蚀坑的周围还原形成阴极反应产物 OH^-。

第二节　氧腐蚀的发生部位及特征

一、运行氧腐蚀

1. 运行氧腐蚀的部位

金属发生氧腐蚀的根本原因是金属所接触的介质中含有溶解氧，所以凡有溶解氧的部位都有可能发生氧腐蚀。机组运行正常时，给水中的氧一般在省煤器就耗尽了，所以锅炉本体不会遭受到氧腐蚀。但当汽包锅炉的除氧器运行不正常时，或者新安装的除氧器没有调整好时，溶解氧可能进入锅炉本体，造成汽包和水冷壁下降管腐蚀；锅炉运行时，省煤器入口段的氧腐蚀相对比较严重。

因此，锅炉运行时，氧腐蚀通常发生在炉前系统（低加管道、高加管道、除氧器系统、给水管道）、省煤器管道、补给水系统管道及疏水系统的管道中。凝结水系统也会遭受氧腐蚀，但腐蚀程度较轻，因为凝结水中正常含氧量较低，且水温较低。

2. 运行氧腐蚀的特征

钢铁发生氧腐蚀时，其表面会形成许多小鼓疱或瘤状小丘，形同"溃疡"。这些鼓疱或小丘的大小差别很大，表面的颜色也有很大区别，有的呈砖红色，有的呈黄褐色或黑褐色。把这些腐蚀产物去掉以后，便可以看到因腐蚀造成的小坑，各层腐蚀产物之所以有不同的颜色，是因为腐蚀产物的组成或晶态不同。铁的不同腐蚀产物的相关特征见表2-1。

表 2-1　　　　　　　　　铁的不同腐蚀产物的相关特征

组成	颜色	磁性	密度（g/cm³）	热稳定性
$Fe(OH)_2$ *	白	顺磁性	3.40	在100℃时分解为 Fe_3O_4 和 H_2
FeO	黑	顺磁性	5.40～5.73	在1371～1424℃时熔化，在低于570℃时分解为 Fe 和 Fe_3O_4
Fe_3O_4	黑褐	铁磁性	5.20	在1597℃熔化
α-FeOOH	黄	顺磁性	4.20	约200℃时失水生成 α-Fe_2O_3
β-FeOOH	淡褐	—	—	约230℃时失水生成 α-Fe_2O_3
γ-FeOOH	橙	顺磁性	3.97	约200℃时转变为 α-Fe_2O_3
γ-Fe_2O_3	褐	铁磁性	4.88	在大于250℃时转变为 α-Fe_2O_3
α-Fe_2O_3	由砖红至黑褐	顺磁性	5.25	在0.098MPa、1457℃时分解为 Fe_3O_4

* 在有氧环境中是不稳定的，在室温下可变为 γ-FeOOH、α-FeOOH 或 Fe_3O_4。

由表2-1可知，温度较高时，腐蚀产物的颜色较深，为砖红色或黑褐色；温度较低时，铁的腐蚀产物颜色较浅，以黄褐色为主。热力设备运行时，所接触的水温一般比较高，所以小型鼓疱表面的颜色具有高温时的特点，即表面的腐蚀产物多为砖红色的 Fe_2O_3 或黑褐色的 Fe_3O_4。所接触水温较低的部位，如凝结水系统，其腐蚀产物是低温时产生的黄褐色 $FeOOH$。

二、 停用氧腐蚀

锅炉、汽轮机、凝汽器、加热器等热力设备在停运期间如果不采取有效的保护措施，设备金属表面会发生强烈的氧腐蚀。

1. 停用腐蚀的产生原因

（1）水汽系统内部有氧气。因为热力设备停运时，水汽系统内部的温度和压力逐渐下降，蒸汽凝结；空气从设备不严密处或检修处大量渗入设备内部，带入的氧溶解在水中。

（2）金属表面潮湿，在表面生成一层水膜，或者金属浸在水中。因为热力设备停运放水时，不可能彻底放空，有的设备内部仍然充满水，有的设备虽然把水放掉了，但积存有水，这样一部分金属就浸在水中。积存的水不断蒸发，使水汽系统内部湿度很大，会在未浸入水中的金属表面形成水膜。

2. 停用腐蚀的特征

各类热力设备的停用腐蚀均属于氧腐蚀，但各有特点。

锅炉的停用腐蚀即停炉腐蚀，腐蚀的主要形态是点蚀，与运行氧腐蚀相比，在腐蚀产物的颜色、组成及腐蚀的严重程度、部位、形态方面都有明显的区别。因为停炉腐蚀时温度较低，所以腐蚀产物是疏松的，附着力小，易被水带走，腐蚀产物的表层常为黄褐色。由于停炉时氧的浓度大，腐蚀面广，因此，停炉腐蚀往往比运行腐蚀严重。

因为停炉时氧可以扩散到热力系统各个部位，所以停炉腐蚀的部位和运行氧腐蚀的部位有显著区别。

（1）过热器运行时不发生氧腐蚀，而在停炉时立式过热器下弯头常发生严重的氧腐蚀。

（2）再热器运行时不会有氧腐蚀，但停炉时有积水的部位存在严重腐蚀。

（3）锅炉运行时，省煤器出口部分腐蚀较轻，入口部分腐蚀较重。停炉时，整个省煤器均有腐蚀，且出口部分往往会腐蚀更严重些。

（4）锅炉运行时，只有当除氧器运行工况显著恶化时，氧腐蚀才会扩展到汽包和下降管，而上升管（水冷壁管）是不会发生氧腐蚀的。停炉时，汽包、下降管、水冷壁管中均会遭受氧腐蚀，汽包的水侧比汽侧腐蚀严重。

（5）汽轮机的停用腐蚀形态也是点蚀，主要发生在有氯化物污染的机组，通常在喷嘴和叶片上出现，有时也在转子叶轮和本体上发生。

三、 影响氧腐蚀的因素

设备运行时的氧腐蚀，关键在于是否形成闭塞电池。闭塞电池是指腐蚀反应所生成的铁的氧化物不能形成保护膜，阻碍氧的扩散，腐蚀产物下氧的浓度在反应耗尽后得不到氧的补充，而形成的闭塞区。凡是促使闭塞电池形成的因素，都会加速氧腐蚀；反之，凡是破坏闭塞电池形成的因素，都会降低氧的腐蚀速率。金属表面保护膜的完整性，直接影响闭塞电池的形成。当保护膜完整时，腐蚀速率就小；如果保护膜不完整，形成的点蚀就能发展成为闭塞电池。所以，影响保护膜完整的因素，也是影响氧腐蚀总速率和腐蚀分布状况的因素。

1. 氧浓度

一般在发生氧腐蚀的情况下，溶解氧浓度越高，越能加速反应，腐蚀速率越快。但是氧对金属的作用是双重性的，当氧对金属腐蚀过程中所产生的微电流达到了极化电流时，腐蚀速度下降，氧起到了促进保护膜成长的作用，对金属起保护作用。根据实验，当溶解氧的浓度达到 860mg/L 时，对金属腐蚀起抑制作用；溶解氧在 10～100mg/L 时，对金属腐蚀起加速作用；溶解氧的浓度在小于 0.1mg/L 时，金属腐蚀速率明显减缓。

2. 介质 pH 值

当介质 pH 值为 4～10 时腐蚀速度几乎不随溶液 pH 值的变化而改变，因为在这个 pH 值范围内如果溶解氧的浓度没有改变，阴极反应也不变。当 pH 值小于 4 时腐蚀速率将增加，其主要原因有两个：一是闭塞电池中的 H^+ 增加，阳极金属的溶解速度也增加；二是阴极反应氢的去极化作用增加了钢的腐蚀速率。如在凝结水系统和疏水系统中，可能同时存在 O_2 和 CO_2，由于凝结水和疏水的含盐量低、缓冲性能小、CO_2 的存在使水 pH 值下降，加速钢的腐蚀。当 pH 值在 10～12 的范围内，腐蚀速率下降，因为在这个 pH 值范围内，钢的表面能生成较完整的保护膜，从而抑制了氧腐蚀。当 pH 值大于 12 时，由于腐蚀产物变为可溶性的 $HFeO_2^-$，腐蚀速率将再次上升。

3. 介质温度

密闭的锅炉热力系统，当氧的浓度一定时，水温升高会使反应速率增加、腐蚀加速。相关实验表明，温度与腐蚀速率之间存在线性关系。在敞口系统中，情况不太一样，氧腐蚀的速率在 80℃ 左右达到最大值。因为在敞口系统中水温升高起两方面的作用：一方面使水中氧的溶解度下降，这将降低氧的腐蚀速率；另一方面，又使氧的扩散速度加快，氧腐蚀的速率增加。80℃ 以下时水温升高使氧扩散速度加快的作用超过了氧溶解度降低所起的作用，水温升高腐蚀速率上升。80℃ 以上时氧的溶解度下降迅速，它对腐蚀的影响超过了氧扩散速度增快所产生的作用，水温升高腐蚀速率下降。如凝汽器由于有除气作用，凝结水的含氧量低，再加上凝结水温度低，所以氧腐蚀速率较小。

另外，温度对腐蚀表面和腐蚀产物的特征也有影响，敞口时常温氧腐蚀的蚀坑面积大，腐蚀产物松软；密封系统中高温氧腐蚀的蚀坑面积小，腐蚀产物坚硬。

4. 介质中杂离子含量

介质中不同杂离子对腐蚀速率的影响差别很大，有的离子起钝化作用，有的离子起活化作用。阴离子主要是硫酸根离子、氯离子和氢氧根离子，它们对金属都有侵蚀作用，能加速金属的腐蚀，且随 Cl^- 和 SO_4^{2-} 浓度的增加，腐蚀速率加快。加速腐蚀的原因是由于它们对氧化膜起破坏作用。OH^- 浓度不是太高时，对腐蚀起抑制作用，因为 OH^- 小于一定数量时有利于金属表面保护膜的形成。由于各种水中不可能只存在一种离子，且各种离子对腐蚀的影响不一样，所以当各种离子共存时，应综合分析判断它们对腐蚀起促进作用还是起抑制作用。如水中 Cl^-、SO_4^{2-}、OH^- 共存时，判断它们对腐蚀所起作用，要看 OH^- 和 $Cl^- + SO_4^{2-}$ 的比值，比值大则对腐蚀起抑制作用，比值小则对腐蚀起加速作用。

第三节　停（备）用锅炉防锈蚀方法

一、 热力设备停（备） 用期间的防锈蚀方法的选择

1. 选择的基本依据

选择的基本依据：机组的参数和类型，给水、炉水处理方式，停（备）用时间的长短和性质，现场条件、可操作性和经济性。

2. 选择原则

（1）不应影响机组启动、正常运行时汽水品质和机组正常运行热力系统所形成的保护膜。

（2）机组停用保护方法应与机组运行所采用的给水处理工艺兼容，不应影响凝结水精处理设备的正常投运。

（3）所采用的保护方法不影响热力设备的检修工作和检修人员的人身安全和职业健康。

（4）当采用新型有机胺碱化剂、缓蚀剂进行停用维护时，应经过试验确定药品浓度和工艺参数，避免由于药品过量或分解产物腐蚀和污染热力设备。

3. 其他因素

（1）防锈蚀保护方法不应影响机组按电网要求的启动运行要求。

（2）需要有废液处理设施进行适当处理，废液排放应符合 GB 8978 及当地环保部门的相关规定。

（3）当地气候因素和周边环境条件，如北方冬季低温冻结、海滨电厂的盐雾侵蚀等。

二、 常用的停炉维护方法

目前常用的维护方法主要有：热炉放水余热烘干法，负压余热烘干法，干风干燥法，热风干燥法，氨、联氨钝化烘干法，氨水碱化烘干法，充氮保护法，成膜胺法，氨、氨-联氨保护液法等。

（一）热炉放水余热烘干法（短期）

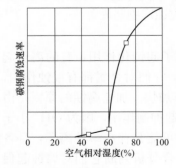

图 2-4　碳钢腐蚀速率与空气
相对湿度的关系

1. 概念原理

热炉放水余热烘干属于干法保护，是指在锅炉停运后，压力降至锅炉制造厂规定值时，迅速放尽炉内存水，利用炉膛余热烘干锅炉受热面。其原理是维持停（备）用热力设备内相对湿度小于碳钢腐蚀速率急剧增大的临界值，达到减小腐蚀的目的。碳钢在大气中的腐蚀速率与空气相对湿度关系如图 2-4 所示。

2. 操作要点

（1）停炉后，迅速关闭锅炉各风门、挡板，封闭炉膛，防止热量过快散失。

（2）对于固态排渣汽包锅炉，当汽包压力降至 0.6~1.6MPa，迅速放尽炉水；固态排渣直流锅炉，在分离器压力降至 1.6~3.0MPa，对应进水温度下降到 201~334℃时，迅速放尽炉内存水；液态排渣锅炉可根据锅炉制造厂的要求执行。

（3）放水过程中应全开空气门、排汽门和放水门，自然通风排出炉内湿气，定时用湿度计测定炉内空气相对湿度，直到降至 60% 或等于当时大气相对湿度。

（4）放水结束后，应关闭空气门、排汽门和放水门，封闭锅炉。

（5）汽包锅炉在降压、放水过程中，应严格控制汽包上、下壁温度差不超过制造厂允许值（温差＜40℃）；直流锅炉在降压、放水过程中，应控制联箱和分离器的壁温差不超过制造厂允许值。

（二）负压余热烘干法（直流炉）

1. 概念原理

负压余热烘干法的原理与热炉放水余热烘干法相同，只是增加了利用凝汽器抽真空系统对锅炉抽真空，加快炉内湿气的排出以提高烘干效果的步骤。

2. 操作要点

（1）在锅炉停运后，压力降至锅炉制造厂规定值时迅速放尽炉内存水，然后立即关闭空气门、排汽门和放水门。

（2）利用凝汽器抽真空系统抽真空。打开一、二级启动旁路，利用凝汽器抽真空系统对锅炉再热器、过热器和锅炉水冷系统进行抽真空使汽包（分离器）真空度大于50kPa，并维持 1h；开启省煤器和汽包（分离器）空气门 1~2h，用空气置换炉内残存湿气，关闭空气门；继续抽真空过程至 2~4h，直至炉内空气相对湿度降至 60% 或等于当时大气相对湿度。

（3）汽包锅炉在降压、放水过程中，应严格控制汽包上、下壁温度差不超过制造厂允许值（温差＜40℃）；直流锅炉在降压、放水过程中，应控制联箱和分离器的壁温差不超过制造厂允许值。

（三）干风干燥法

1. 概念原理

干风干燥法是指采取措施保证热力设备内相对湿度处于免受腐蚀干燥状态，通常使用专门的转轮吸附除湿设备或冷冻除湿设备除去空气中湿份，再将产生的常温干燥空气（干风）通入热力设备，去除系统设备中的残留水分，使其表面干燥起到保护锅炉的效果。

其特点是采用常温空气，因而设备内部处于常温状态，有效减轻因为温度降低引起相对湿度升高而发生锈蚀。与热风干燥相比，干风干燥所消耗的能量要少得多。

该方法的主要设备转轮除湿机由蜂窝除湿转轮、干空气风机、处理空气过滤器、再生空气风机、再生空气过滤器、再生空气加热器、转轮驱动电动机和控制系统组成。需处理的湿空气通过蜂窝除湿转轮，湿份被吸附产生干燥空气。加热到一定温度的再生空气通过除湿转轮，将转轮湿份带出，从而使除湿机连续工作。转轮除湿机工作原理如图2-5 所示。

2. 操作要点

（1）锅炉停运后，压力降至锅炉制造厂规定值时迅速放尽炉内存水，烘干锅炉。应

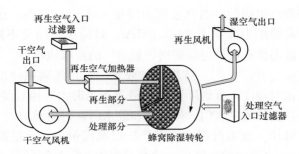

图 2-5 转轮除湿机工作原理

尽量提高锅炉受热面放水压力和温度,但应严格控制管壁温度差不超过制造厂允许值。

(2) 根据锅炉实际情况设计,可按每小时置换锅炉内空气 5~10 次的要求选择除湿机的容量,图 2-6 和图 2-7 所示是两种干风干燥系统示意图。除湿机可供多台机组共用,每台机组预留专门的通干风接口。

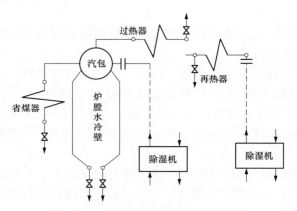

图 2-6 开路式干风干燥系统示意图

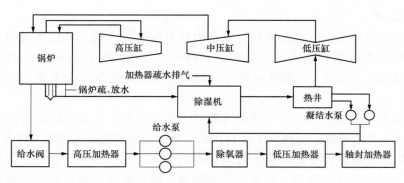

图 2-7 循环式干风干燥系统示意图

(3) 启动除湿机,对锅炉进行干燥。在停(备)保护期间,定期用相对湿度计监测各排气点的相对湿度,维持锅炉各排气点的相对湿度为 30%~50%,并由此控制除湿机的启停。

（四）热风干燥法

1. 原理

热炉放水结束后，启动专用正压吹干装置，将脱水、脱油、滤尘的热压缩空气经锅炉适当部位吹入，从适当部位排出，吹干锅炉受热面以达到干燥保护的目的。

2. 操作要点

（1）停炉后，迅速关闭锅炉各风门、挡板，封闭炉膛，防止热量过快散失。

（2）当汽包锅炉汽包压力降至 1.0～2.5MPa，当直流锅炉分离器压力降至 2.0～3.0MPa 时，打开过热器、再热器对空排汽、疏放水门和空气门排汽。锅炉过热器、再热器对空排汽压力、温度尽量高，使垂直布置过热器、再热器下弯头无积水。

（3）当固态排渣汽包锅炉汽包压力降至 0.6～1.6MPa 迅速放尽炉水；在固态排渣直流锅炉分离器压力降至 1.6～3.0MPa，对应进水温度下降到 201～334℃时迅速放尽炉内存水；液态排渣锅炉可根据锅炉制造厂要求执行。锅炉受热面排汽和放水过程中，应严格控制管壁温度差不超过制造厂允许值。

（4）放水结束后，启动专门正压吹干装置用 180～200℃压缩空气，依次吹干再热器、过热器、水冷系统和省煤器。监督各排气点空气相对湿度，相对湿度小于或等于当时大气相对湿度为合格。排汽、放水、吹干三个步骤应紧密联系，一步完成。多台机组可设计共用一套正压吹干装置，热压缩空气吹入管道应保温。

（5）短期停用时，吹干即可；长期停用时一般每周启动正压吹干装置一次，维持受热面内相对湿度小于或等于当时大气相对湿度。

（6）正压吹干装置的压缩空气气源可以是仪用或杂用压缩空气，压力为 0.3～0.8MPa，流量为 5～10m³/h。

汽包锅炉热风吹干系统示意图如图 2-8 所示。

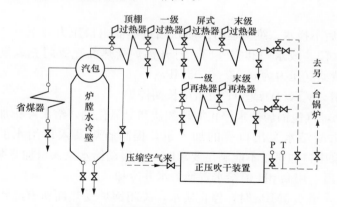

图 2-8　汽包锅炉热风吹干系统示意图

（五）氨水碱化烘干法

1. 原理

给水采用 AVT（O）和 OT 工况的机组，在机组停机前 4h，停止给水加氧，加大给水氨的加入量，提高系统 pH 值至 9.6～10.5 碱化造膜，然后热炉放水，余热烘干。

2. 操作要点

（1）汽包锅炉停机前 4h，炉水停止加磷酸盐和氢氧化钠。

（2）给水采用 AVT(O) 和 OT 的机组，在停机前 4h，凝结水精处理走旁路，加大凝结水泵出口氨的加入量，提高省煤器入口给水的 pH 值至 9.6～10.5，并停机。当凝结水泵出口加氨量不能满足要求时，可启动给水泵入口加氨泵加氨。根据机组停机时间的长短确定停机前的 pH 值，停机时间长则 pH 值宜按高限控制。

（3）锅炉需要放水时，压力降至锅炉制造厂规定值时迅速放尽炉内存水，烘干锅炉。在保证金属壁温差不超过锅炉制造厂允许值的前提下尽量提高放水压力和温度。

（4）锅炉放水结束后，宜启动凝汽器真空系统，利用启动一、二级旁路对过热器和再热器抽真空 4～6h。

（5）当水汽循环系统和设备不需要放水时，也可充满 pH 值 9.6～10.5 的除盐水。停炉期间每小时测定给水、炉水和凝结水的 pH 值和电导率。

（六）充氮保护法

1. 原理

充氮保护是为了隔绝空气，达到降低锅炉汽水系统腐蚀速率的目的。

锅炉充氮保护一般可采用以下两种方式：

（1）氮气覆盖法。是指锅炉停运后不放水，用氮气来覆盖汽空间。锅炉压力降至 0.5MPa 时开始向锅炉充氮，在锅炉冷却和保护过程中维持氮气压力为 0.03～0.05MPa。

（2）氮气密封法。是指锅炉停运后必须放水，用氮气来密封水汽空间。锅炉压力降至 0.5MPa 时开始向锅炉充氮，在排水和保护过程中保持氮气压力为 0.01～0.03MPa。

2. 操作要点

（1）短期停炉。

1）机组停机前 4h，炉水停止加磷酸盐和氢氧化钠，停止给水加氧，无铜给水系统适当提高凝结水精处理出口加氨量，使给水的 pH 值在 9.4～9.6，有铜给水系统维持运行水质。

2）锅炉停炉后不换水、维持运行水质，当过热器出口压力降至 0.5MPa 时，关闭锅炉受热面所有疏水门、放水门和空气门，打开锅炉受热面充氮门充入氮气，在锅炉冷却和保护过程，维持氮气压力为 0.03～0.05MPa。

（2）给水采用 AVT(O) 或 OT 机组中长期停炉。

1）停机前 4h，汽包锅炉炉水停止加磷酸盐和氢氧化钠，给水停止加氧，旁路凝结水精除盐设备，加大凝结水泵出口氨的加入量，提高省煤器入口给水的 pH 值至 9.6～10.5。当凝结水泵出口加氨量不能满足要求时，可启动给水泵入口加氨泵加氨。

2）锅炉停运后，用高 pH 值给水置换炉水并冷却。

3）当锅炉压降至 0.5MPa 时，停止换水，关闭锅炉受热面所有疏水门、放水门和空气门，打开锅炉受热面充氮门充入氮气，在锅炉冷却和保护过程，维持氮气压力为 0.03～0.05MPa。

（3）锅炉停炉需要放水时充氮方法。

1）停机前 4h，炉水停止加磷酸盐和氢氧化钠，给水停止加氧，旁路凝结水精除盐设备。

2）无铜给水系统，停机前 4h，提高凝结水和给水加氨量，使省煤器入口给水 pH 值在 9.6～10.5；有铜给水系统维持正常运行水质。

3）锅炉停运后，用给水置换炉水并冷却。

4）当锅炉压力降至 0.5MPa 时停止换水，打开锅炉受热面充氮门充入氮气，在保证氮气压力在 0.01～0.03MPa 的前提下，微开放水门或疏水门，用氮气置换炉水和疏水。

5）当炉水、疏水排尽后，检测排气氮气纯度，大于 98％后关闭所有疏水门和放水门。

6）保护过程中维持氮气压力在 0.01～0.03MPa。

3．注意事项

（1）使用的氮气纯度以大于 99.5％为宜，最低不应小于 98％。

（2）充氮保护过程中应定期监测氮气压力、纯度和水质，压力为表压。

（3）机组应安装专门的充氮系统，配备足够量的氮气。应设计多个充氮口，充氮管道内径一般不小于 20mm，管材宜采用不锈钢。

（4）氮气系统减压阀出口压力应调整到 0.5MPa，当锅炉汽压降至此值以下时，氮气便可自动充入。

（5）氮气不能维持人的生命，所以实施充氮保护的热力设备需要人进入时，必须先用空气彻底置换氮气，并测试需要进入的设备内部的气体成分，符合要求方可进入，以确保工作人员的生命安全。

（七）氨水、联氨钝化烘干＋真空干燥

"氨水、联氨钝化烘干＋真空干燥"停炉保护是在机组停机前，通过增大给水系统的加氨量和联氨浓度，在高温下形成保护膜，然后热炉放水、余热烘干，利用凝汽器抽真空系统对锅炉抽真空。随着锅内真空的提高，水的饱和温度不断下降，水汽系统中原有蒸汽的过热度会不断增大，而不会凝结成水，将锅内空气相对湿度降至 50％以下或达到环境相对湿度，降低机组停运期间的腐蚀速率。

1．抽真空的流程

抽真空的流程为：真空泵→凝汽器→低压旁路阀→热再热管道→再热器→冷再热管道→高压旁路阀→主蒸汽管→过热器→锅炉本体→省煤器。在开始建立真空时，由于水汽系统中存在大量的蒸汽和凝结水，被抽走的蒸汽不断被过饱和水闪蒸出的蒸汽补充。随着闪蒸的进行，金属壁温因水的汽化而逐渐下降，水蒸气的饱和压力也随之下降。所以，在抽真空的起始阶段，锅炉内的真空上升较缓慢。随着抽真空的不断进行，系统中的水不断汽化并被抽出，金属表面趋于干燥。当水被蒸干后，系统中真空上升的速度会明显加快。这是因为被抽走的气体再也得不到蒸汽的补充。在实施真空干燥时，应在被抽吸的热力系统适当位置（如炉顶）安装 1 只临时真空表，并观察真空的变化趋势，以作出正确判断。

2．操作步骤

（1）停炉前 2h 解列该机组的凝结水精除盐处理系统，调整加氨泵的出力，加大系统的氨及联胺量。

（2）锅炉转湿态后取样分析排放水的联胺浓度及 pH 值，锅炉压力降至 8.4MPa 时，控制省煤器入口给水 pH 值至 9.4～10.0。除氧器入口给水联氨浓度为 0.5～10mg/L，省煤器入口给水联氨浓度为 200～300mg/L，然后继续降压。

（3）锅炉停运后，迅速关闭锅炉各风门、挡板，封闭炉膛，防止热量过快散失，锅炉停运 6h 后,打开风烟系统挡板,锅炉自然通风。

(4) 当锅炉过热器出口汽压降至 0.8MPa、炉水温度小于 151℃时,打开水冷壁和省煤器及各处疏水阀、放气阀,对锅炉进行热炉放水,余热烘干。放水结束后,关闭所有的疏水阀、向空排汽阀和排污阀。

(5) 在启动分离器、过热器处安装可满足 0.053MPa 真空测量要求的真空表,以监测真空干燥过程中系统的真空变化情况。

(6) 在抽真空过程中,若启动分离器处真空能够达到 0.053MPa,则依次开启省煤器、水冷壁、过热器等部位的空气阀,进行空气置换,并维持真空 0.053MPa,否则,维持抽真空 3h。抽真空开始 12h 后,启动分离器处真空如达不到 0.053MPa,且无上升趋势,停止操作。

(7) 干燥过程结束后,当热力系统没有检修任务时,可以维持系统的真空;当系统有检修任务时,可以关闭高、低压旁路阀,打开向空排汽阀,破坏锅炉一、二次系统真空以及凝汽器真空,系统恢复正常。

(8) 干燥过程结束后,停止真空泵运行,打开过热器电磁泄放阀,破坏锅炉一、二次系统真空,关闭高、低压旁路阀破坏凝汽器真空,系统恢复正常。

3. 注意事项

(1) 锅炉抽真空干燥操作前确认主汽轮机润滑油系统、主汽轮机密封油系统、主汽轮机盘车、汽轮机偏心度及汽缸温度、循环水系统、凝结水系统、开式冷却水系统、闭式冷却水系统等运行正常。

(2) 在机组停运后维持凝汽器正常抽真空运行方式,并确认高排止回阀在关闭状态。

(3) 主、再热蒸汽系统抽真空初始阶段,因系统空气量较大,可根据系统真空的上升情况决定凝汽器真空泵的运行台数,注意监视凝汽器真空的变化情况。

(4) 抽真空冷却过程中应严密监视汽轮机盘车电流及偏心度的变化,偏心度控制原则不超过 76μm 或不超过原始值 20μm。定时进行就地轴封齿听音检查,发现有金属摩擦声,应及时处理。

(5) 密切监视高中压缸缸温、高中压缸胀差以及轴向位移的数值变化。当高中压缸上下温差达到 50℃时,应立即关闭汽缸本体疏水 5~10min。高中压胀差应控制在-3~9mm,当高中压、低压缸胀差及轴向位移接近报警值时,应立即停止抽真空,待参数恢复后再进行操作。

(6) 锅炉降压、放水过程中,应严格控制高温过热器、水冷壁壁温温差不超过 50℃,锅炉各受热面壁温下降速率不大于 2℃/min。按照省煤器、水冷壁、过热器的顺序开启放空气阀,控制开启放空气阀的个数和开度,防止真空无法维持或壁温下降速率过快、壁温差过大。如果锅炉壁温下降速率>2℃/min,可通过调整抽真空疏水阀的开度和数量及真空泵投入台数控制真空下降速度。如果锅炉系统严密性差,受热面温差及温降速率无法控制,破坏真空停止,真空泵停止干燥。

(八) 成膜胺法

1. 概念原理

成膜胺法指机组滑参数停机过程中,当锅炉压力、温度降至合适条件时,向热力系统加入成膜胺,在热力设备内表面形成一层单分子或多分子的憎水保护膜,以阻止锅炉汽水系统金属腐蚀。

十八烷基胺（Octadecyl Amine，ODA）作为一种有机缓蚀剂，在高温成膜方面具有独特的优越性。1987 年在莫斯科动力学院推出液态试剂后，ODA 保护法开始得到推广应用。20 世纪 90 年代我国才开始进行成膜胺技术研究工作，目前在汽包锅炉、燃机电站的余热锅炉应用较多，国外核电站中也有使用 ODA 的案例。

国内多家机构就十八烷基胺的成膜条件、影响因素、铁表面膜结构、成膜效果评价方法等进行了系统研究，结果表明：液相温度在 220℃左右，恒温 1h 时 ODA 的成膜效果最好；ODA 在水中的分配系数 $K > 1$，使得汽相中 ODA 浓度大于液相，汽相的成膜效果优于液相；pH 值为 9 左右时成膜效果最佳，因为有机胺膜往往在铁的氧化物上形成，较低的 pH 值不利于铁氧化物层的生成，而在有机胺的成膜过程中，N 原子被金属吸附（或配位）之前，要先与 H^+ 配位，较高的 pH 值也不利于 ODA 成膜；ODA 的保护作用随ODA 浓度的增加而增大，ODA 浓度增大到 25mg/L 左右时耐蚀性达到最大。ODA 分子中含有一个由电负性较大的 N 原子为中心的极性基团和 CH 组成的非极性基团（烷基），极性基团吸附于金属表面，而非极性基团远离金属表面，这样 ODA 在金属表面上形成了一层疏水的薄膜，这层疏水薄膜阻止了水中溶解氧对金属的作用，抑制了腐蚀反应的发生。当 ODA 浓度继续增大时，可能由于 ODA 分子间的相互作用，ODA 膜的保护性反而下降。

2. 操作要点

（1）单元制机组汽包锅炉保护方法：停炉前 4h，停止向炉水加磷酸盐和氢氧化钠，并停止向给水加联氨。在机组滑参数停机过程中，主蒸汽温度降至 420℃以下时，利用锅炉磷酸盐加药泵、给水加药泵或专门的加药泵向热力系统加入成膜胺。锅炉停运后，放尽炉内存水。

（2）母管制机组汽包锅炉保护方法：停炉前 4h，停止向炉水加磷酸盐和氢氧化钠，并停止向给水加联氨。停炉后，汽包压力降至 2～3MPa 时，降低汽包水位至最低允许水位后，再小流量补水，并从省煤器入口处加入成膜胺，加药、补水和锅炉底部放水同步进行。加药完毕后开大过热器对空排汽门，让成膜胺充满过热器。锅炉停运后，压力降至锅炉制造厂规定值时迅速放尽炉内存水。

3. 成膜胺停炉保护实例

某燃气-蒸汽联合循环热电厂工程建设规模为 3 台 F 级燃气轮机组成的 1 套"二拖一"和 1 套"一拖一"燃气-蒸汽联合循环发电供热机组。"二拖一"汽轮发电机组包括一台三压再热两缸两排汽低压缸可解列式汽轮机，汽轮发电机为一台 QFSN-300-2 型氢冷发电机。"一拖一"汽轮发电机组包括一台三压再热两缸两排汽低压缸可解列式汽轮机，汽轮发电机为一台 QFSN-135-2 型空冷发电机，均为上海电气集团制造。三台余热锅炉为无锡华光锅炉股份有限公司制造的三压、无补燃、立式、自然循环余热锅炉。停炉保护采用十八烷基胺保养方案。

保养范围：凝汽器→凝结水前置泵→凝结水泵→低压省煤器→低（中、高）压汽包→低（中、高）压蒸发器→低（中、高）压过热器→高、中、低压缸→凝汽器。

（1）准备工作。

1）停机及保养时间约需 10h，应提前与调度申请确认，防止出现药品未加完或没有循环足够时间就出现停机的情况。

2）加药点选在 4 号给水加氨计量泵出口母管，装设三通；本炉加十八烷基胺时，关闭至其他炉及启动炉加药门。

3）加药设备为无气喷涂式十八烷基胺加药装置，连接好气源、水源、加药管路，确认主厂房加药间电源检修箱 380V 电源正常，锅炉低压汽包加药管路畅通。

4）准备十八烷基胺（10％乳浊液）500kg。

5）对预膜分析仪器进行核对，准备化学分析器皿及相关药剂。完成对十八烷基胺的进厂抽检工作。

6）低压汽包注入十八烷基胺前，该预膜机组在线化学仪表全部停运，并关闭该机组的化学仪表进水阀。

7）汽水取样架凝结水、低压省煤器、高中低压炉水、凝结水、高中低压过热蒸汽、再热蒸汽取样阀无污堵并打开状态。

8）低压汽包注入十八烷基胺前，凝结水除铁过滤器解列，旁路门全开。

9）集控人员关闭汽包连排、定排阀，关闭低压汽包除氧门，减少药品浪费，同时加强监视各汽包液位在控制范围内。

10）停炉保养前确认给水、炉水 pH 值处于高限运行，停止氨水、磷酸盐加药。

（2）预膜保护技术要求。

1）机组按规程要求进行滑参数停机，当主蒸汽温度降至 420℃时，当值值长通知加药点进行加十八烷基胺工作，主蒸汽温度维持在 390～420℃之间，每半小时记录一次机组热力参数。

2）加十八烷基胺时间控制在 1h 以内，加药 30min 后开始进行汽水样品采集与测定，根据测试数据及时调整加药量，并记录水质数据。

3）加药期间 pH 值、十八烷基胺含量半小时测一次，Fe 含量 1h 测一次，直至热炉带压放水。

4）加药过程中，若出现 pH 值大幅下降，可导通浓氨计量箱与浓氨计量泵，并启动浓氨计量泵进行加氨；导通磷酸盐计量箱与磷酸盐计量泵，启动磷酸盐计量泵提高炉水 pH 值。

5）凝结水、低压省煤器、炉水、蒸汽取样点在锅炉二层汽水取样架，为防止取样管中十八烷基胺堵塞管道，各取样管道在预膜过程保持水样流通。

6）机组汽水循环 1～2h 或十八烷基胺含量为 5～25mg/L，加药预膜结束。同时利用除盐水对加氨管道进行冲洗，冲洗时间为 15min 以上。

7）预膜工作完毕后，锅炉按规程规定进行热炉带压放水，机组其他系统积水与疏水排净，打开锅炉汽包人孔通风冷却待检查。

8）机组再次启动时，凝结水除铁过滤器应解列，使用旁路运行，注意加强机组排污，待确认给水、炉水、蒸汽中十八烷基胺含量为 0mg/L 后，除铁过滤器投运，按照机组启动水质指标进行汽轮机冲转。

（3）预膜效果评价：

1）检查部位：汽包、除氧器、凝汽器汽侧、汽轮机叶片。

2）检查方法：进行憎水性实验、硫酸铜浸蚀方法，并拍照记录，$CuSO_4$ 检测标准可参照 DL/T 794《火力发电厂锅炉化学清洗导则》。

（九）停炉保护方面建议

（1）超临界机组不推荐十八烷基胺保护。

（2）短时间停炉采用"热炉放水余热烘干"法。

（3）机组大修采用碱化热炉放水法，给水处理实施 OT 的机组，采用"氨水钝化烘干＋真空干燥"法；给水处理实施 AVT(R) 的机组，采用"氨水、联氨钝化烘干＋真空干燥"法。

（4）长时间停炉采用"氨水保护＋充 N_2 法"。

第四节　典型案例与预防

一、某燃气轮机基建期严重氧腐蚀

1. 机组概况/事件经过

某电厂的两台余热锅炉均为双压、无补燃、自然循环、带除氧器、卧式余热锅炉。余热锅炉的受热面采用模块结构设计，分为 5 大模块，每个大模块在沿炉宽度方向分为 3 个小模块，模块内的受热面管采用翅片管形式错列布置。小模块直接在分包厂内组装，运到电厂后再按大模块依次吊装。

余热锅炉沿烟气流程各级受热面依次为：高压高温过热器→高压中温过热器→高压低温过热器→高压蒸发器→中压过热器→高压高温省煤器→中压蒸发器→中压省煤器→高压低温省煤器→低压蒸发器→低压省煤器。

泄漏的管段发生在高压蒸发器和高压低温省煤器部分。据现场统计情况表明，发生泄漏的受热面管位于 1 号炉的模块 2（高压蒸发器部分）、模块 4（高压低温省煤器部分）和 2 号炉的模块 4（高压低温省煤器部分）。

1 号炉于 2014 年 4 月 17 日开始调试，4 月 28 日发现受热面模块 2、模块 4 部分管段底部有滴水现象，4 月 30 日停机后对锅炉高、中压系统进行水压试验，查找漏点。6 月 16 日 1 号炉普查共计发现了 22 根泄漏管，其中高压低温省煤器管 18 根，高压蒸发器管 4 根，扩检过程中还发现了若干内壁腐蚀较严重但未泄漏管段，如图 2-9 所示。7 月 3 日 2 号炉水压试验后发现模块 4 存在 2 根泄漏管。对其周围管段进行了扩检，同样发现存在一定数量腐蚀严重但未泄漏的管子，如图 2-10 所示。现场取样进行内壁检查如图 2-11 所示。

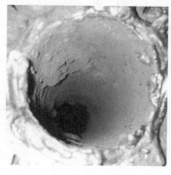

图 2-9　1 号炉腐蚀严重管内壁

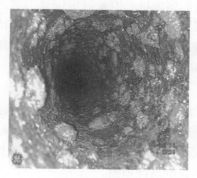

图 2-10　2 号炉腐蚀严重管段内壁

发生泄漏的均为翅片管，根据锅炉厂提供资料，受热面模块的制作工序为钢管→表面处理→缠绕翅片→单根翅片管进行水压试验→组装模块（不进行整体水压试验）→运输至电厂吊装，在模块吊装完毕后炉内进行整体水压试验。1号炉在完成整体水压试验后还进行了酸洗和调试运行，2号炉仅进行了整体水压，未经历酸洗和调试运行阶段。

根据电厂的要求，锅炉厂于2014年10月25日完成2号炉泄漏受热面模块的整体更换，2014年12月9日完成1号炉泄漏受热面模块的整体更换。

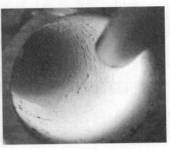

图 2-11　现场取样内壁检查

2. 检验结果与分析

（1）试样标记及宏观检验。

1）试样分组标记。在分包厂现场取样大约100根，其中7根管内壁存在鼓包状腐蚀产物，其余试样内壁均较平整未见明显腐蚀。本次试验及分析过程中的试样包括内壁严重腐蚀管7根，标记为A组；内壁无明显腐蚀管样10根，标记为B组；与发生泄漏管段相同规格、相同材质、相同生产厂家的原始管材2根，标记为C组。

2）内壁腐蚀产物形貌。对A、B、C三组管子分别沿管长度方向进行纵剖后截取长度为40～60mm的短节试样。

A组试样内壁表面颜色呈红褐色或者黑褐色，腐蚀产物量多且厚，质地较坚硬，经敲打后也不易脱落；严重的部位呈块状、凸起的鼓包状或溃疡状如图2-11所示。经解剖对腐蚀产物的厚度进行测量，腐蚀产物厚度不一，其范围在1～5mm之间。用5%稀盐酸在常温条件下进行浸泡，静置10～12h后，内壁大部分附着物被清洗掉，酸洗后内壁存在较大量的腐蚀坑。但是鼓包位置的腐蚀产物难于清洗，经过30～40h浸泡后仍然有附着物残留于内壁表面，且附着紧密难于清理；最严重部位需要浸泡45～50h后用酒精清洗才脱落。清洗后可见鼓包对应位置的腐蚀坑较深，腐蚀坑呈盆状或半球状，直径在1～6mm之间，深度为0.5～2mm。鼓包状的腐蚀产物解剖后的形貌清晰可见腐蚀产物的分层现象。

B组试样内壁未见明显腐蚀，内壁附着物较浅且质地疏松，呈黑色或黑褐色。

C组试样内壁经酒精清洗后，内壁未见腐蚀产物或垢层，只有极少量的锈迹。

本次取样现场取样过程中，对与受热面管连接的集箱也进行了宏观检查，未见集箱内存在明显的腐蚀现象。

管样内壁腐蚀产物形貌如图2-12～图2-20所示。

图 2-12 取样管 A 组
试样的内壁

图 2-13 取样管 B 组
试样的内壁

图 2-14 原始管材 C
组试样的内壁

(a) 鼓包状腐蚀产物

(b) 片块状腐蚀产物

(c) 溃疡状腐蚀产物

图 2-15 试样 A 内壁宏观形貌

图 2-16 试样 A1 内壁
酸洗后形貌

图 2-17 试样 A8 内壁
酸洗后形貌

图 2-18 鼓包状腐蚀
物解剖形貌

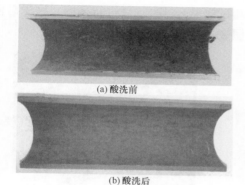

(a) 酸洗前

(b) 酸洗后

图 2-19 试样 B1 内壁酸洗前后形貌对比

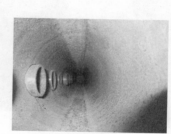

图 2-20 泄漏后集箱内壁宏观检查形貌

（2）壁厚测量。

对去除翅片后的管样 A1、B1 和原始管样 C1 壁厚分别进行了测量，测量方法为：管样未经清洗，A1 选取腐蚀较轻的部位进行测量，B1、C1 直接任选管样上三个点进行测量，三点之间夹角约为 120°，测量结果见表 2-2。测量结果表明：A1 的测点 1 存在一定减薄，其余测点的壁厚均属于正常。

表 2-2　　　　　　　　　　　　　　壁厚测量结果

试样编号	测量结果（mm）		
	测点 1	测点 2	测点 3
A1	2.56	2.80	2.76
B1	2.70	2.62	2.68
C1	2.70	2.72	2.76

（3）化学成分分析。

发生泄漏的受热面管材质为 ASME SA-210 A-1，对被腐蚀管试样 A2 的化学元素进行分析，其中 C、S 元素采用红外吸收法，Si、Mn、P 采用电感耦合原子发射光谱仪（Inductively Coupled Plasma-Atomic Emission Spectrometer，ICP-AES）法进行分析。结果见表 2-3，所有元素的含量均符合相关标准要求。

表 2-3　　　　　　　　　　　　　　化学成分分析结果

试样编号	化学元素（%）				
	C	Si	Mn	S	P
ASME SA-210 A-1	≤0.27	≥0.1	≤0.93	≤0.035	≤0.035
A2	0.19	0.21	0.50	0.022	0.024

（4）金相组织分析。

分别对受热面取样管和原始管样取金相试样 A3、B3、C3 进行预磨、抛光后使用 4% 硝酸酒精进行浸蚀后观察，其金相组织如图 2-21～图 2-30 所示。

图 2-21　试样 A3 腐蚀坑处金相组织

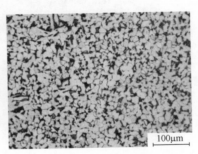

图 2-22　试样 A3 金相组织

其中 A3 试样经酸洗后，腐蚀坑较深的部位金相组织如图 2-21～图 2-24 所示，可见腐蚀坑位置壁厚严重减薄，最薄区域仅有 609μm，如图 2-21 所示；其基体组织为铁素体＋珠光体乳突-14，内外壁未见脱碳碳层，如图 2-23、图 2-24 所示。

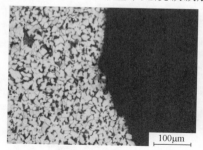

图 2-23　试样 A3 内壁金相组织

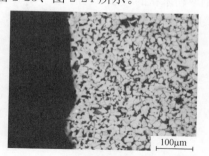

图 2-24　试样 A4 外壁金相组织

B3 内壁未见明显腐蚀坑，C3 试样内壁无腐蚀痕迹，B3、C3 试样基体均为铁素体＋珠光体，内外壁未见脱碳层，如图 2-25～图 2-30 所示。

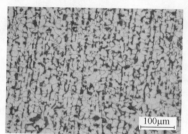

图 2-25　试样 B3 金相组织

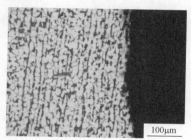

图 2-26　试样 B3 内壁金相组织

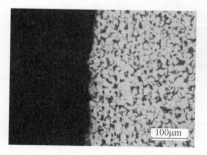

图 2-27　试样 B3 外壁金相组织

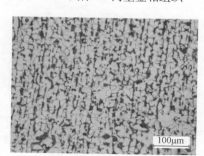

图 2-28　试样 C3 金相组织

图 2-29　试样 C3 内壁金相组织

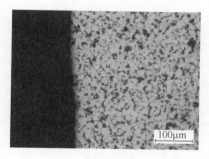

图 2-30　试样 C3 外壁金相组织

（5）XRD（X射线衍射）分析。

选取内壁腐蚀产物较厚管样 A5、A6、A7 和腐蚀产物较轻的管样 B5、B6（见图 2-31），从管内壁刮取粉末状的腐蚀产物后进行 XRD 分析，最终分析结果如图 2-32、图 2-33 所示。A组、B组内壁腐蚀产物取样均为 Fe 的氧化产物，其中 A5、A7、B5、B6 为 Fe_2O_3，A6 为 Fe_3O_4。

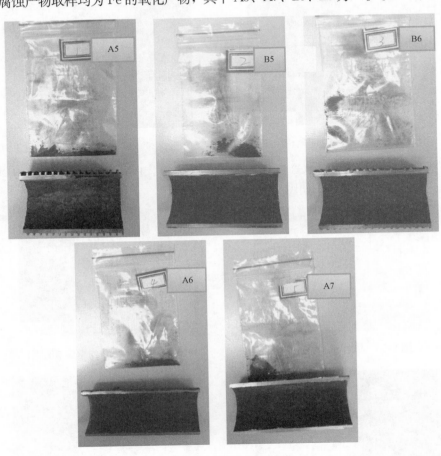

图 2-31　XRD 分析样品

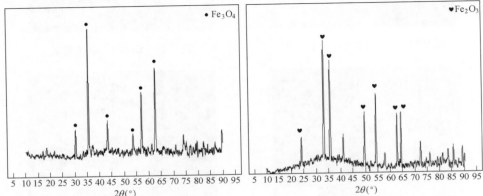

图 2-32　试样 A6 分析谱线结果　　　图 2-33　试样 A7 分析谱线结果

3. 综合分析及结论

（1）综合分析。

1）按腐蚀机理和腐蚀产物的形貌分析。碳钢表面会吸附空气中的水分形成水膜，部分空气中的氧气溶解于水膜中，形成电解质溶液而发生氧腐蚀。本次发生腐蚀的样管内壁腐蚀产物表面颜色呈红褐色或者黑褐色，腐蚀产物形状呈片块状、鼓包状或溃疡状，清洗后可见内壁存在腐蚀坑。XRD测试结果证明所有腐蚀产物均为 Fe 的氧化物。腐蚀形貌、腐蚀产物形态、成分均表明管内壁发生了氧腐蚀，且属于危害性较大的局部腐蚀，会使某一区域的金属变薄的比其他部位快得多，甚至穿孔。

2）按腐蚀管的分布情况分析。发生泄漏的 1 号炉模块 2、模块 4 和 2 号炉模块 4 三个模块中共计有 5130 根管。在电厂现场检验后发现泄漏的管子共有 24 根，随后还发现严重腐蚀的管子有 100～200 根。腐蚀穿孔泄漏和腐蚀未泄漏的管子总数占模块管子总数的比例不足 5%，大多数管段的内壁还是较为平滑，并未发生严重氧腐蚀现象的。说明对于整体模块而言发生腐蚀的管子为个别情况，并非大面积的、普遍性的现象。

3）按腐蚀介质的角度分析。由于氧腐蚀发生的必要条件是空气、水和相对静止的环境，管子从出厂到试运行的过程中可能接触到的水环境有：单根水压试验用水、整体水压试验用水、化学清洗溶液、试运行介质等。由于管子发生腐蚀并非大面积普遍现象，而是个别管段发生的且分布不具规律性，从这个角度分析，管子腐蚀的发生与单根水压试验、整体水压试验、化学清洗、试运行这些过程并无直接关系。因此在正常操作运行的情况下，管内的介质并不会与内壁发生如此严重的腐蚀，但可能与这些过程之后的保存养护有关。

4）按炉管生产环节经历分析。电厂 1 号炉、2 号炉发生泄漏的管段分别是由三家分包企业提供的，与分包企业没有固定的对应性；所有的管材的原材料均是由振达公司提供的，而振达公司无法提供任何相关的证明文件，因此无法免除原材料管材被污染发生腐蚀的可能性。

5）按管子在分包单位的经历分析。模块中的管子在分包企业主要经历了原料入厂、加工翅片、单管水压、组装模块等主要程序。根据腐蚀产物的形貌和厚度分析，局部的腐蚀产物后且出现分层，甚至发生腐蚀穿孔现象，分析认为在管子在存放的过程，可能存在积水发生腐蚀。

6）按模块在电厂的经历分析。1 号炉受热面模块发现泄漏时已经历了整体水压试验、化学清洗和试运行三个阶段，这三个阶段管内曾经流过的介质均可能对管子产生影响。但根据模拟试验结果表明对于腐蚀严重的管段，进行常规的化学清洗溶液并不能完全除去管内壁鼓包状的腐蚀产物，也证明了腐蚀产物应在化学清洗前就已产生。同时由于 2 号炉未经过酸洗和试运行，仅仅在整体水压试验期间就发现了泄漏，进一步说明腐蚀应当在锅炉整体水压试验之前就已经发生，整体水压试验、酸洗和试运行几个环节可能是导致泄漏加速的原因。

根据电厂安装记录各模块到达现场时间不一致，但前后时间相差不足 10 天，之后陆续进行吊装，吊装完毕至整体水压试验之前停备 5～6 个月时间。受热面模为垂直吊装，理论上不存在积水的情况，而模块相连的下集箱在检查过程中也证明了集箱内表面并无积水。吊装完成后同一台炉内同一模块内管段环境条件、经历过程相同，但却在个别管段发生泄漏，且漏点分布无规律性，说明泄漏的发生与安装后的停备无直接关系，应在停备之前就已经发生。试验结果表面腐蚀产物的厚度最厚处可达 5mm，且分层特点明显，说明是在较长时间内逐渐产生的，而模块到达电厂到开始吊装之间的时间最长也不足 30 天，这样短的时间内是不能产生这样严重的腐蚀的，因此腐蚀的产生应该在到达电厂之前已经发生。

7) 按其他影响因素分析。锅炉厂提供的资料表明管内腐蚀产物表面曾经存在 S、P、Cu、Cl 等杂质元素，可能在管子生产、加工、运输环节引入了这些杂质元素，对管内壁表面产生污染；而本次分析只在个别管段中检测到了少量的 Na、Al，两次检测之间的差异可能是由于在更换后存放过程中杂质元素发生了流失导致的。根据腐蚀机理的分析，本次腐蚀属于典型的氧腐蚀，产生原因主要与常温条件下存在水、空气有关，杂质元素的存在可能促进腐蚀进一步发展或加速腐蚀速率，但不是产生腐蚀的根本原因。

在模块的加工生产过程中几乎都经历了江浙地区的梅雨季节，潮湿的气候也会对已发生腐蚀管材造成加速的影响。

(2) 主要结论。

1) 1 号炉、2 号炉的受热面模块均有泄漏情况发生，发生泄漏的管段主要集中在高压蒸发器和高压低温省煤器，腐蚀穿孔泄漏和腐蚀未泄漏的所有管子总数在模块管子总数中的比例不足 5%，对于整体模块而言，发生腐蚀的管子为个别情况，并非大面积的、普遍性的现象。与个别管段保存不善、进入积水有关。

2) 发生泄漏的管段分别是由三家分包企业提供的，与分包企业没有固定的对应性。所有的管材的原材料均由一家企业提供的，而这家企业无法提供任何相关的证明文件，因此无法免除原材料管材被污染发生腐蚀的可能性。

3) 三家分包企业记录表明入厂复验基本正常，室内存放、管子内外表面检查合格未发现问题，从这个角度分析腐蚀应与分包企业保存养护不当有关。

二、 某运行燃气轮机余热锅炉长时间停用严重氧腐蚀

1. 机组概况

某厂锅炉是由杭州锅炉厂生产的三压无补燃、悬挂立式、正压运行、强制循环余热锅炉，型号是 Q1153/526-173.6(33.3)-5.9(0.67)/500(257)。投运时间已超过 11 年，一直没有进行过割管检查及酸洗。在一次高压系统水压试验过程中，发现 2 处管路漏点：高压蒸发器 I 鳍片管 1 处漏点（迎风面第 1 排第 8 列）和高压主汽集箱疏水阀内漏点。

2. 检查与测试

(1) 高压蒸发器炉管腐蚀情况。

对高压蒸发器 I 漏点处进行割管检查，高压蒸发器炉管外表面如图 2-34 所示，高压蒸发器炉管内壁如图 2-35 所示。管道腐蚀很严重，内部呈红色，有堆积物，初步判断腐蚀产物为 Fe_2O_3。

(2) 管样外部检查分析。

经过检查，渗漏管外部有明显锈蚀现象，其浸泡液 pH 值为 7.0～7.5，说明渗透管外壁没有明显的酸性物质附着，取外部管样进行成分分析，结果如图 2-36 所示。

锈蚀物主要成分是铁 67%，碳 10%，氧 23%，没有检测出硫等腐蚀性成分，因此，

图 2-34 高压蒸发器炉管外表面

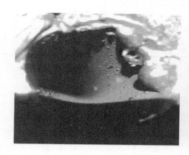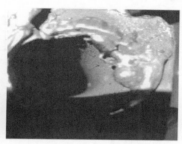

图 2-35 高压蒸发器炉管内壁

可以基本排除外部烟气腐蚀导致泄漏的可能性。

（3）管样内部形态分析。

管内壁上可以明显看出有红锈存在，两处有二次锈，对管样进行酸洗（见图 2-37）、测量后计算得出管样结垢量为 $180g/m^2$。

酸洗后的管壁内部发现数量较多的溃疡性腐蚀坑，有几处面积较大，部分部位出现明显的点蚀现象，经测量腐蚀坑深度最大超过 1.2mm。但渗漏点太小未找到确切点。

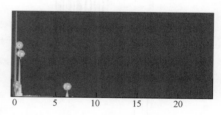

图 2-36 泄漏点割管外部取样成分能谱分析

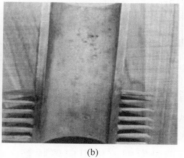

(a)　　　　　　(b)

图 2-37 割管内壁酸洗后

3. 结果分析

由于外壁检测中未发现硫等腐蚀性元素，而内壁酸洗后出现数量较多的溃疡性腐蚀坑，且有些存在点蚀现象，符合氧腐蚀的主要特征。

氧腐蚀主要可能由机组运行水汽指标异常，尤其是溶解氧异常；以及机组停运后停炉保养方式选择不合理，保护不到位两个因素导致。

（1）日常运行水汽指标较差。

对 2013—2016 年水汽报表统计分析发现部分指标合格率很低，尤其是凝结水和给水溶氧存在经常性严重超标情况，如表 2-4 和图 2-38～图 2-41 所示。

表 2-4   合格率较低的水汽指标统计情况   （%）

年份	凝结水溶氧	给水溶氧	饱和蒸汽钠	饱和蒸汽硅	炉水
2013—2014 年	81.68	57.55	3.28	65.31	发红次数较多
2015 年	37.25	90.53	98.55	98.53	发红次数较多

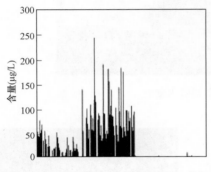

图 2-38 饱和蒸汽钠（标准≤5μg/L）

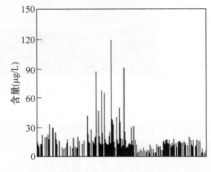

图 2-39 饱和蒸汽硅（标准≤20μg/L）

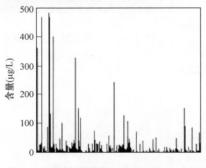

图 2-40 凝结水溶氧（标准≤40μg/L）

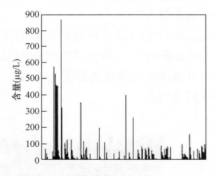

图 2-41 给水溶氧（标准≤7μg/L）

对各项指标统计分析，可以看出机组运行期间凝结水和给水溶氧存在经常性超标现象，给水溶氧甚至达到 400μg/L 以上；饱和蒸汽的钠和硅在 2015 年之前存在长期严重超标情况；炉水目测存在多次发红现象，说明炉水中存在铁含量严重超标情况。

检查运行记录发现该机组启停频繁，启动初期凝结水溶氧和给水溶氧经常偏高，平均给水溶氧在 100μg/L 左右，导致给水溶氧合格率较低。

（2）机组停运放水后炉管积水。

该机组启停次数频繁，具体启停次数见表 2-5，而且在 2014 年 4 月至 2015 年 5 月间和 2015 年 12 月至 2016 年 9 月间均长时间停运。

年份	2010	2011	2012	2013	2014	2016
次数（次）	63	75	36	52	51	2

表 2-5　　　　　　　　燃气轮机机组启停次数表

在 2009 年 1 月和 10 月机组停运期间均采用十八烷基胺保养，在 2013 年 5 月至 2013 年 7 月共进行 8 次十八烷基胺热炉放水保养，其余在 2015 年 12 月前进行热炉放水操作，但是在放水过程中换热管中存在积水未排空现象，在 2016 年 12 月底割管时发现管内部仍有积水存在。

在 2017 年 1 月 17 日对高压蒸发器 I 管路检查中发现，割下的所有蒸发器管内侧均存在明显的水线，如图 2-42 所示。高压蒸发器炉管上下部对比如图 2-43 所示。

该机组换热管全部为水平布置，如图 2-44 所示。该机组近几年运行小时偏少，投产 11 年间共运行约 18 000h，停运时间较长。2014 年油改气之前采用加十八烷基胺及热炉放水的方法进行保养，但是由于锅炉换热面为水平布置，停炉保养热炉放水时很难将管内的水完全排空，导致炉管下部少量积水长期存在，接触空气后水中溶氧基本接近饱和状态，在水浸没的炉管处容易发生溃疡状氧腐蚀。

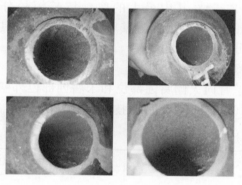

图 2-42　高压蒸发器 I 未漏管路割管检查照片

图 2-43　高压蒸发器炉管上下部对比

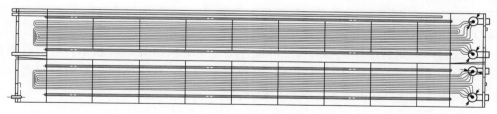

图 2-44　高压蒸发器 I 管路布置图

割管发现下侧金属表面凹凸不平，有大小不等的鼓包，鼓包外层呈红褐色和黄色，是 Fe_2O_3 形态，刮开外层后发现内部为褐色带黑色，属于 Fe_3O_4，腐蚀产物疏松多孔，清洗后显现出大小深浅不一的腐蚀坑，底部具有金属光泽，具有明显的氧腐蚀特征；检查管样上部，发现腐蚀情况较轻，表面较光洁。根据电化学腐蚀机理，管样上部由于没有水浸没，表面原先的保护膜保存较好，所以氧腐蚀轻微。而管样下侧钝化膜受到破坏，氧浓度存在差别，管样表面存在电化学不均匀性，形成微电池，裸露的金属表面为活泼的阳极区，遭到破坏损伤。

三、 水冷壁管运行氧腐蚀爆管

1. 机组概况/事件经过

某热电厂有 1 台自然循环四角对冲切圆燃烧锅炉，型号为 WGZ220-540/9.8-13Ⅱ，累计运行 30 000h。2006 年 11 月至 2007 年 3 月供热期间，部分水冷壁管发生爆管事故，其中 2005 年 3 月 1 次，2007 年 2 月先后爆管 2 次。锅炉压力容器定期检验时发现：高温区水冷壁割管内壁向火侧存在严重的局部腐蚀现象，水冷壁下集箱及与之相连接的水冷壁管用内窥镜检查发现存在金属杂物、其他杂物和水垢。后对锅炉后侧、左侧、右侧发现腐蚀、磨损、变形的百余根水冷壁管进行了更换。

图 2-45　水冷壁管内壁向火侧
腐蚀宏观形貌

2. 检查与测试

（1）宏观形貌检查。

水冷壁管的材料为 20G，规格为 $\phi60 \times 5mm$。割管检查发现在水冷壁管内壁向火侧内壁存在较大的局部腐蚀坑（见图 2-45），其中最大的腐蚀坑长短径分别为 48mm 和 30mm，腐蚀最深处壁厚仅为 1.7mm，其余管内壁还均匀分布着点蚀坑。

（2）水冷壁材料成分测试。

对水冷壁管向火侧腐蚀部位和未腐蚀部位外壁进行光谱分析（见表 2-6），化学成分满足 GB 5310—1995 对 20G 的技术要求。

表 2-6　　　　　　　　　　　　**3 号炉水冷壁管材料光谱分析结果**　　　　　　　　　　　（%）

20G	C	Si	Mn	S	P
向火侧腐蚀区外壁	0.171	0.268	0.595	0.024	0.028
向火侧未腐蚀区外壁	0.234	0.304	0.552	0.029	0.025

（3）金相组织检验。

水冷壁管向火侧腐蚀部位和未腐蚀部位外壁金相组织如图 2-46 所示，可以看出这两个部位的金相组织均为铁素体加珠光体，晶粒细小均匀，珠光体以聚集形态存在，清晰可见，未发现珠光体球化的迹象，显微组织正常。

（4）腐蚀部位成分分析。

1）能谱分析。在水冷壁管内壁腐蚀部位截取小块试样进行能谱分析，结果见表 2-7。

表 2-7　　　　　　　　　　　　　　腐蚀部位能谱分析结果

元素	Fe	O	C	Cl
含量（%）	46.37	39.26	9.31	2.27

(a) 向火侧未腐蚀区外壁　　　　(b) 向火侧腐蚀区外壁

图 2-46　水冷壁管的金相显微组织

2）X 射线衍射分析。对该管腐蚀部位进行 X 射线衍射分析，结果显示腐蚀产物主要为 Fe_3O_4 和 Fe_2O_3，Fe_3O_4 的含量约达 90.4%，Fe_2O_3 含量达 6.9%，如图 2-47 所示。

3）扫描电镜测试。对水冷壁内壁腐蚀部位进行扫描电镜观察，结果如图 2-48 所示。可以看出在水冷壁管腐蚀区域存在大量裂纹。

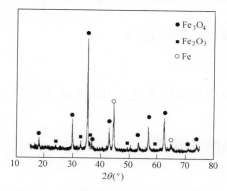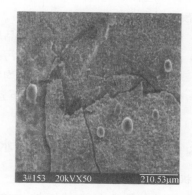

图 2-47　腐蚀部位的 XRD 图谱　　　图 2-48　水冷壁管腐蚀区域裂纹的微观形貌

裂纹的产生可能有两种原因：一是由于水冷壁管发生氧腐蚀，而腐蚀产物的体积较大，使得水冷壁管表面发生膨胀，产生裂纹；二是由于水冷壁管在腐蚀后期发生了氢损伤，导致水冷壁管管材脱碳，塑性降低，腐蚀生成的气体产物克服了晶格间的表面张力，引起裂纹的形成和扩展。

3. 结果分析

（1）水质分析。

水质分析统计结果见表 2-8、表 2-9。可以看出，锅炉水质存在不合格项目，即给水的溶解氧含量超标，其余满足标准的要求。

表 2-8　　　　　　　　　　　给水的水质分析统计表

指标及标准值	SiO_2（≤20μg/L）	pH（8.8~9.3）	Cu（≤5μg/L）	Fe（≤30μg/L）	溶解氧（≤7μg/L）
2 月 4 日	20	8.85~9.10	合格	合格	不合格
2 月 20 日	20	8.84~9.20	合格	合格	不合格

表 2-9　　　　　　　　　　　　　　　　炉水的水质分析统计表

指标及标准值	PO$_4^{3-}$（2~10mg/L）	pH（9.0~10.5）	SiO$_2$（20mg/L）
2月4日	4~7	9.17~9.64	20
2月20日	3~4	9.34~9.57	20

（2）综合分析。

结合能谱分析、X射线衍射分析和水质情况综合分析，而且水冷壁表面有明显的腐蚀坑，表明水冷壁管发生了氧腐蚀。

从水冷壁管腐蚀区域的宏观照片可以看出，该区域存在脆性剥落。锅炉燃烧的不均匀和热负荷的变动引起水冷壁内壁周期性的汽水混合物的蒸发-冷却，这样会引起管内壁和腐蚀产物的高周疲劳，从而造成腐蚀产物在机械脉动载荷和脉动热应力下发生腐蚀产物的开裂和不断脱落，形成腐蚀坑。

另外，从能谱分析结果得知，腐蚀区域含有一定量的氯元素，而氯元素的存在会加剧上述各腐蚀过程的进行。

4. 预防性措施

（1）应加强运行管理，提高汽水品质，尤其要控制给水溶解氧。

（2）保证锅炉连续排污和定期排污的正常运行。

（3）合理配煤，避免燃料供应不均匀。

（4）应避免锅炉经常在低负荷下运行，避免热负荷和蒸汽出力出现周期性的变动工况。

四、某化工厂自备电站锅炉水冷蒸发屏腐蚀爆管

1. 机组概况/事件经过

某化工厂自备2号电站锅炉为单汽包、自然循环、循环流化床锅炉，投产运行11 800h后，在半个月内发生三次水冷蒸发屏爆管事故。其中，水冷蒸发屏规格为 $\phi 60 \times 6$mm，材料为20G。锅炉额定蒸发量为130t/h，高温过热蒸汽出口压力为9.81MPa，温度为540℃，给水温度为215℃，锅筒饱和水温度为318℃。

2. 检查与测试

（1）爆口宏观检查。

对三次爆管的水冷蒸发屏钢管爆口进行宏观观察，1号管的爆口位于右水冷蒸发屏下穿墙横管下数第4根（浇注料内），爆口直径为10mm，未出现胀粗现象。由于操作人员对爆口处进行堆焊抢修后锅炉重启运行，无法查看1号管内壁的情况。2号管的爆口位于右水冷蒸发屏下部前数第6根浇注料上方5mm处，其宏观形貌如图2-49所示。爆口核桃状，长度为40mm，宽度为25mm，呈脆性爆破特征，未出现胀粗现象。沿纵向剖开后，可见其内壁有溃疡状腐蚀坑，腐蚀坑区域有较厚的黑色沉积物，该沉积物质地较硬且不易剥落。敲除部分沉积物后，管壁表面呈砖红色。2号管壁其他部位被红锈覆盖。3号管的爆口位于左水冷蒸发屏前数第2根和第20根浇注料上方5mm处，该管的内壁腐蚀坑形貌和2号管类似。

对2号管、3号管爆口同高度的左、右水冷蒸发屏全部钢管的管壁厚度进行测量，发

现左水冷蒸发屏前数第 1、7、12、19、21 根钢管管壁减薄较严重，剖开第 1 根钢管，发现其内壁结垢较多，管壁减薄处有腐蚀坑，如图 2-50 所示。现场检查运行记录后发现，该锅炉为配合生产线需要存在超负荷运行情况，运行蒸发量在 90～161t/h 波动。此外，该锅炉还发生过多起炉床超温结焦事故。

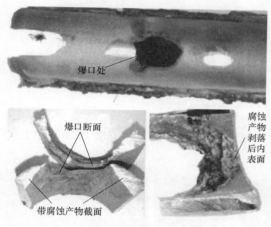

图 2-49 2 号管爆口的宏观形貌

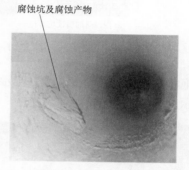

图 2-50 左水冷蒸发屏第 1 根钢管内壁的宏观形貌

（2）管样化学成分分析。

在 2 号管、3 号管的爆口附近取样，使用全谱火花直读光谱仪进行化学成分分析，符合 GB/T 5310—2017《高压锅炉用无缝钢管》对 20G 的技术要求，结果见表 2-10。

表 2-10　　　　　　　　　　　不同钢管的化学成分　　　　　　　　　　　（质量分数，%）

项目	C	Si	Mn	P	S
2 号管实测值	0.20	0.22	0.53	0.010	0.010
3 号管实测值	0.19	0.21	0.54	0.010	0.010
标准值	0.17～0.23	0.17～0.37	0.35～0.65	≤0.025	≤0.015

（3）金相组织检验。

在 2 号管内壁的腐蚀坑部位和其他未腐蚀部位分别取样，使用研究级倒置万能显微镜对浸蚀前的腐蚀坑部位试样、浸蚀后的腐蚀坑部位试样、未腐蚀部位试样进行显微组织观察，如图 2-51 所示。可见浸蚀前腐蚀坑部位有裂纹，如图 2-51（a）所示；浸蚀后腐蚀坑部位的显微组织为铁素体＋珠光体，未发现球化的珠光体，这说明钢管不存在高温老化现象；腐蚀产物为层状，基体晶界有微裂纹，在基体与腐蚀产物的交界处腐蚀产物沿晶间裂纹向基体方向延伸，如图 2-51（b）所示；未腐蚀部位显微组织为铁素体＋珠光体，如图 2-51（c）所示。

（4）表面微观分析。

在 2 号管的爆口和内壁取样，采用扫描电镜（SEM）对试样进行观察，可见爆口断面有裂纹和孔洞，如图 2-52（a）所示；爆口处腐蚀坑腐蚀产物剥落后表面有网状裂纹和

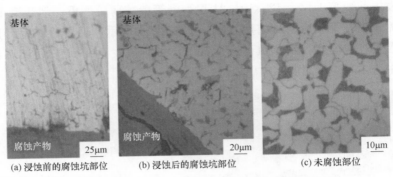

(a) 浸蚀前的腐蚀坑部位　　　(b) 浸蚀后的腐蚀坑部位　　　(c) 未腐蚀部位

图 2-51　2 号管不同部位的显微组织形貌

气泡状蚀孔，如图 2-52（b）所示；钢管内壁部分结垢处存在小腐蚀坑，如图 2-52（c）所示。

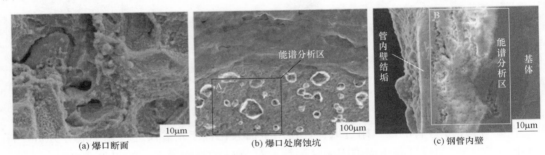

(a) 爆口断面　　　　　　　(b) 爆口处腐蚀坑　　　　　　(c) 钢管内壁

图 2-52　2 号管爆口和内壁的 SEM 形貌

对 2 号管爆口腐蚀坑和非爆口内壁结垢处用能谱仪进行能谱分析，结果如图 2-53 所示。可见爆口腐蚀坑处氯元素较富集，腐蚀坑外氧元素较富集，推测腐蚀坑由氯离子与溶解氧的电化学腐蚀作用而形成。

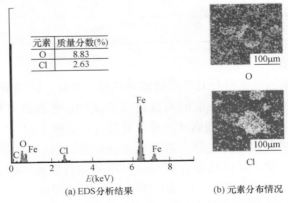

元素	质量分数(%)
O	8.83
Cl	2.63

(a) EDS 分析结果　　　　　　(b) 元素分布情况

图 2-53　2 号管爆口腐蚀坑及其附近的 EDS 分析结果及元素分布情况

（5）垢量及成分分析。

对左水冷蒸发屏前数第 1 根管内壁非腐蚀坑处的垢层密度和组成进行分析，结果显示垢量为 234.0g/m³，结垢较严重，垢层的组成见表 2-11。

表 2-11　水冷蒸发屏钢管垢层的组成　　　　　　　　（质量分数，%）

成分	MgO	CaO	Al₂O₃	Fe₂O₃	MnO₂	ZnO	P₂O₅	SiO₂
数值	3.79	7.20	3.63	68.19	4.18	1.10	8.90	3.01

对 2 号管爆口处的腐蚀产物取样，采用 X 射线衍射仪对试样进行 X 射线衍射分析。由图 2-54 可见，腐蚀产物主要为 Fe_3O_4 并有少量 Fe_2O_3。对这两相的衍射峰强度进行定量分析，可得到 Fe_3O_4 和 Fe_2O_3 的质量分数分别为 93.9% 和 6.1%。

（6）水汽质量分析。

抽查锅炉投运以来水汽质量监督的化验记录，发现多项监督指标存在严重超标现象，其中，蒸汽中二氧化硅最高达到 50 600μg/kg，钠最高达到 47 010μg/kg，给水溶解氧最高达到 681μg/kg；同时，大部分锅炉给水、炉水的 pH 和磷酸根含量达不到 GB/T 12145—2016 的要求。

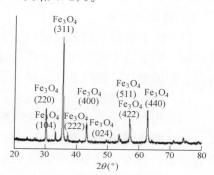

图 2-54　2 号管腐蚀产物的
XRD 分析结果

3. 结果分析

从上述理化检验结果可知，失效钢管的化学成分及显微组织均符合相关技术要求。

（1）氧腐蚀。

由于水中溶解氧长期严重超标，大量氧元素的侵蚀会使锅炉钢管内壁表面发生电池反应形成坑状腐蚀或局部腐蚀从而导致钢管失效。腐蚀反应机理如下：

阳极反应　　　　　　　　　$Fe \longrightarrow Fe^{2+} + 2e$　　　　　　　　　　　　　　（2-17）

阴极反应　　　　　　　$O_2 + 2H_2O + 4e \longrightarrow 4OH^-$　　　　　　　　（2-18）

后续反应

$$Fe^{2+} + 2OH^- \longrightarrow Fe(OH)_2 \tag{2-19}$$

$$4Fe(OH)_2 + O_2 + 2H_2O \longrightarrow 4Fe(OH)_3 \tag{2-20}$$

$$2Fe(OH)_3 + Fe(OH)_2 \longrightarrow Fe_3O_4 + 4H_2O \tag{2-21}$$

由腐蚀产物的 XRD 检测结果可知，腐蚀产物的物相组成中 Fe_2O_3 的质量分数达到 93.9%，这与氧腐蚀的结果较吻合。由于氧浓度增大有利于阴极区反应向正向进行，因此，当炉水中氧浓度增大时（质量浓度最高达到 681μg/kg），会加大锅炉钢管内壁的氧腐蚀程度。氧腐蚀通常发生在锅炉烟道尾部的省煤器入口和水冷壁系统，由垢样分析结果可知水冷蒸发屏钢管内壁垢量较多。现场检查发现，水冷蒸发屏集箱底部排污阀不是快开阀，且锅炉运行中定排工作不到位，这导致水冷蒸发屏钢管内壁大量结垢，为垢下氧腐蚀提供了条件。

（2）氯离子的影响。

从能谱分析结果可知，钢管爆口腐蚀坑处氯元素较富集，说明炉水中存在氯离子。在阳极极化的条件下，介质中的氯离子可使金属发生孔蚀，随着氯离子浓度的增加，孔蚀电位下降，孔蚀更容易发生并加速进行。当炉水中同时存在氯离子和溶解氧时，锅炉钢管蒸发受热面上溶解氧较多的部位与供氧受阻的部位就会形成供氧差异腐蚀电池，高温下该腐蚀会加速。

（3）其他因素。

由于锅炉存在较大的负荷波动，其运行蒸发量最高时达到157t/h，最低时为90t/h，炉床发生过多次超温结焦事故造成停炉，这些因素会造成锅炉的水冷壁和水冷蒸发屏鼓包，还会导致水冷蒸发屏的受热面钢管产生低频高强度周期性应力。当腐蚀产生后，在周期性应力的作用下，管壁膨胀导致其表面的氧化膜和腐蚀产物剥落或破裂，暴露出的钢管表面受到渗入介质（氯离子、溶解氧）的腐蚀后形成微孔和裂纹，裂纹在下一个膨胀周期继续加深，最终导致爆管。

4. 结论及建议

（1）由于运行不规范及排污不到位，多项水汽指标存在超标，造成水冷蒸发屏管内壁结垢，加上给水氧浓度长期严重超标引起垢下氧腐蚀、氯脆，在周期性应力的作用下，管壁上形成裂纹且裂纹不断加深，最终导致爆管。

（2）加强检查以确保锅炉汽包、水冷蒸发屏进口集箱和水冷壁下集箱等排污正常。

（3）提高汽水品质，发现水汽质量超标时及时处理。

（4）禁止锅炉超负荷运行，保持其平稳运行；有条件停炉时，需对水冷蒸发屏钢管进行普查，对发生减薄的管段进行更换处理。

（5）做好停炉保养，有条件时开展化学清洗。

第三章 酸 性 腐 蚀

第一节 酸性腐蚀的定义与分类

一、 酸性腐蚀的定义

酸性腐蚀是指在酸性介质条件下，由于水中的氢离子还原导致的析氢腐蚀。电站热力设备运行时，进入水汽系统的工质会携带某些杂质。这些杂质进入锅炉后，在高温、高压条件下将发生热分解、降解或水解作用，产生二氧化碳、有机酸，甚至无机强酸等酸性物质，由此引发酸性腐蚀。

二、 二氧化碳酸性腐蚀

热力设备水汽系统中的二氧化碳主要来源于锅炉补给水中所含的碳酸化合物，其种类随水处理工艺的不同而有所差异。在经过石灰和钠型离子交换树脂软化处理的软化水中，存在一定量的碳酸氢盐和碳酸盐；氢型-钠型离子交换树脂处理的水中，存在少量二氧化碳和碳酸盐；在蒸发器提取的蒸馏水中，有少量碳酸氢盐和碳酸盐；而在化学除盐水中，各种碳酸化合物的量均比软化水和蒸馏水中要少很多。其次，当凝汽器有泄漏时，漏入汽轮机凝结水中的冷却水也会带入碳酸化合物，其中主要是碳酸氢盐。

碳酸化合物进入锅炉给水系统后，在低压除氧器和高压除氧器中，碳酸氢盐会热分解一部分，碳酸盐也会部分水解，放出二氧化碳。其反应方程式为：

$$2HCO_3^- \longrightarrow CO_3^{2-} + H_2O + CO_2 \uparrow \tag{3-1}$$

$$CO_3^{2-} + H_2O \longrightarrow 2OH^- + CO_2 \uparrow \tag{3-2}$$

运行经验表明，热力除氧器能除去水中大部分二氧化碳，而在低压管道中，碳酸盐和碳酸氢盐的分解需要较长时间，因此，除氧器后给水中的碳酸化合物主要是碳酸氢盐和碳酸盐。当它们进入锅炉后，随着温度和压力的增加，分解速度将加快，在中压锅炉的工作压力和温度条件下已经几乎能完全分解为二氧化碳。生成的二氧化碳随蒸汽进入汽轮机和凝汽器。虽然在凝汽器中会有一部分二氧化碳被凝汽器抽汽器抽走，但仍残余一部分二氧化碳溶入凝结水中，造成凝结水水质污染。

水汽系统中二氧化碳的来源，除了碳酸化合物在热力系统中的热分解之外，还有从水汽系统处于真空运行设备的负压区不严密处漏入的空气，如从汽轮机端部汽封装置、汽轮机低压缸的接合面、凝汽器汽侧等设备不严密处漏入空气。尤其是在凝汽器汽侧负荷较低、冷却水的水温低、抽汽器的出力不够时，凝结水中氧和二氧化碳的量也就会增加。其他如凝结水泵、疏水泵泵体及吸入侧管道的不严密处也会漏入空气，使凝结水中二氧化碳和氧的含量增加。对于供热锅炉，由于补给水量大，因此水汽系统中二氧化碳的量主要取决于补给水的量。

当金属表面没有沉积物和水中缺乏溶解氧时，腐蚀是比较均匀的，被腐蚀的管壁呈现出均匀减薄的形态。腐蚀反应方程式为：

$$Fe + 2H_2CO_3 \longrightarrow Fe(HCO_3)_2 + H_2 \tag{3-3}$$

如果水中除了含二氧化碳外，同时还有溶解氧，溶解氧氧化式（3-3）中生成的碳酸氢亚铁：

$$2Fe(HCO_3)_2 + 1/2O_2 \longrightarrow Fe_2O_3 + 4CO_2 + 2H_2O \tag{3-4}$$

$$3Fe(HCO_3)_2 + 1/2O_2 \longrightarrow Fe_3O_4 + 4CO_2 + 3H_2O \tag{3-5}$$

反应使消耗掉的二氧化碳释放出来，重新发生腐蚀反应，直到氧消耗完为止，如果水中有氧，腐蚀反应就会反复进行，二氧化碳就像是氧和铁反应的催化剂，在腐蚀过程中不消耗。有研究测量凝结水系统进水和出水的二氧化碳含量，结果发现二氧化碳含量几乎没有变化。

三、 有机酸和无机强酸酸性腐蚀

1. 有机物分解

水汽系统中的有机酸，一般是补给水中的有机杂质在锅炉高温、高压条件下分解产生的。电厂使用的原水，如果是地下水则几乎不含有机物质；但若是使用地表水，如江、河及湖水，则会含有较多的有机物。天然水中的有机物来源于工矿企业的工业废水、城乡生活污水和含农药的农田排水等中的污染物，以及植物等的腐败分解产物，由于污染原因所带入的有机物量一般只占天然水中有机物总量的1/10。

有机物质构成了土壤的重要组成部分，天然水中都含有水溶性有机物，总有机碳（Total Organic Carbon，TOC）通常作为衡量有机物存在的指标；天然水中有机物主要来自两个来源：①天然有机物质（Natural Organic Matter，NOM），它是动植物在自然循环过程中经腐烂分解所产生的物质，主要是腐殖质（Humic Substance，HS）类物质的分解物，如腐殖酸；②人工合成有机物（Synthetic Organic Chemcials，SOC），它来自生活与工业废水排放、污染土壤中合成有机物浸出等。天然水中有机物含量在几至数十毫克/升之间，地下水中有机物含量少一些，地表水（尤其是黑土地圈）中有机物含量较高。

目前电站锅炉常规的补给水处理工艺是不能将有机物彻底去除的，还存在补给水处理设施释放有机物的问题。如丁桓如对上海的电厂澄清池进行的调查表明：澄清池出水有机物去除率平均值为59.2%，但其中56.3%为悬浮态和胶态有机物，溶解态有机物去除率仅为3.6%。再如：天然水中有机物经过混凝、澄清处理的去除率约为60%（预处理只对悬浮态、胶态有机物有超过90%的去除率，但对溶解态有机物的去除率不超过20%）；经活性炭吸附后约为80%；剩余的有机物一部分被树脂吸收（树脂本身受到有机物污染且交换容量降低），一部分进入炉水中被分解；同时离子交换器运行时，不可避免的会有一些破碎树脂颗粒，随着给水进入锅炉水汽系统。

天然水中有机物的主要成分是分子量相当大的弱有机酸——多羧酸，其中主要有腐殖酸和富维酸两类。腐殖酸是可溶于碱性水溶液而不溶于酸和乙醇的有机物，富维酸则是可溶于酸的有机物，它们的酸性强度相当于甲酸。在正常运行情况下，原水中的这些有机物在电厂的补给水处理系统中可以除去大约80%，因此仍有部分有机物进入给水系统，在锅炉的高温下它们发生分解，产生低分子有机酸和其他化合物。同时，由于凝汽器的泄漏，冷却水中的有机物质也会直接进入水汽系统。对于热电厂来说，生产返回水也常受有机物的污染而使进入水汽系统的有机物量增加。

水汽系统中的低分子有机酸，除了因为原水中的有机物漏入、补给水在高温下分解所产生的以外，离子交换器运行时所产生的破碎树脂进入锅炉水汽系统，在高温、高压下分解产生低分子有机酸也是重要的来源。一般阴离子交换树脂在温度高于 60℃ 时开始降解，达到 150℃ 时降解速度已经十分迅速；阳离子交换树脂在 150℃ 时开始降解，在 200℃ 时降解十分剧烈。它们在高温、高压下均能释放出低分子有机酸，其主要成分是乙酸，也有甲酸、丙酸等。强酸阳离子交换树脂分解所产生的低分子有机酸量比强碱阴离子交换树脂分解所产生的量多得多。值得注意的是，强酸阳离子交换树脂上的磺酸基在高温、高压下会从链上脱落而在水溶液中形成硫酸。

阳树脂的高温分解实验结果表明：阳树脂高温分解后其交换基团（$-SO_3H$）会从树脂骨架上脱落并产生 SO_4^{2-}，其分解产生 SO_4^{2-} 的量随分解温度的升高而增大，当温度超过 200℃ 后会出现骤增现象，并产生大量酸性物质；当温度达到 280℃ 后，高温分解前后树脂的形貌将发生明显变化，主要表现为粒径明显缩小且颜色加深；阳树脂分解产生 SO_4^{2-} 的量随分解温度的升高而增大；在 280℃ 条件下，阳树脂分解产生 SO_4^{2-} 的量随时间的增加而增加，实测 SO_4^{2-} 结果与红外光谱检测结果都表明 24h 后阳树脂几乎达完全分解。

阳树脂溶出液的高温处理与氧化处理实验结果表明：阳树脂溶出物中除 SO_4^{2-} 之外还含有部分有机磺酸盐，它们在高温或氧化条件下会继续分解产生 SO_4^{2-}；且阳树脂溶出物经高温或氧化处理后还会分解产生大量低分子有机酸，它们会严重影响汽水品质，从而导致热力系统设备管道的腐蚀。

当分子量大的有机物及离子交换树脂进入热力设备水汽系统后，在高温、高压的运行条件下将分解产生无机强酸和低分子有机酸。这些物质在锅炉中浓缩，其浓度可能达到相当高的程度，会引起炉水 pH 值大幅下降。它们还会被携带进入蒸汽中，随之转移到其他设备，在整个水汽系统中循环。

2. 高含盐量冷却水漏入

当海水等高含盐量水源作为冷却水的凝汽器发生泄漏时，海水会漏入凝结水系统，继而进入炉内水汽系统。海水中的镁盐在高温、高压下发生水解会产生无机强酸，反应方程式为：

$$MgSO_4 + 2H_2O \longrightarrow Mg(OH)_2 \downarrow + H_2SO_4 \qquad (3-6)$$

$$MgCl_2 + 2H_2O \longrightarrow Mg(OH)_2 \downarrow + 2HCl \qquad (3-7)$$

对于采用 AVT（R）的锅炉，炉水的缓冲性很小，更易引起炉水 pH 值下降的现象。

3. 尿素水解产物

尿素由于其经济性和安全性而被广泛应用于燃煤电厂的选择性催化还原工艺中，利用尿素热解和水解产生还原剂氨除去烟气中的氮氧化物，达到脱硝的目的。尿素在水解过程中产生的酸性及腐蚀性副产物（如异氰酸和氨基甲酸铵）将腐蚀金属管材。

在火电厂脱硝实际应用中，尿素是以溶液的形式喷入炉膛然后分解得到还原剂氨气。

尿素在高温下与水反应生成 NH_3 和 CO_2，称之为尿素的水解。当温度高于 $60℃$ 时 $CO(NH_2)_2$ 开始水解，温度达到 $80℃$ 时水解速度加快，$145℃$ 以上有剧增趋势，在沸腾的尿素水溶液中水解更为剧烈。尿素的水解反应可以认为由两步组成，反应方程式为：

$$CO(NH_2)_2 + H_2O \longrightarrow 2NH_2COONH_4 \qquad (3-8)$$

$$2NH_2COONH_4 \longrightarrow 2NH_3 + CO_2 \qquad (3-9)$$

第一步反应为尿素和水生成氨基甲酸铵盐，该过程为微放热反应，反应过程非常缓慢；第二步反应为强吸热反应，氨基甲酸铵盐迅速分解生成氨气和 CO_2，反应过程非常迅速。

当尿素处于接近或高于正常熔点的温度时，会产生一些副反应，主要是尿素的异构化缩合，包括生成异氰酸和缩二脲，反应方程式为：

$$CO(NH_2)_2 \rightleftharpoons HNCO + NH_3 \qquad (3-10)$$

$$NH_2COONH_4 + HNCO \rightleftharpoons H_2NCONHCONH_2 \qquad (3-11)$$

（1）尿素水解产物的腐蚀。

尿素水解是尿素合成的逆反应，两个过程的中间产物相同，因此可以通过参考尿素合成过程中的腐蚀推测尿素水解过程中可能产生的腐蚀行为。

对于高温高压下，因尿素合成过程中间产物造成的腐蚀机理的解释大致有以下三种：

1）氨基甲酸根的腐蚀。氨基甲酸铵液在水中离解出氨基甲酸根（NH_2COO^-），呈还原性，能阻止金属表面产生氧化膜，从而产生活化腐蚀。

2）氰酸根的腐蚀。在高温、高压下，部分尿素产生氰酸铵，在有水存在时，氰酸铵可离解出呈强还原性的氰酸根（CNO^-），阻止金属表面产生氧化膜，从而产生活化腐蚀。

3）形成氨的络化物，由于尿素合成介质中的氨浓度高，氨会与不锈钢中许多元素的氧化物形成络化物，破坏了金属表面的氧化膜，从而产生活化腐蚀。

丁明志认为尿素合成反应中间产物氨基甲酸铵溶液在高温、高压下的腐蚀性相当强。同时，合成反应中生成的尿素还会因分解而产生氰酸和氰酸铵，而氰酸和氰酸铵在水中电离出的氰酸根具有很强的还原性，会破坏尿素合成塔不锈钢衬里表面的氧化膜，造成尿素合成塔均匀腐蚀。适当提高氨碳比、降低水碳比可降低不锈钢的腐蚀速度。另外国内也还有一些文献报道了氨基甲酸铵对于设备的腐蚀。

周天玉研究了尿素生产过程中设备的腐蚀，认为尿素生产中的物料及其反应产物对设备的腐蚀较严重，其腐蚀机理主要是尿素与同分异构物氰酸按的互变是可逆的，并产生氰酸，引起对不锈钢的强烈腐蚀。

（2）尿素腐蚀机理分析。

高温高压条件下，尿素的水解产物 CO_2 和氨易反应生成碳酸铵、碳酸氢铵和氨基甲酸铵，当 CO_2/NH_3 摩尔比小于 0.5 时主要生成氨基甲酸铵。在这过程中，氨与二氧化碳会发生一系列复杂的气-液化学反应。首先，氨与二氧化碳反应生成氨基甲酸铵；然后，部分氨基甲酸铵进一步水解转换成碳酸氢铵；最后，水解产生的碳酸氢铵与 $NH_3 \cdot H_2O$ 反应生成 $(NH_4)_2CO_3$。若此反应过程中含有少量水，将同时生成碳酸氢铵和碳酸铵等物质。反应方程式为：

$$2NH_3 + CO_2 \longrightarrow NH_2COONH_4 \qquad (3-12)$$

$$NH_2COONH_4 + H_2O \Longrightarrow NH_4HCO_3 + NH_3 \tag{3-13}$$

$$NH_3 + H_2O \Longrightarrow NH_4OH \tag{3-14}$$

$$NH_4HCO_3 + NH_4OH \Longrightarrow (NH_4)_2CO_3 \tag{3-15}$$

碳酸铵、碳酸氢铵和氨基甲酸铵 3 种物质性质相近，在一定的条件下可以相互转化。氨基甲酸铵离解出的氨基甲酸根（NH_2COO^-）呈还原性，能阻止金属表面产生氧化膜，并破坏钢材表面的钝化膜，产生阳极型腐蚀。

在碱性溶液中，水分子和 OH^- 将会吸附在试片表面，形成钝化膜，如 OH-M-OH 和 H_2O-M-OH_2。当溶液存在 NH_2COO^- 时，它将吸附在试片表面，见式（3-16）。NH_2COO^- 为含氧酸根，会促进试片的钝化，形成铁氧化物，见式（3-17）～式（3-19）。随着溶液中酸根离子浓度的增加，反应式向正方向移动，产生的 H^+ 浓度增加，而铁氧化物 FeO 对 H^+ 比较敏感，则会发生溶解，见式（3-21）。

$$FeOH + NH_2COO^- \longrightarrow FeOH \cdot NH_2COO^- \tag{3-16}$$

$$FeOH \cdot NH_2COO^- \longrightarrow FeO + H^+ + NH_2COO^- + e \tag{3-17}$$

$$FeOH \cdot NH_2COO^- + OH^- \longrightarrow FeOH \cdot OH^- + NH_2COO^- \tag{3-18}$$

$$FeOH \cdot OH^- \longrightarrow Fe(OH)_2 + e \tag{3-19}$$

$$Fe(OH)_2 \longrightarrow FeOOH + H^+ + e \tag{3-20}$$

$$FeO + 2H^+ \longrightarrow Fe^{2+} + H_2O \tag{3-21}$$

随着溶液中 CO_3^{2-} 浓度增大，CO_3^{2-} 将吸附在试片表面，在氧化膜表面形成一个静电场，当 CO_3^{2-} 浓度增加到一定程度后，该离子将与氧化膜中的阳离子结合，见式（3-22），生成可溶的 $FeCO_3$，结果在试片表面形成小蚀坑，这些小蚀坑即为点蚀核。随着 CO_3^{2-} 浓度继续增加，$FeCO_3$ 将发生水解，生成 H^+，见式（3-23）、式（3-24）。H^+ 在小蚀坑中浓缩，试片表面形成局部酸化，促使点蚀核生长成为蚀孔。蚀孔内为酸性环境，基体金属处于活化状态，将发生溶解，阳极溶解反应见式（3-25），阴极反应见式（3-26），蚀孔将进一步发展，造成腐蚀加剧。

$$Fe^{2+} + CO_3^{2-} \longrightarrow FeCO_3 \tag{3-22}$$

$$FeCO_3 + H_2O \longrightarrow Fe(OH)^+ + H^+ + CO_3^{2-} \tag{3-23}$$

$$Fe^{2+} + H_2O \longrightarrow Fe(OH)^+ + H^+ \tag{3-24}$$

$$Fe \longrightarrow Fe^{2+} + 2e \tag{3-25}$$

$$H^+ + 2e \longrightarrow H \tag{3-26}$$

当水中的可溶性盐转化为沉淀物，沉积在蚀孔口时，将会形成一个闭塞电池。孔内金属碳酸盐进一步浓缩，其水解使得介质酸度继续增加，基体金属持续处于活化状态，蚀孔向纵深发展。

第二节　酸性腐蚀的发生部位及特征

一、 二氧化碳腐蚀的部位及特征

凝结水系统是最容易受到二氧化碳污染的部位，由于含盐量很低，缓冲性小，即使溶入少量二氧化碳，pH 值也会显著降低，室温下纯水中溶入 1mg/L CO_2 可以使其 pH 值降低至 5.5。因此，容易漏入二氧化碳的凝结水及疏水管道等是二氧化碳腐蚀发生比较严重的部位。

此时发生的腐蚀同时具有酸性腐蚀和氧腐蚀的特征，表面没有腐蚀产物或腐蚀产物很少，但是呈溃疡状，并且有腐蚀坑。

CO_2 在金属表面的电化学反应过程如下。

铁在 CO_2 水溶液中的腐蚀基本过程的阳极反应为：

$$Fe + OH \longrightarrow FeOH + e \tag{3-27}$$

$$FeOH \longrightarrow FeOH^+ + e \tag{3-28}$$

$$FeOH^+ \longrightarrow Fe^{2+} + OH \tag{3-29}$$

G. Schmitt 等的研究结果表明在腐蚀阴极主要有以下两种反应。（下标 ad 代表吸附在钢铁表面上的物质，sol 代表溶液中的物质。）

（1）非催化的氢离子阴极还原反应。

当 pH 值＜4 时

$$H_3O^+ + e \longrightarrow H_{ad} + H_2O \tag{3-30}$$

$$H_2CO_3 \longrightarrow H^+ + HCO_3^- \tag{3-31}$$

$$HCO_3^- \longrightarrow H^+ + CO_3^{2-} \tag{3-32}$$

当 4＜pH 值＜6 时

$$H_2CO_3 + e \longrightarrow H_{ad} + HCO_3^- \tag{3-33}$$

当 pH 值＞6 时

$$2HCO_3^- + 2e \longrightarrow 2CO_3^{2-} + H_2 \tag{3-34}$$

（2）表面吸附 $CO_{2,ad}$ 的氢离子催化还原反应。

$$CO_{2,sol} \longrightarrow CO_{2,ad} \tag{3-35}$$

$$CO_{2,ad} + H2O \longrightarrow H_2CO_{3,ad} \tag{3-36}$$

$$H_2CO_{3,ad} \longrightarrow H^+ + HCO_{3,ad}^- \tag{3-37}$$

$$H_3O_{ad}^+ + e \longrightarrow H_{ad} + H_2O \tag{3-38}$$

$$HCO_{3,ad}^- + H_3O^+ \longrightarrow H_2CO_{3,ad} + H_2O \tag{3-39}$$

两种阴极反应的实质都是由于 CO_2 溶解后形成的 H_2CO_3 电离出 H^+ 的还原过程。

总的腐蚀反应为：

$$CO_2 + H_2O + Fe \longrightarrow FeCO_3 + H_2 \tag{3-40}$$

温度对钢铁二氧化碳腐蚀的影响比较大，不仅影响碳酸的电离程度和腐蚀速度，而且影响了腐蚀产物的性质。当温度较低时，例如，低于 60℃ 时，碳钢、低合金钢的二氧化碳腐蚀速度随温度升高而增大。由于这时碳酸的一级电离常数随温度升高而增大，提高了水中氢离子浓度，金属表面上未沉积或沉积了极少量软而无黏附性的腐蚀产物，难以形成保护膜，碳钢和低合金钢的二氧化碳腐蚀速度随温度升高而增大。当温度提高到 100℃ 附近，腐蚀速度达到最大值，此时，钢铁表面上形成的碳酸铁膜不致密，且孔隙较多，不仅没有保护性，还使钢铁发生点腐蚀的可能性增大。温度更高时，由于表面上形成了保护性的碳酸铁膜，腐蚀速度反而降低了。

二、其他酸性腐蚀的特征

当电站热力系统出现除盐水水质异常、离子交换树脂漏入系统、海水漏入凝汽器换热管、给水进油等异常情况时，会使给水和炉水的 pH 值降低，此时给水泵及锅炉本体设备会出现酸性腐蚀损坏现象。

给水泵的酸性腐蚀破坏主要发生在用铸钢或碳钢制成的叶轮、导叶、密封环、平衡套、轴套等处，在泵的高压出口端尤其严重。腐蚀部位一般表面粗糙、呈现如酸浸洗后的金属光泽。例如某厂一台给水泵使用不到 2.5 年，泵出口端盖边缘腐蚀已深达 4mm。

锅炉的某些部位也会发生严重的酸性腐蚀现象，如锅炉水冷壁管的酸性腐蚀一般呈现管壁均匀减薄的形态，且向火侧管壁的减薄比背火侧要严重。水冷壁管表面无明显的蚀坑，腐蚀产物附着也较少。这种酸性腐蚀经常会引起水冷壁管的氢脆型腐蚀破裂，对管壁进行金相检查时可见到晶间裂纹和脱碳现象。材料机械强度和塑性下降，引起水冷壁管的脆性破裂。

锅炉设备发生酸腐蚀时，其损坏范围非常广，因为低 pH 值的水使金属表面原有的保护膜大面积地被破坏，在金属与水接触的整个表面上均会产生腐蚀，而不是只限于某些局部。腐蚀破坏的程度与锅炉热负荷、工质的流速等有关。热负荷高、管壁温度较高的部位，腐蚀速度也较快。受到高速水流冲刷的部位，如给水泵中的某些部件上，不仅呈现冲刷腐蚀的特征，而且酸性腐蚀也更剧烈。

第三节　典型案例与预防

一、锅炉补给水处理不当导致酸性腐蚀

1. 机组概况/事件经过

某热电厂的 1 台 35t/h 的循环流化床锅炉，型号为 TG-35/5.3-M35，锅炉炉膛四墙水冷壁均为采用 $\phi 60 \times 5mm$ 的鳍片管整焊而成的膜式水冷壁结构，炉管材料为 20G。2008 年 11 月开始投入运行，2009 年 9 月锅炉水冷壁管发生爆管泄漏事故，停炉检查发现锅炉水冷壁管内部存在严重腐蚀现象。至发生泄漏事故止，该锅炉累计运行时间近 7500h。

2. 检查与测试

（1）爆口宏观形貌检查。

经现场检查，爆管发生于向火侧水冷壁，爆口位于浇注层以上 200mm 处，呈"窗口"状，长约 80mm，宽约 40mm，属脆性开裂，爆口附近没有管径明显胀粗现象。爆口内表面的向火侧有明显的腐蚀区，如图 3-1 所示，呈橘红色，腐蚀产物有分层。剥离除去腐蚀产物后，可观察到内表面粗糙不平，呈黑色，破口周围最小剩余壁厚为 1.1mm。

（2）水冷壁管材分析。

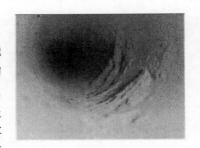

图 3-1　水冷壁管内壁腐蚀坑

1）对水冷壁管材质进行了检测，主要化学成分见表 3-1。

表 3-1　　　　　　　　　　水冷壁管材化学成分分析　　　　　　　　（%）

化学元素	C	Si	Mn	S	P
GB 5310—2008	0.17～0.23	0.17～0.37	0.35～0.65	≤0.015	≤0.025
水冷壁管材	0.182	0.168	0.512	0.014	0.021

由表 3-1 可以看出，水冷壁的化学成分符合 GB 5310—2008 对 20G 的技术要求，无异常。

2）对水冷壁管的厚度进行检测，其中前墙、右墙的部分部位检测情况见表 3-2 和表 3-3。

表 3-2　　　　　　　　　前墙水冷壁管厚度检测情况　　　　　　　　（mm）

浇注层以上 200mm 位置（有弯头）			
第 1 根	1.7（向火侧） 3.9（背火侧）	第 31 根	1.9（向火侧） 3.1（背火侧）
第 6 根	2.1（向火侧） 2.8（背火侧）	第 36 根	2.5（向火侧） 3.4（背火侧）
第 11 根	1.8（向火侧） 3.6（背火侧）	第 41 根	2.0（向火侧） 3.4（背火侧）
第 16 根	1.5（向火侧） 3.3（背火侧）	第 46 根	1.8（向火侧） 3.3（背火侧）
第 21 根	2.3（向火侧） 3.7（背火侧）	第 51 根	2.5（向火侧） 3.5（背火侧）
第 26 根	2.2（向火侧） 3.6（背火侧）	第 56 根	2.1（向火侧） 3.1（背火侧）
浇注层以上 1000mm 位置（有弯头）			
第 1 根	3.1（向火侧） 4.0（背火侧）	第 31 根	2.0（向火侧） 3.9（背火侧）
第 6 根	2.8（向火侧） 3.5（背火侧）	第 36 根	2.5（向火侧） 3.2（背火侧）
第 11 根	3.6（向火侧） 3.7（背火侧）	第 41 根	2.1（向火侧） 3.4（背火侧）
第 16 根	3.0（向火侧） 4.0（背火侧）	第 46 根	2.3（向火侧） 3.6（背火侧）
第 21 根	2.9（向火侧） 4.1（背火侧）	第 51 根	2.2（向火侧） 3.8（背火侧）
第 26 根	2.1（向火侧） 3.6（背火侧）	第 56 根	2.5（向火侧） 3.3（背火侧）

表 3-3	右墙水冷壁管厚度检测情况		（mm）
浇注层以上 200mm 位置（有弯头）			
第 1 根	3.4（向火侧） 3.9（背火侧）	第 21 根	2.3（向火侧） 3.4（背火侧）
第 6 根	3.8（向火侧） 4.6（背火侧）	第 26 根	2.8（向火侧） 3.7（背火侧）
第 11 根	4.0（向火侧） 4.1（背火侧）	第 31 根	3.2（向火侧） 3.8（背火侧）
第 16 根	3.1（向火侧） 3.6（背火侧）	—	— —
浇注层以上 1000mm 位置（有弯头）			
第 1 根	3.2（向火侧） 4.2（背火侧）	第 21 根	3.2（向火侧） 4.1（背火侧）
第 6 根	2.6（向火侧） 3.0（背火侧）	第 26 根	3.2（向火侧） 4.2（背火侧）
第 11 根	3.1（向火侧） 3.9（背火侧）	第 31 根	3.1（向火侧） 4.3（背火侧）
第 16 根	3.5（向火侧） 4.0（背火侧）	—	— —

由表 3-2 和表 3-3 的数据可以看出，该水冷壁管呈现整体减薄的特征，而且向火侧的减薄程度明显高于背火侧，符合炉管酸性腐蚀的典型特征。

（3）垢成分测试。

水冷壁管腐蚀产物的能谱分析结果如图 3-2 所示。

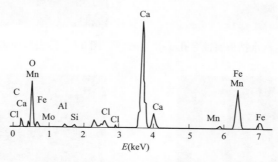

图 3-2　水冷壁管腐蚀产物能谱分析结果

由图 3-2 可见，腐蚀产物中存在大量的 Ca，同时 Fe 的含量偏低。

（4）金相组织检验。

水冷壁管腐蚀区内壁的金相分析如图 3-3 所示，可以看出腐蚀部位组织未发现晶间裂纹，但是存在明显的脱碳现象。

（5）其他部位的检测。

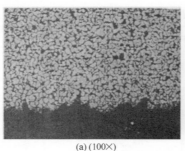

(a) (100×)　　　　　　(b) (400×)

图 3-3　水冷壁管腐蚀区内壁的金相分析

对除氧器、给水管道、省煤器、省煤器进出口集箱、汽包、水冷壁管上下集箱、汽包到过热器的联通管道、过热器进出口集箱和排污扩容器等进行了检查。检查发现，水冷壁管下集箱内有大量脱落的腐蚀产物堆积，集箱内壁和联通管内壁也有不同程度的腐蚀。汽包内件水界面以下区域发生了严重腐蚀，部分内件出现图 3-4 所示的腐蚀穿孔。汽包内壁水侧腐蚀深度达到了 0.5～1.0mm，除去内壁上的腐蚀产物，可见下面覆盖有亮青色碳化物的金属表面（见图 3-5）。在汽包底部有大量的腐蚀产物堆积（见图 3-6），同时在底部还发现了黄绿色的积水，对该积水进行化验分析，pH 值仅为 5.3。省煤器进出口集箱内存在如图 3-7 所示的大量橘红色浆状腐蚀产物，清除这些腐蚀产物后，集箱内壁未见明显腐蚀。其他部件未发现有明显腐蚀现象。

图 3-4　汽包内汽水挡板腐蚀穿孔　　　　图 3-5　除去腐蚀物的汽包内壁

图 3-6　汽包内腐蚀照片　　　　图 3-7　省煤器进口集箱内腐蚀照片

3. 结论与分析

（1）结论。

爆口附近管段无明显胀粗现象，为脆性开裂；管样爆口处金相分析发现，向火侧内壁有明显的脱碳现象，有典型的氢损伤特征；内表面向火侧有明显的腐蚀痕迹，且管壁有效壁厚明显减薄，经过分析发现向火侧管段减薄程度高于背火侧，具有较为明显的酸性腐蚀特征。综合分析认为，此次爆管为酸性腐蚀引起的氢损伤，碳钢脱碳后，金属变脆，水冷壁管强度大幅下降，最终发生爆管事故。

（2）成因分析。

1）锅炉补给水 pH 值低。锅炉原水采用河水，靠近水源地有一处化工车间排污池，污水呈酸性，且 COD 较高，由于下雨等原因排污池内的污水容易溢出污染电厂水源，进而污染原水。

锅炉补给水处理系统采用一级复床除盐系统。阴树脂由于化学稳定性差，易受氧化剂的侵害和有机物的污染。强碱 OH 型树脂遭受氧化剂的侵害时，其碱性减弱，工作交换容量大幅度降低，经过强碱 OH 型离子交换器的锅炉补给水呈酸性。

投运以来的水质分析记录表明，锅炉补给水 pH 值经常在 6.0 左右，甚至短时间内出现 pH 值为 5.0 的现象，炉水长时间 pH 值偏低而电导率一直居高不下。

2）运行管理不当。锅炉补给水水源采用水质不稳定的河水，电厂管理人员并未应对该情况采取预防措施。该锅炉使用单级除盐水作为锅炉补充水，当系统的阴床先于阳床失效时（设计时不会这样，但阴树脂污染后可能），锅炉补给水将呈酸性，锅炉长时间在酸性环境下运行会发生酸性腐蚀。

4. 应对措施

（1）对水冷壁管、汽包内件、水冷壁管上下集箱、排污管、加药管、紧急放水管、再循环管、水位表连通管及水位表等进行检修更换。

（2）利用大修机会由取得相应资质的化学清洗单位对锅炉进行酸洗钝化。

（3）进行阴树脂复苏处理，保证其正常的工作交换容量。

（4）加强化学监督工作，完善监督体系，当水汽品质恶化时应严格执行三级处理原则，防止不合格的给水进入锅炉。

二、 凝汽器泄漏导致酸性腐蚀

1. 机组概况/事件经过

某 600MW 亚临界机组锅炉为 SG-2129/17.5-M922 亚临界一次中间再热控制循环锅炉，水冷壁标高 22.54m 以下位置的材质为 20G，规格为 $\phi51\times6.5$mm。该机组于 2011 年 6 月投运，至 2012 年 1 月期间，分别于 2011 年 10 月、11 月及 2012 年 1 月发生了三次水冷壁爆管泄漏。10 月 31 日爆管位置为右侧墙由前往后数第 137、142 根管向火侧，标高位置分别在 22.4m 和 22.0m；11 月 22 日爆管位置为右侧墙由前往后数第 137 根管向火侧，标高位置为 22.0m；1 月 6 日爆管位置为右侧墙由前往后数第 151 根管向火侧，标高位置为 22.2m。

从运行期间水汽监测报告发现，锅炉汽水品质存在长期不合格现象，主要为：给水及炉水电导率经常性超标、给水溶氧量经常严重超标、凝结水及炉水存在 pH 偏低的情况，尤其是 2011 年 10 月 25～26 日两天中，凝结水 pH 值最低达 3.37，炉水 pH 值最低达 5.62。

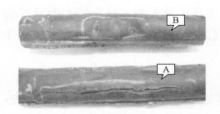

图 3-8　样管外观图

2. 检查与测试

（1）外观检查。

外观检查发现两根管子开裂处均位于向火侧，样管 A 呈纵向开裂，裂口长约 210mm，最宽处约 5mm，边缘粗钝，未见明显减薄，断口呈脆性，裂纹尖端距对接焊口约 10mm。样管 B 共有两处泄漏，泄漏处有吹损减薄现象，样管外观如图 3-8～图 3-10 所示。

图 3-9　样管 A

图 3-10　样管 B

两根管子均无明显胀粗，通过测量外径与壁厚发现向火侧与背火侧壁厚无明显差异（结果见表 3-4），均满足 GB 5310—2008 的相关要求。

表 3-4　　　　　　　　　　　　　外径及壁厚

项目		数值（mm）
外径		51.6、51.8、51.9
壁厚	向火侧	6.4、6.5、6.5
	背火侧	6.7、6.7、6.8

将样管 A 沿纵向剖开（见图 3-11），可以看出，向火侧结垢严重，且沿裂缝四周有明显的垢层剥落痕迹（见图 3-12），剥落后基体表面呈金属光泽。

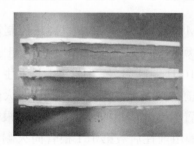

图 3-11　管样 A 纵剖图

图 3-12　裂缝四周氧化皮剥落情况

（2）化学成分分析。

对样管 A 进行化学成分分析，结果见表 3-5，可以看出样管 A 的化学成分符合 GB 5310—2008 对 20G 的技术要求。

表 3-5 样管 A 化学成分

项目	数值（%）	
	样管 A	GB 5310—2008
C	0.19	0.17～0.23
Si	0.20	0.17～0.37
Mn	0.48	0.35～0.65
S	0.002	≤0.015
P	0.006	≤0.025

（3）力学性能测试。

对样管 A 取样进行力学性能试验，结果见表 3-6，可知管样 A 的力学性能满足 GB 5310—2008 对 20G 的力学性能的要求。

表 3-6 样管 A 力学性能

项目	Y. S. (MPa)	T. S. (MPa)	E. L(%)
样管 A	388/378	518/515	30.0/30.5
GB 5310—2008	≥245	410～550	24

注 拉伸试样为圆形，规格为 $\phi 6 \times GL30mm$。

（4）金相分析。

在样管 A 裂缝端部取样，在体式显微镜下观察发现，样管 A 横截面垢层厚度有明显差异，裂纹附近最大厚度大于 0.5mm（见图 3-13），远离裂纹处不明显。

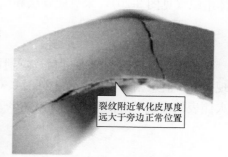

裂纹附近氧化皮厚度远大于旁边正常位置

图 3-13 样管 A 裂缝处显微图

在裂缝位置取样，对裂缝附近组织进行金相观察，抛光态下发现裂缝附近内壁至一半壁厚的区域存在微裂纹（见图 3-14），用 4％硝酸酒精腐蚀后发现这些微裂纹均沿晶界扩展（见图 3-15），且微裂纹附近位置均有脱碳现象（见图 3-16 和图 3-17），而外壁及远离裂缝位置则无明显脱碳现象（见图 3-18 和图 3-19），裂缝附近组织形态未见明显变化。

图 3-14 内壁抛光态微裂纹（100×）

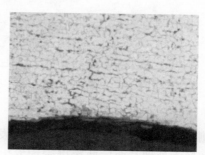

图 3-15 腐蚀后微裂纹呈沿晶形态（100×）

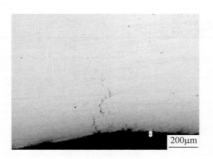

图 3-16　内壁脱碳（100×）

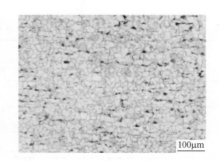

图 3-17　至一半壁厚均有局部脱碳（200×）

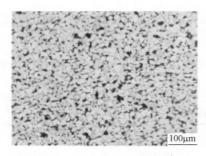

图 3-18　外壁侧无明显脱碳（200×）

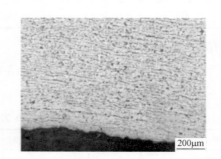

图 3-19　内壁远离裂缝处无明显脱碳（100×）

同时，在样管 A 上未开裂位置取样进行金相观察，发现组织正常，为铁素体＋珠光体组织（见图 3-20），未见脱碳层和微裂纹。

3. 原因分析

（1）机组汽水品质的影响。

机组运行期间曾出现过凝汽器泄漏情况，导致水汽品质出现严重恶化，尤其炉水出现过 pH 值急剧降低的现象。同时，对右侧水冷壁管进行随机取样分析，发现样管内壁向火侧表面出现了麻点和凹坑（见图 3-21），表现出酸性腐蚀的特征。

图 3-20　正常组织（100×）

图 3-21　样管内壁腐蚀情况

（2）爆管位置的影响。

右侧墙标高 20.0～22.5m 部位连续发生三次爆管事件，该厂在爆管后只进行了简单的排查和换管处理，而后两次爆管均发生在临近换管焊缝的位置，说明了后面两次爆管实际上是第一次的延续。

4. 结论与建议

综合分析得知，水冷壁泄漏的主要原因是运行期间由于凝汽器换热管泄漏导致给水和炉水水质严重恶化，使炉管较长时间处于酸性环境中，在热负荷较高的区域发生快速的酸性腐蚀，引发氢损伤，使炉管内壁局部发生脱碳现象，出现沿晶裂纹，随着酸性腐蚀和氢损伤的进一步发展，管材的强度和韧性明显下降，导致发生爆管。

（1）全面排查炉管状态，重点检测热负荷较高的区域，更换已产生氢损伤的管段。

（2）对凝汽器换热管进行查漏消缺处理。

（3）检查机组水汽系统及补给水系统，加强运行化学监督工作，提高水汽品质，一旦发生恶化，要严格执行三级处理原则，防止不合格的给水进入锅炉。

（4）利用检修机会对锅炉水冷壁管进行割管取样，测量垢量并分析垢成分，如果垢量超标，应进行锅炉化学清洗。

（5）加强锅炉排污管理，保证锅炉连排和定排系统的正常运行。

三、 炉内加药药品不纯导致炉水 pH 值降低

1. 机组概况/事件经过

2018 年 9 月 28 日 09：00 某厂 1 号机组正常运行，11:30 炉水 pH 值显著下降至 2.0，立即向炉内投加了 NaOH，炉水 pH 值未明显提高，为了避免受热面大规模腐蚀，紧急停炉并整炉放水。

2. 测试与分析

对 1 号机 09:00 和 11:30 炉水，11:30 除氧器出口、省煤器入口、除盐水箱出口水样分别进行分析。外观观察发现，只有 11:30 炉水样呈浑浊状态，底部有黑色沉淀，其他送检水样呈透明状态。将 11:30 炉水样过滤后收集黑色沉淀物进行垢样成分分析。

（1）水汽品质分析。

表 3-7 所示 09:00 炉水中 Cl^- 符合标准，机组正常运行；11:30 炉水中 TOC 突然由 57.2μg/L 增大到 3140μg/L，Ca^{2+} 由 3390μg/L 增大到 6280μg/L，而 11:30 除氧器出口水样、省煤器入口水样、除盐水箱出口水样、凝结水水样的 Ca^{2+} 和 TOC 均无异常，说明水汽循环系统中不存在有机物泄漏，推测向炉内投加的药剂不纯、杂质含量高，导致炉水中各种离子质量浓度增大，pH 值异常。11:30 炉水中 Fe^{2+} 和 Cu^{2+} 分别为 9700μg/L 和 3800μg/L，pH 值<2.0，说明炉水呈酸性，将水冷壁表面的 Fe_3O_4 氧化膜破坏。

表 3-7 　　　　　　　　　不同水样中各种离子的质量浓度　　　　　　　　　（μg/L）

水样	Cl^-	PO_4^{3-}	Ca^{2+}	Fe^{2+}	Cu^{2+}	TOC
09:00 炉水	50.6	1165.5	3390	—	—	57.2
11:30 炉水	274.6	1123.2	6280	9700	3800	3140.0
11:30 凝结水	48.5	0	180	—	—	146.1

（2）垢样成分。

11:30 炉水中黑色沉淀物可以用磁铁吸附，因此判断成分为 Fe_3O_4 或铁粉。在马弗炉中 900℃下煅烧黑色沉淀物，计算灼烧增减量为 0，灼烧后变成红褐色 Fe_2O_3，初步判断

垢样是 Fe_3O_4。将黑色沉淀物加入 1mol/L HCl 中，黑色沉淀溶解消失；加入到过量的 1mol/L NaOH 中，产生红褐色沉淀；进一步证明黑色沉淀物为 Fe_3O_4。

（3）原因分析。

由表 3-7 可以看出，水质发生异常时，炉水中磷酸根浓度没有发生明显变化，排除磷酸盐隐藏现象导致的炉水 pH 值异常。

电厂加药系统直接向炉内投加药剂（Na_3PO_4、NaOH、氨）的纯度应达到分析纯等级。由表 3-7 可知，省煤器入口、除盐水箱出口水样水质无异常，而将投加的磷酸盐溶解后测 TOC 质量浓度为 2193.5μg/L，说明电厂加药系统投加的 Na_3PO_4 纯度不够，引入有机物杂质，分解为无机酸或者有机酸，从而引起炉水 pH 值显著下降。

3. 预防性措施

（1）应加大排污力度，采取锅炉重新启动后向炉内投加 NaOH，调整炉水 pH 值至偏碱性，然后投加合格的磷酸盐。

（2）建议电厂检修时对水冷壁进行割管检查，必要时在大修期间对 1 号机组进行酸洗。

（3）直接向炉内投加药剂建议购买分析纯等级药品。

四、 树脂漏入导致炉水 pH 值降低

1. 机组概况/事件经过

某电厂一期工程为两台 220MW 超高压汽包炉，蒸汽压力为 13.5MPa。汽轮机为超高压、一次中间再热、单轴、三缸两排汽、直接空冷供热抽汽凝汽式汽轮机。每台机组配备 2 台高速混床，失效树脂采用体外再生方式。该机组水质要求为凝结水中溶解氧 ≤100μg/L，氢电导率 ≤0.30μS/cm，pH 值控制在 8.8～9.3，炉水 pH 值控制在 9.3～9.7，给水氢电导率 ≤0.30μS/cm，给水 pH 值控制在 9.2～9.4。

2019 年 10 月该厂完成 2 号机组大修，投运精处理系统。其间设备均正常运行，水汽品质无明显变化，固体碱化剂加药泵高频率投入运行。10 月 14 日运行人员交班后，基于各项水质情况正常，便停用了固体碱化剂加药泵。运行一段时间之后，炉水 pH 值出现降低的情况，且下降明显，最低达到 6.22。电厂随即采取应急措施，加大 NaOH 加入量以尽快调节 pH 值至合格，同时加大锅炉排污量，并对异常水样进行了分析化验。

2. 原因分析

高速混床中使用的是凝胶型苯乙烯系强酸阳离子交换树脂，这种树脂以磺酸基为交换基团。在温度超过 200℃时，－SO_3H 会大量分解为 SO_4^{2-}，同时产生大量无机强酸（H_2SO_4）以及低分子有机酸（苯磺酸、对羧基苯磺酸等）。有研究数据表明，氢型树脂在 150℃时就会分解出硫酸与低分子有机酸（如乙酸），并随着温度的升高，该分解过程趋于完全。氢型树脂在 310℃时 1h 的分解产物的酸度为 3.9mol/L。较大量的树脂进入省煤器和锅炉后，其在高温高压的作用下会分解并生成 H_2SO_4，进而使炉水 pH 降低，这一过程对炉水水质的影响尤为突出。

SO_4^{2-} 的带入通常是由于凝汽器的泄漏或是树脂进入汽包分解为有机酸导致的。当凝汽器泄漏时，通常伴随着凝结水 Ca^{2+}、Mg^{2+} 等各项杂离子浓度的升高。

该机组为直接空冷式机组，不存在循环水泄漏情况。根据水质化验数据可知，炉水

中 Cl^-（40.8μg/L）及其他离子浓度均在合理范围内，但 SO_4^{2-} 浓度（1186.4μg/L）远超正常值，SO_4^{2-} 应是由凝结水精处理的树脂带入。

10 月 14 日 16：00 运行人员停用了部分加药泵，观察炉水 pH 值有明显的下降趋势，10 月 15 日 20：00 采用 NaOH 处理后，炉水 pH 值返回标准值。此时段凝结水精处理出口水质以及给水水质均合格，随后着重对凝结水精处理系统进行排查，发现除氧器出口、省煤器入口、炉水的取样间段一次表前置滤网中有大量树脂残留。同时拆开汽轮机低压缸减温水滤网发现，有大量树脂碎屑掉落，该减温水所采用的是凝结水。随后在树脂捕捉器及高速混床出水口处收集到大量完整树脂。因此，可以确认此次事故是凝结水精处理树脂泄漏造成的。

10 月 14～16 日运行报表见表 3-8。

表 3-8　　　　　　　　　　　10 月 14～16 日运行报表

时间		给水 pH 值	炉水 pH 值	凝结水 pH 值	给水氢电导率（μS/cm）	精处理出口氢电导率（μS/cm）
10 月 14 日	16：00	9.43	9.41	9.35	0.09	0.08
	18：00	9.40	8.93	9.31	0.10	0.06
	20：00	9.41	8.17	9.27	0.12	0.06
	22：00	9.42	7.41	9.25	0.12	0.07
10 月 15 日	01：00	9.42	7.03	9.24	0.11	0.07
	05：00	9.42	7.15	9.21	0.11	0.07
	11：00	9.41	6.45	9.32	0.12	0.07
	14：00	9.39	6.22	9.35	0.11	0.07
	16：00	9.42	6.97	9.30	0.10	0.06
	20：00	9.41	10.40	9.32	0.09	0.07
	22：00	9.41	10.00	9.29	0.09	0.08
10 月 16 日	08：00	9.44	9.70	9.17	0.10	0.08

五、 其他酸性腐蚀案例

（一）尿素水解产物引起水冷壁爆管

尿素水解副产物和尿素溶液所含杂质造成的热力系统污染目前很少见于文献，随着越来越多的电厂将液氨改为尿素，类似的问题会越来越多。某电厂曾发生水冷壁爆管、泄漏停机，分析是由来自脱硝系统中泄漏的尿素造成的。尿素水解产物引起水冷壁管腐蚀破裂的主要机理是异氰酸或氨基甲酸铵在向火侧表面原始缺陷部位引起的电化学应力腐蚀开裂。通过改善脱硝系统的局部设计缺陷可以有效抑制腐蚀发生，确保热力设备安全和经济运行。

某燃煤电厂锅炉短时间内发生了水冷壁爆管的停机事故（见图 3-22），事故原因分析表明：该事故是由脱硝系统的局部设计缺陷和操作失误造成脱硝尿素药液逆流侵入热力系统分解所引起的。由脱硝系统尿素溶液造成水冷壁管腐蚀的相似案例在文献中被多次提及，这种腐蚀能够造成水冷壁管壁减薄、穿孔、破裂导致锅炉泄漏，严重危害锅炉安全运行，造成巨大经济损失。作为常用的氮还原剂，国内现阶段关于尿素高温热分解以及直接对尿素溶液高温分解产物的检测实验报道较少。

图 3-22 现场水冷壁管的腐蚀裂纹

（二）某厂动力中心六台锅炉炉水 pH 值突然降低

1. 事件经过

某厂动力中心有六台锅炉，型号为 HD-460/9.8-YM21，为哈尔滨锅炉厂有限责任公司生产的单汽包、集中下降管、高温高压燃用煤粉单炉膛四角切圆燃烧、平衡通风、固态排渣的自然循环汽包炉。2011 年 5 月 26 日 14 时某动力中心运行人员发现六台锅炉的给水、炉水 pH 突然大幅下降，加大药量后给水、炉水 pH 仍无上升迹象。

17:00 值长通知质检中心对动力中心除盐水母管取样化验，除盐水 pH 为 3.82。

18:00 往炉水中加入 25kg 氢氧化钠。

19:00 通知运行将锅炉连排开至 50%。19:30 测得化水车间除盐水混床水样 pH 值为 3.97。

后决定动力中心暂保持两台锅炉、一台汽轮机运行，陆续将 2 号机、2 号炉、6 号炉停运。因化工区蒸汽需求量问题，4 号炉无法停运。

通过大量排污及向炉水中加 NaOH，27 日 2 时 3 号、4 号和 5 号锅炉炉水 pH 值分别为：8.3、8.3、5.3。

27 日 20:00 化验炉水中铁离子分别为：3 号炉 992μg/L，4 号炉 115μg/L，5 号炉 2400μg/L、6 号炉 273μg/L。

27 日 23:00 改为加磷酸三钠 25kg，停加氢氧化钠。

经过两天时间，通过强化加药等措施，给水、炉水 pH 均有大幅提高。

2. 结果分析及建议

通过上述情况分析确定为制水过程中有酸进入除盐水系统中，使补水成为酸性，从而污染了整个汽水系统。

（1）加强对机组汽水化验，加大锅炉排污或采取锅炉换水的方式，尽快使水汽指标合格。

（2）检查再生系统阀门是否严密，确定再生酸液是否进入除盐系统。

（3）停机对水冷壁、省煤器、过热器进行割管检查，查看腐蚀情况，分析、评估对热力系统造成的影响。

（4）对于母管制的锅炉补给水系统，除盐水供水母管应增设 pH 表、硅表，定期对仪表进行维护。

（5）加强水处理车间人员与设备的管理，保证提供合格的除盐水。

（三）某厂凝汽器泄漏海水导致水汽品质恶化

1. 事件经过

某厂 2 号机组于 2006 年 1 月 31 日 00:30 锅炉点火，09:40 机冲车，11:15 并网。11:40 凝结水开始回收，回收时凝结水硬度>100μmol/L，含铁量 2000μg/L，含二氧化硅量 86.4μg/L。15:00 投入凝结水精处理，此时凝结水硬度>100μmol/L，含铁量 800μg/L，含二氧化硅量 68.3μg/L。19:30 凝结水精处理 B 混床电导率超标失效停运，22:30 投入 A 混床。23:50 凝结水精处理 C 混床电导率超标。

2 月 1 日 04:30A 混床电导率超标。此时凝结水含钠量 1156μg/L，10:00 含钠量>2300μg/L，氯离子在 17~20mg/L，确认为凝汽器泄漏导致凝结水水质污染。12:30 凝汽器进行隔绝找漏，15:00 机组降负荷，16:00 凝结水开始排放。21:00 凝汽器恢复，凝结水含钠量在 270~500μg/L，氯离子含量在 1~2mg/L。

2 月 2 日 05:20 再次隔绝凝汽器进行查漏，消缺后至 07:00，凝结水水质开始缓慢好转，13:30 氯离子<1mg/L，含钠量 301μg/L，此后一直下降，至 21:00 含钠量<80μg/L。

在此次凝汽器泄漏期间，炉水水质严重异常，pH 值长时间偏低，最低至 3.47，不合格时间长达 50h。炉水氯离子含量最高达 190mg/L，2 月 2 日下午为 44mg/L，直至 2 月 6 日 24:00 小于 1mg/L，符合标准要求，不合格时间长达一周。

2. 结果分析

（1）在凝结水水质没有达到回收标准时，就回收凝结水，没有执行《火力发电机组及蒸汽动力设备水汽质量》（GB/T 12145—1999）中关于亚临界机组启动阶段凝结水回收标准。

（2）运行人员没有在凝结水回收时及时投运精处理，使 3h 多的未经处理凝结水进入给水系统。

（3）凝结水水质恶化时，没有迅速分析判断出是凝汽器泄漏海水，致使泄漏状况延续一天多。

（4）2 月 1 日 10:00 确定凝汽器泄漏后没有采取措施，到下午 15:00 才采取降负荷，16:00 凝结水排放，进行查漏消缺处理。

（5）在这次凝汽器泄漏前后，运行人员没有严格执行标准，导致凝汽器泄漏延续 16h，严重恶化了凝结水及整个热力系统，导致炉水 pH 值低至 3.47，炉水氯离子含量超标运行近一周，造成了炉管严重的腐蚀与点蚀。

（四）某厂精处理树脂漏入凝结水系统

1. 事件经过

某厂 2006 年 6 月 25 日 14:30 精处理控制系统和动力系统电源突然同时消失，上位机失电黑屏，值班员手动开启 5、6 号机组精处理旁路手动门。

15:20 5、6 号机精处理进出口电动门由于失电仍然保持原来的开度，值班员回到控制室时电源恢复，上位机手动退出 6 号机精处理，5 号机精处理由于电动门失电未能退出。

6月26日00:40化学主值去汽水化验站巡检，发现5号机炉水右侧流量计漏水，炉水水样显红，手测炉水 pH 值低；00:50检查5号机凝泵出口水样低温盘低压过滤器滤芯，发现树脂颗粒；01:00发告警通知单，要求停炉放水；01:30配制氢氧化钠溶液，开始往炉内加氢氧化钠，调节炉水 pH 值。

01:40投运6号机汽水取样装置；04:30取6号机轴封加热器放水门处水样，发现6号机同样存在漏树脂现象，建议停炉，值长应允。

05:30 5号机炉水 pH 值仍低，发告警通知单给值长，建议停炉，清洗系统。

08:30 5号机炉水 pH 值已到8.8，且有上升趋势；09:30化验班系统查定，5号机炉水 pH 值为9.27，水样澄清。

2. 结果分析

（1）分析为凝泵出口止回门不严引起。机组停电后，凝泵突然停止，由于泵出口止回门不严，加上低压给水系统的余压以及凝结水管道中水的静压，使凝结水管道里的水倒流。此种情况对于凝结水精处理而言，会造成阴床中的阴树脂从阴床进口部分流出，被挡在阳床出口树脂捕捉器后，阴树脂可在精处理再次投运后，流回阴床。而阳床中的阳树脂则部分倒流到凝泵出口管道中。凝泵重新启动后打再循环，凝结水管道中的阳树脂会全都进入凝汽器，在凝泵入口滤网处堆积。如精处理系统走旁路，没及时投运精处理系统就给除氧器上水，部分阳树脂就会透过凝泵入口滤网进入除氧器，随给水泵进入锅炉。

（2）树脂为有机合成物，一旦进入锅炉，在高温高压作用下会分解成低分子有机酸，降低炉水的 pH 值，发生严重的酸性腐蚀。

（3）低分子有机酸的蒸汽携带系数大，被蒸汽大量携带造成汽轮机腐蚀。

第四章 流动加速腐蚀

第一节 定义、危害、发生发展及典型特征

流动加速腐蚀（Flow Accelerated Corrosion，FAC）是电站锅炉汽水系统的一种重要腐蚀失效形式，具有突发性的特点，可加速电站中大型运行设备管道减薄，甚至泄漏、断裂。

一、定义

FAC 在电力、石油、化工等具有汽水循环的行业中普遍存在，最初在核电站被发现，近年来燃煤、燃气电站也频发此类腐蚀事故。FAC 是指金属在有流动水或者汽液两相流的情况下发生的复杂物理传质和电化学作用的耦合过程，是机械性冲刷与电化学腐蚀交互作用、相互促进而形成的一种金属损耗形式；它主要发生在碳钢或低合金钢管道内，当处于单相流或汽液两相流、快速流动、适合温度、还原性环境中时，会使得管壁内表面的磁性四氧化三铁保护膜中 Fe^{2+} 不停溶解，加速从表面脱离进入流动的水或水汽两相流中，从而造成管道内壁表面保护膜不断减薄、缺失，导致管壁逐渐减薄的现象；随着机组运行时间的增加，管道可能突然穿孔或突发爆管事故，内部的高温高压水汽介质会大量释放出来，对周边的人员、环境及机组运行安全造成严重伤害、破坏或影响。

按形成原因可分为单相流 FAC、双相流 FAC。与冲蚀不同的，FAC 既包括金属氧化、阳离子溶解迁移的电化学腐蚀过程，又包括流体的加速过程。而冲蚀主要指流体中的固体颗粒、高速流体、液滴冲击等通过机械作用引发的表面氧化膜剥离。

二、危害

FAC 的危害大、涉及范围广，多年来一直困扰着火电行业的发展，给电站机组的安全运行带来巨大隐患，近期燃煤电厂国际水化学会议表明：86％的与会者都表示在他们的电厂存在着流动加速腐蚀问题。世界各地的电厂已经发生了多起由 FAC 引起的突发性爆管事故，造成了人身及设备的严重伤害。FAC 是目前在运核电站二回路管道的主要失效模式之一；随着燃气-蒸汽联合循环机组的快速发展，余热锅炉受热面发生 FAC 的问题也逐渐凸显出来。对于亚临界、超（超）临界发电机组，FAC 不仅会对高压给水、疏水管道本身，还会对锅炉四管的结垢腐蚀造成严重影响。FAC 发生过程中溶解下来的悬浮态、溶解态铁不断进入给水，随流体工质在汽水系统中迁徙，进而造成锅炉结垢沉积部位提前、省煤器和水冷壁结垢速率高、超临界直流炉压差上升、水冷壁节流圈、减温水门和高加疏水门频繁堵塞、汽轮机叶片沉积严重等问题。

　　如果没有及时监测和纠正由于 FAC 产生的管壁减薄现象，将会带来严重的后果。不仅会带来巨大的经济损失，如设备管道检查、维修和更换，而且还可能造成电站机组非计划停运、人员伤亡和财产损失，严重影响电厂的安全经济运行。

　　从 20 世纪 80 年代起，电厂就陆续出现了 FAC 带来的腐蚀损坏。特别是美国、日本和西班牙等国核电站发生了多起由 FAC 引发的管道泄漏事故，造成了严重的人员伤亡和重大的经济损失。世界上有报道的第一例 FAC 事故发生在美国亚利桑那州的 Navajo 电厂，但其事故的严重性未被证实。美国 Trojan 核电站 1985 年 3 月加热器排水泵直径 14 英寸的出口管破裂，同月 Haddam 核电站 1 号机组给水加热器疏水管破裂。但真正让世人关注的是 1986 年 12 月发生在美国 Surry 核电站 2 号机组，与主给水泵的集管 T 型相接的 18 英寸的入口水管弯管破裂，从破口释放出的高温蒸汽和水的混合物造成了汽轮机厂房设备严重破坏，甚至人员严重烧伤。后经美国核管会和核工业界成立的专门小组的调查表明，流动加速腐蚀正是主因。

　　1987 年 6 月 Trojan 核电站给水系统检查中发现 30 多处壁厚减薄，其后 S. M. de Garona 和 Loviisa 核电站分别在 1989 年发生给水管因减薄而断裂，美国 Millstone 核电厂 3 号机组在 1990 年 12 月发生两根 6 英寸的疏水管因减薄断裂，其 2 号机组在 1991 年 11 月再热器疏水管因减薄而断裂。Loviisa 核电站 2 号机 1993 年 2 月给水系统管道因减薄断裂，美国 Point Beac 电厂 1999 年由于给水加热器的外壳破裂发生了蒸汽泄漏事故。日本美滨核电站 3 号机组 2004 年 8 月低压加热器与除氧器间孔板流量计下游管段破裂，当场造成 5 人死亡，6 人重伤。

　　国内某核电厂在每次大修时均能从汽水分离再热器箱底及疏水箱中清扫出一些锈蚀产物，经检验分析得知其为磁性氧化铁，在凝汽器底部也会清理出类似的锈蚀产物。通过对腐蚀形态观察、腐蚀产物成分分析、金相分析，并结合腐蚀部位的热力情况分析，确认主因是流动加速腐蚀。

三、　发生发展过程及部位

1. FAC 的发生发展过程

　　FAC 发生在有一定流速、适宜温度、还原性环境下的水/水汽两相流，且靠近紊流（如弯头、三通、阀门、变径），设备管道材质为碳钢或低合金钢的区域。一般认为 FAC 分为腐蚀过程和加速过程，两者不可或缺，它的基本条件是在温度适合、还原性水化学环境中热力系统的局部区域氧化腐蚀的发生、形成和溶解，促进条件是由于管路几何因素形成的快速流动、水流加速、紊流等流体动力学方面发生的变化。

　　FAC 过程可分为五个阶段：

　　（1）水汽介质流过时金属基体表面发生氧腐蚀生成氧化膜保护层；

　　（2）表面形成的氧化膜保护层不停地溶解；

　　（3）在快速流体冲击作用下加剧变薄、缺失；

　　（4）金属基体表面再次生成新的氧化膜保护层；

　　（5）氧化膜保护层又继续溶解、脱落，使得局部管壁不断减薄，直至爆管。

2. FAC 的重点发生部位

　　对于火电机组，FAC 在整个给水和疏水系统中普遍存在，主要靠近湍流、漩涡、二次流等紊流区，重点发生区域在低压加热器水室内壁、隔板及疏水管道、除氧器、给水泵周围、高压给水系统、减温水系统、高压加热器水室及疏水管、省煤器及入口联箱等进口处及下游孔板、流量元件、热电偶套管、阀门、弯头、三通及变径等处管道，不仅限于弯头等流场剧烈变化的部位，有时也会发生在直管段。在部分高压加热器水室内部结构异形区域会出现 FAC 形成的沟槽，如图 4-1～图 4-6 所示。

图 4-1　某超临界机组高压加热器管腐蚀穿孔

图 4-2　腐蚀的高压加热器管内表面

图 4-3　某超临界机组高压加热器入口管沉积

图 4-4　某亚临界机组省煤器联箱入口管腐蚀穿孔

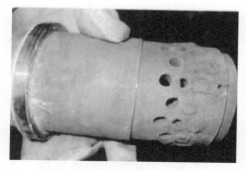

图 4-5　某火电机组高压加热器疏水调节门阀笼堵塞

图 4-6　某 1000MW 机组水冷壁节流孔圈堵塞

美国 EPRI 进行的调研结果显示，在参加调研的火电厂中发生 FAC 的比例从 1997 年的 40% 上升到 2000 年的 60%。

火电机组 FAC 发生部位及比例见表 4-1。

表 4-1　　　　　　　　　　　　　　　　　　火电机组 FAC 发生部位及比例

发生部位	比例（%）
省煤器入口管	25
加热器疏水管	52
给水泵周边管	25
高压加热器管板及管束	11
省煤器入口联箱管	35
除氧器壳体	14
低压加热器壳体	7

　　火电空冷机组的空冷岛是 FAC 敏感区域，重点在蒸汽分配管及冷凝管入口处，如图 4-7、图 4-8 所示。

图 4-7　某空冷机组空冷岛换热管入口

图 4-8　某空冷机组空冷岛排汽管导流片

　　燃气-蒸汽联合循环机组三压余热锅炉最易发生 FAC 的部位是中低压汽包折流挡板、饱和蒸汽上升管口和第一个弯头处，中低压蒸发器直管段及上下联箱出入口，中低压省煤器出入口等处，如图 4-9～图 4-14 所示。

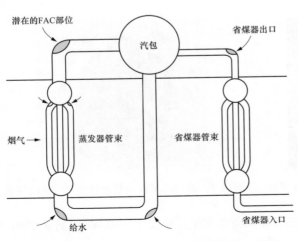

图 4-9　蒸汽-燃气联合机组 FAC 发生部位示意图

图 4-10　三压余热锅炉低压蒸发器典型 FAC 发生部位

图 4-11　低压蒸发器 FAC 腐蚀爆管

图 4-12　低压蒸发器 FAC 腐蚀管内壁

图 4-13　低压蒸发器进联箱前 FAC 爆管

图 4-14　低压汽包内部折流挡板破裂

核电机组二回路的主蒸汽系统（主要是疏水部分）、汽水分离再热器系统、蒸汽转换系统、汽轮机及辅助系统、低压给水加热器系统、给水除氧器系统、电动主给水泵系统、高压给水加热器系统和凝结水系统共九个系统为 FAC 敏感系统，FAC 重点发生在二回路的主蒸汽、高低压抽汽、主给水、疏水、凝结水、排污等系统管线，特别是管线上结构突变或易发生湍流部位的弯头、三通、阀门、异径管、节流孔板后直管段及环焊缝邻近区域。汽水分离再热器内部发生 FAC 的部位为进汽腔室内壁、分离器底板、流量分配管及其上部腔室、再热器水室内壁。

核电站 FAC 典型发生部位见表 4-2；如图 4-15～图 4-18 所示。

表 4-2　　　　　　　　　　　　　核电站 FAC 典型发生部位

电站名称	发生日期	部位
S. M. de Garona	1989 年 12 月	给水系统
Loviisa Unit1	1990 年 5 月	给水系统
Millstone Unit3	1990 年 12 月	加热器疏水
Millstone Unit2	1991 年 11 月	再热器疏水
Almaraz Unit1	1991 年 12 月	抽汽系统
Loviisa Unit2	1993 年 2 月	给水系统
Sequoyah Unit2	1993 年 3 月	抽汽系统
Fort Calhoun	1997 年 4 月	抽汽系统
Mihama Unit3	2004 年 8 月	给水系统

图 4-15　弯头 FAC 管内壁

图 4-16　低压加热器至凝汽器疏水管弯头破裂

图 4-17　焊缝 FAC 母材侧腐蚀减薄

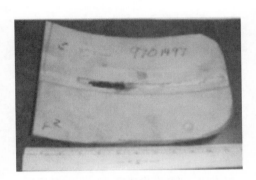

图 4-18　焊缝 FAC 腐蚀穿孔

四、 典型特征

　　FAC 通常发生于局部区域，有其显著特点，如碳钢或低合金钢金属表面呈均匀腐蚀状态，不是呈点蚀或裂纹状，且其表面上会有一层受运行条件与水化学工况决定的多孔氧化层，该氧化层及其金属基体的溶解、剥离与单相水流或气液两相流的特性相关，并且是一个持续的线性过程。随着氧化层保护性降低甚至消除，导致金属基体快速腐蚀，最终发展到泄漏、破裂。

　　FAC 在金属表面会形成比较明显的特殊形态，形貌特征比较独特，无固定形貌，肉眼不易鉴别，共同之处是严重腐蚀区域及附近通常会覆盖有一薄层黑色或相近的氧化膜。放大倍数后可以发现有以下两种类型。

　　1. 单相流 FAC

　　在单相流中，其金属表面多呈马蹄坑状、扇贝状或橘子皮状，如图 4-19～图 4-21 所示。它会直接损害汽水系统的设备管道，加速管壁损失。腐蚀速度快慢不一，但具有一定的方向性。

　　2. 两相流 FAC

　　在汽液两相流中多显现为明暗相间的条带或斑纹状，常发生在加热器疏水管、低压加热器壳体、除氧器壳体、空冷蒸汽分配管及排气装置等处，如图 4-22～图 4-25 所示。

图 4-19 单相流 FAC

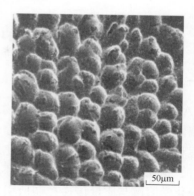

图 4-20 单相流 FAC 扫描电镜下表面形貌

图 4-21 低压加热器水室单相流 FAC

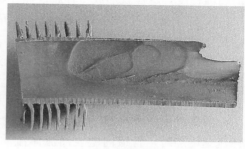

图 4-22 余热锅炉低压蒸发器管两相流 FAC

图 4-23 虎纹斑两相流 FAC

图 4-24 除氧器给水管入口两相流 FAC

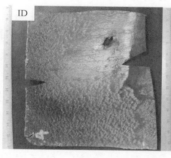

图 4-25 低压加热器汽侧壳体两相流 FAC

第二节 腐蚀反应机理

一、 反应机理

FAC 是一个非常复杂、可变的物理和电化学过程，通常被认为是由电化学、质量传递、流体动力学和机械过程因素的综合与协同效应引起的，符合线性腐蚀动力学，是腐蚀过程和传质过程的结合产物，氧化膜生成、化学溶解、空隙扩散和流体迁移等过程相互促进、相互叠加。与典型的冲蚀不同，它不是通过简单的机械冲刷导致的腐蚀过程，而是由化学溶解与质量传递控制所引发的腐蚀过程。随着腐蚀程度的加重，流动管道的形态可能会发生变化，进而会引起流动腐蚀形态的变化，腐蚀形态变化又将加重基体金属的腐蚀程度，这样就形成一种恶性循环。

FAC 的电化学过程为铁在铁/磁铁矿界面的游离氧水溶液中发生氧化反应，即金属基体的氧化腐蚀过程，或称为阳极溶解，Fe 转变为 Fe^{2+}，这是基础、首先发生的。当水介质处于静止状态时，由于金属表面形成一层氧化物覆盖层，使得其腐蚀速率很低，金属表面形成一个平衡状态。但是当水介质处于流动状态并水流速大到一定程度时，很容易将金属表面疏松的 Fe_3O_4 氧化膜冲走，打破化学反应平衡，从而加速金属表面腐蚀的发生。而物理过程是金属离子迁移、可溶性含铁组分溶解的过程，加速了腐蚀的发生，当流体流速增加时，管道内壁表面流体流动时产生的附加剪切力随之增加，剪切力越大，管壁氧化层就越薄，FAC 速度与流速的立方呈线性关系。

FAC 的机理也可分为动态与静态两个层面：

（1）动态层面是将锅炉汽水系统的高温高压管道内部空间分为基体区、氧化膜区、流动边界层区、主流区。在 AVT(R) 的还原性给水处理方式下，金属在基体区首先被氧化，表面覆盖了一层 Fe_3O_4 保护膜，它是 Fe_2O_3 与 FeO 的混合物。远离氧化膜区的主流区的流速较快，靠近流动边界层区的流速较慢。靠近流动边界层区的水分子、氧分子通过氧化层的空隙到达金属表面并发生反应，Fe_3O_4 氧化膜水界面同时会产生可溶解的亚铁离子。如果主流区的铁离子在溶解过程中还未达到饱和状态，则氧化膜区的铁以一定的速率逐渐溶解成离子态并进入流动边界区，靠近主流区的流动边界区中的铁离子在浓度差驱动下逐渐向主流区迁移，导致流动边界层的铁离子浓度与氧化膜区的铁离子浓度失去平衡。由于主流区中所有工质都呈现流动状态，再加之其铁离子又处于未饱和状态，随着穿过多孔氧化层到达主体溶液中的亚铁离子 Fe^{2+} 浓度不断升高，氧化膜区中的铁离子将不断减少，壁面氧化膜层逐渐减薄，管道内壁基体厚度将会不断减少，久之管道破裂。

（2）静态层面是 FAC 形成的原因与高温高压管道给水方式有很大关联，涉及金属氧化物的不同型态和溶解状况。基体的固态铁电离产生了 Fe^{2+}，部分 Fe^{2+} 再与游离在 Fe_3O_4 保护膜缝隙中的水分解的 OH^- 反应，生成 $Fe(OH)_2$ 等化合物，其中大部分在游离状态经缝隙扩散到主流介质中，同时 $Fe(OH)_2$ 由于化学不稳定性分解生成 Fe_3O_4 以及其他离子态。管道内壁会产生 Fe_3O_4 氧化膜，具有双层结构，外延层由次生产物组成，孔隙率大、结构疏松，内伸层的晶粒细小、结构致密、孔隙率小。溶液中的 H^+ 大部分产生于金属和氧化物表面，可使氧化膜区-流动边界层区表面的氧化物被还原而溶解。在一定的氧浓度下，往往靠近管壁基体的位置的 Fe_3O_4 会被直接氧化成 Fe_2O_3。

FAC 的反应过程一般可描述为：

（1）金属在基体/氧化膜界面与还原性水汽发生氧化反应的过程，基体表面形成氧化膜区，同时产生一定量的氢氧化物及氢气。

（2）氧化膜外延层的表层晶粒与水汽介质接触发生化学溶解，随介质流动而不断发生，转为可溶性亚铁离子，其溶解度与其形态（Fe_2O_3、Fe_3O_4）、温度、pH 值、介质特性等有密切关系，溶解度越小，耐蚀能力越强。当氧化膜在水汽/氧化膜层界面的溶解速率与其在铁基体/氧化膜界面生成速率相等时，成为稳定过程，氧化膜厚度将保持不变。

（3）亚铁离子穿过流动边界层区进入主流区空隙的扩散输送过程，氧化膜区晶粒越粗，空隙越大，扩散速度越快，耐蚀能力越低。

（4）初期主流区溶解的亚铁离子浓度远低于氧化膜区及流动边界层区的浓度，当流速增加时，腐蚀速率也将增加，并且加速了溶解的铁离子离开氧化膜区表面的流体迁移过程。

FAC 反应机理示意图如图 4-26 所示，氧化膜双层结构如图 4-27 所示。

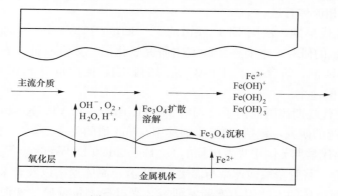

图 4-26　FAC 反应机理示意图

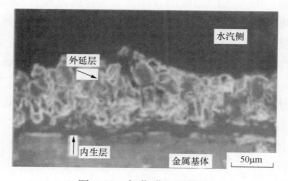

图 4-27　氧化膜双层结构

如：核电站的二回路中给水在经过蒸汽发生器蒸发后，其中溶解的铁离子都将全部成渣留在蒸汽发生器内，蒸汽在汽轮机做功后，再经冷凝器凝结为给水，其中所含铁离子将基本为零，这样的给水再次回到凝结水和给水系统中时，将会导致设备管道内壁的

Fe_3O_4 氧化膜再次溶解。

二、 国内外研究历程

20 世纪 40 年代人们就发现了 FAC 引起的电站管道破损，同时期美国 Ohio 州立大学的 Mars Fontana 对各种不同成分的合金和不同流体下的磨损-腐蚀现象进行了研究，包括碳钢在蒸馏水中的磨损-腐蚀，发现这一现象与流体的流速、pH 值、温度、合金种类、流体类型等有关。

20 世纪 50 年代商用反应堆的设计工作对于管道的安全性提出了更高的要求，Oak Ridge 国家实验室测试发现碳钢表面的氧化膜和腐蚀速率会随着氧含量的变化而发生显著的变化。GE 公司开始研究蒸汽、湿蒸汽、饱和水和过冷水中碳钢的腐蚀现象，包括在典型的沸水堆环境中腐蚀产物的释放。

在 20 世纪 60 年代初期，研究人员从理论上对 FAC 进行了研究，一些学者认为 FAC 发生在边界层，铁离子通过氧化膜和边界层进入水中，是一个扩散梯度控制的过程，与流速、流态密切相关。

1974 年西门子公司的 H. Keller 研究出了 FAC 速率预测模型，适用于蒸汽含量为 70%～100%的两相流体管道。

20 世纪 70 年代早期，法国 EDF 公司的 P. Berger 和 M. Bouchacourt 等人开始对 FAC 现象进行系统的研究，主要在实验室内研究氧化层、蒸汽质量、表面韧性、质量传递、合金成分、pH 值、氧含量等对 FAC 速率的影响。他们也对 FAC 的机理进行了模拟，来预测 FAC 的速率。

20 世纪 70 年代晚期德国西门子公司的 H. Heitmann 和 VP. Kastner 等人也开始对 FAC 现象进行系统的研究，包括 FAC 腐蚀速率与 pH 值的关系。

20 世纪 80 年代早期英国中央发电局的 G. Bignold 和 I. Woolsey 等人开始对 FAC 现象进行系统的研究，将管壁减薄速率与温度、pH 值、流体速度以及合金组分的关系定量化。还将薄层表面活化的方法引入实验室研究，来准确测量壁厚的实时减薄速率。他们也提出了一个预测模型，但未能广泛运用。K. J. Veterls 发现在温度低于 100℃时，碳钢表面形成的氧化膜厚度很薄。Bouchacourts 和 Sanchez-Calderaiss 发现当温度高于 130℃时氧化膜的孔隙率随温度升高逐渐降低。M. Abdulsalamls 在 pH＝9.04，流量为 725kg/h 条件下的实验结果表明随着流速的不断提高，传质系数也在增大。

1984 年荷兰的 W. M. M. Huijbreghts 定量研究了合金成分对 FAC 速率的影响，他的模型的建立思路与法国 EDF 公司的 J. Ducreux 提出的模型类似，都考虑了 Cr、Cu、Mo 元素对 FAC 速率的影响，且应用的都是经验常数。

1986 年美国发生的 Surry 核电站事故引起了广泛的关注，美国电力研究院（EPRI）给各电站的主要管理者传达了 FAC 的快速检查导则，随后各电站又陆续发现了一些因为 FAC 导致的壁厚减薄情况。美国核管会（NRC）数次发出通知，要求核电站运营者关注管道的流体加速腐蚀问题，对相关敏感管段实施管道监督检查大纲。后来，NRC 在总结核电站老化管理通用经验报告中，又把 FAC 作为一项重要课题加以总结，并对 FAC 敏感部位的老化管理大纲提出了明确要求。

美国 EPRI 从 1987 年 7 月开始与 Surry 核电站合作开发了 CHEC 程序，只适用于单相系统，因为其开发时主要是为了响应美国工业部在 Surry 事故后要求的针对单相系统的监测计划，因为 Surry 核电站的破裂部位是单相系统。1989 年他们又研究开发出了 CHECMATE 程序，适用于单相系统和双相系统，其主要作用是核电站应用这些程序评估部件损伤后的应力和对核电站选用材料是否满足安全运行条件进行验证。1991 年他们研究开发出了 CHECWORKS 程序，该程序的监测功能包括：每个部件的管壁减薄速率、到最近一次检测为止总共的壁厚损失、剩余使用时间、水化学和流速分析、部件检测数据的储存和评价、对于停堆期间行为的相关管理等。该程序用于计算大管径管道的 FAC 速率，但不能预测直径小于 50mm 的管道。后来，EPRI 又在这些程序的基础上开发出了 CHEC-NDE 程序，并在 1993 年底发布了 CHECWORKS 程序，提炼出 Chexal-Horowitz 模型，对核电厂的运行数据进行回归分析得出了各个影响因素与 FAC 速率的经验模型。随着程序不断更新，程序功能也从仅计算 FAC 速率逐步更新为用于管理核电站数据与评估腐蚀状况。

德国 Simens/KWU 分别于 1988 年和 1993 年推出 WATHEC 与 DASY 程序包，其监测结果包括：壁厚减薄的实时监控和剩余使用寿命的评估，主要用于计算壁厚的最大许可减薄厚度。后来 Framatome 将这两个程序综合起来，改进为 COMSYS 程序，不仅用于监测 FAC 引起的壁厚减薄，还引入了应力开裂、材料疲劳、气穴现象、液滴冲击等的影响因素。这一程序可以广泛用于评价核电站二回路管道在各种腐蚀因素综合作用下的材料老化状况，已经远远超出了 FAC 的范围，但使用者并不多。

法国电力公司利用 Berge 模型于 1994 年推出商用的 BRT-CICERO 程序包，其监测功能包括 FAC 速率、剩余厚度、有效范围的厚度。

俄罗斯根据本国核电站的具体情况开发了 RAMEX 程序，该程序利用计算流体力学的知识，建立起了流体对管壁的冲刷模型，用于计算 FAC 损伤导致的壁厚减薄速率，预测和监控管壁厚度，优化无损检测的内容和部位。

日本在 2004 年发生 Mihama 核电站事故后，普遍提高了对管道壁厚减薄现象的重视，先后制定了 JSME S CA1—2005 和 3SME SNG 1—2006 壁厚检测程序。这一程序的特点是所有寿命评估的数据都源于每个管线实际的壁厚测量数据，不使用计算机程序预测的数据，壁厚测量范围涵盖了所有管段。

韩国的 KHNP 公司购买了美国的 CHECWORK 程序对 FAC 现象进行监测，并针对韩国核电站的具体情况加以改进，建立起了自己的标准评价流程和评估程序。另外，韩国的首尔大学还建立了基于电化学参数（ECP）和 pH 值的模型，并结合 FAC 实验来验证该模型的准确性。该方法仍需要大量检测数据予以验证。

印度在 2006 年才开始关注并监测核电站的大管径管道的壁厚，对易发生 FAC 的部位全部进行超声测厚，对于减薄量超过 12.5％的管道和部件定期进行更详细的超声测厚，计算其减薄速度，并预测其剩余使用寿命，再制定相应的监测计划或者适时更换管道。

上海交通大学的尹成龙等对高温蒸汽中碳钢的 FAC 进行了研究，获得了 Cr 含量不同的三种碳钢管道材料在高流速饱和蒸汽工况下的 FAC 腐蚀性能曲线。

中国台湾的多数核电站引进了美国的 CHECWORK 程序对 FAC 进行监测。大亚湾核电站引进了法国 EDF 公司的 BRT-CICERO 程序，实施 FAC 老化和寿命管理项目。秦山核电站类似于印度核电站，采用一定的管理模式来监控 FAC，将所有管道系统进行分类，对不同的管道采取不同的监测手段，根据监测结果评价管道的剩余使用寿命，再对整个管道系统进行评价。

三、 FAC 经典模型简介

从 1987 年至今，美国 EPRI、法国 Electricite deFrance 和 Kraftwerk Union 对 FAC 的机理、抑制手段和监测技术上展开全面的研究。随着现代计算科学的快速发展，很多经验模型和解释模型被各国研究者提出，并与电站的运行数据进行匹配。如被选为 BRT-CICERO 程序理论模型的 Berge 模型、在 Berge 模型基础上引入了氧化层厚度和孔隙度的 M. LT 模型、Kastne 模型、将 FAC 归因于流速差异所引起的电偶腐蚀的 Matsu 模型等。在这些经典模型的基础上，美国电力研究院着手开发了 CHEC 和 CHECMATE 计算机软件，并于 1993 年发布了整合升级版的 CHECWORKS 程序来预测管道中单/双相流的流动加速腐蚀造成的碳钢管壁减薄速率。德国、法国等也相继开发了 COSMY SIEMENS 和 BRT-CICEROTM 计算机软件来评估各种环境因素对于 FAC 速率的影响。这些程序的应用给电站的运行带来了更好的规划及监督措施。这些商业化软件对于预测 FAC 敏感部件的部位有着重要的意义，但是上述程序基本均使用经验或者半经验模型，需要许多现场数据对模型进行拟合修正。

目前没有通用的理论模型来解释和预测减薄或穿孔，国内外主要有 Berge 模型、M. LT 模型、Steady-State 模型、Chexal-Horowitz 模型、Matsumura 模型、剪切破坏模型。

1. Berge 模型

Berge 模型于 20 世纪 70 年代最早提出，能够较好地解释流动加速腐蚀破坏的机理，它假定 Fe_3O_4 的化学溶解过程符合 Sweeton 和 Baes 等式，并认为 FAC 速率应该为外表面 Fe_3O_4 溶解速率的两倍，综合考虑到了氧化膜的溶解和铁离子的传质过程，强调了 FAC 过程中水化学因素和传质的重要性。虽然它可以用来解释一些特定条件的试验结果，但它不能解释 FAC 速率随温度变化先增大后减小的现象。此模型后来经过完善，影响因素中又加入了氨浓度，使其可以计算给定钢种在某一特定温度下 pH 和传质系数对 FAC 的影响，并最终被选为 BRT-CICERO 程序的理论模型。

2. M. LT 模型 （Sanehez-Caldera 模型）

Beslu 与 Sanchez-Caldera 在 1988 年提出的 M. LT 模型更加完善，对 Berge 模型进行了改进，引入了氧化层的厚度、孔隙率，并考虑金属氢氧化物通过氧化层孔隙的扩散。

3. 稳态模型 （Steady-State 模型）

Abdulsalam 与 Stanley 借助热力学和流体动力学，加入扩散参数，并考虑氢气对 FAC 速率的影响而建立的模型。其中假定系统处于一平衡态，基体中的氢气与水中的氢气浓度都不再改变，则基体中氢气的活度与水中的氢气的分压相等。由稳态模型进行估算，可以发现 FAC 速率随温度变化会出现一峰值，这与试验结果相吻合。

4. Chexal-Horowitz 模型

由 Chexal-Horowitz 模型给出的 FAC 速率的影响因素包括温度、合金成分、传质系数、氧气浓度、管道几何形状、含汽率、联氨浓度。Chexal-Horowitz 模型是典型的经验模型，被用于 CHECKWORKSTM 程序，它使用大量的欧美核电站数据进行回归分析，得出了各影响参数与 FAC 速率间的定量关系。

5. Matsumura 模型

日本学者 Matsumura 对日本美滨核电站事故进行分析，提出了一个全新的概念，即 FAC 不是由于冲刷腐蚀造成的，而是由于流速差异所引起的电偶腐蚀造成的，即流速大的部位不是损伤的薄弱部位，而流速较小的部位因为氧供应不充分，变成腐蚀的局部阳极，成为薄弱部位。他详细分析了各种可能条件下的电化学腐蚀过程，并用其提出的流速差异所引起的电偶腐蚀理论解释了美滨核电站事故中的腐蚀状况。他还用铜弯管做了实验室试验，以证明这种新 FAC 模型的正确性。但该机制暂时还没有被接受，其机理模型还有待于进一步的试验验证。另外，Matsumura 做验证试验时所用材料为铜，而原来核电管路少数管路中所用的铜合金现已大多被不锈钢所替代。

6. 剪切破坏模型

偶国富等认为管道输送的流体介质具有较强的腐蚀性，在输送过程中，易与碳钢管件内壁发生化学（电化学）作用生成一层致密的腐蚀产物保护膜，能有效地阻止流体对管件的继续腐蚀，流体介质本身具有一定的黏性，流经管件时会对管壁产生一定的切应力。当切应力足够大时，腐蚀产物保护膜发生变形，甚至破损、流失，进而影响管壁边界层的流场分布。流动的切应力和管壁边界层流场分布的改变加剧了局部腐蚀产物保护膜的破损和流失。一旦腐蚀产物保护膜破损、流失，碳钢母材便袒露在腐蚀性介质中，再次发生腐蚀作用，形成新的保护膜。与此同时，多相流对壁面产生的切应力亦随之增大，新生成的保护膜再次发生破损流失，形成一种自催化加速腐蚀体系。该模型定性地分析了机理，但由于难以得到腐蚀产物的力学性能，准确定量的关系式不容易建立。

第三节　影响因素及抑制措施

FAC 主要由化学溶解和传质辅助两个过程组成，腐蚀机理复杂，影响因素相对较多。FAC 腐蚀速率的大小取决于多个参数的共同作用，通常可分为三大类：①环境因素，包括流体工质的温度、pH 值、氧化还原电位、还原剂含量、溶氧量及氢电导率；②流体动力学因素，包括流体工质的流速、含汽率、管道几何形状、氧化膜孔隙率、扩散系数管壁表面粗糙度；③材料因素，主要指管道基材的化学组成及微量合金元素含量。

一、环境因素

环境因素是最难调控的因素，它即可以控制给水、疏水系统的 FAC 速率，又对锅炉过热器出口蒸汽的品质、水冷壁内节流圈的安全运行等有影响。

1. 温度

温度是 FAC 过程中很重要的一个因素，影响流体介质的物性、氧化膜的溶解度、氧化还原反应速率快慢以及与传质相关的雷诺数、流体黏度、氧化膜的孔隙率。相关研究表明：温度与 FAC 速率的关系不是线性变化的，而是表现为钟形曲线，主要是两个因素的共同作用所致：一是随着温度增加，Fe^{2+} 浓度或者磁性氧化铁溶解度减小，造成发生 FAC 的驱动力逐渐减小；二是温度影响循环工质的黏度，从而间接对边界层内的扩散系数造成影响，表现为随着温度升高，扩散系数增大。

一般来说，FAC 在不同温度下均能发生，只是腐蚀的剧烈程度不同。在温度较低时，Fe_3O_4 的溶解度较小，Fe^{2+} 的生成速度较慢，氧化膜较薄，对组分的传输影响不大。随着温度的上升，Fe_3O_4 的溶解度逐渐增加，腐蚀速率也逐渐增大。在 150℃时，Fe_3O_4 在水中的溶解度最大，腐蚀速率也达到了最大值。随着温度的进一步提高，Fe_3O_4 在水中的溶解度下降，由于水的氧化能量提升，逐步将亚铁离子氧化，转化为极难溶于水、结构紧密的 Fe_2O_3，腐蚀速率也随着温度的升高逐步回落。140～200℃是 Fe_3O_4 溶解度较高的温度区间。现场经验也表明：FAC 敏感的温度区间为 100～250℃，在多数情况下最大腐蚀率均发生在 150℃附近，对于单相流可能的最大腐蚀率在 130～150℃，对于两相流最大腐蚀率出现在 150～200℃。温度对 FAC 的影响如图 4-28 所示。

如 9F 和 9E 等级的蒸汽-燃气联合循环机组，其低压省煤器的出口温度在 150℃左右，低压蒸发器在 155℃左右，均处在 FAC 速率最高的温度区间。高压一级省煤器（150～220℃）、中压省煤器（150～230℃）和中压蒸发器（240℃左右）等均为 FAC 的敏感温度区。

2. pH 值

电站锅炉的给水环境基本呈碱性，当 pH 值控制在 8～9 时，FAC 腐蚀速率随着流体工质 pH 值的升高而降低，主要是由于 H^+ 参与氧化还原反应和腐蚀产物扩散输运过程，铁离子受到介质 pH 值的影响会形成不同形式的腐蚀产物，高 pH 造成的溶解度变化因温度区间而异，如 204℃的还原性给水在 pH 值为 8.7 时 Fe_3O_4 的溶解度是 pH 值为 9.6 时的 10 倍左右。在温度一定时，腐蚀速率与 pH 值成反比关系，当 pH 值达到 9.5～9.8 时，腐蚀速率相对趋于平缓。

工质 pH 值对 FAC 的影响如图 4-29 所示，pH 值对工质中铁含量的影响如图 4-30 所示，不同 pH 值、温度与 FAC 关系如图 4-31 所示。

3. 溶氧量

在金属腐蚀与防护中氧分子具有双重性，在多数情况下其作为阴极去极化剂，使金属溶解加快；但是另一方面，当氧分子的存在可以促进金属表面钝化膜形成时，其又成

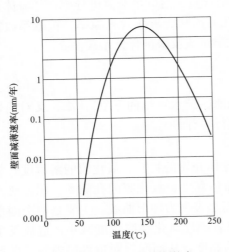

图 4-28 温度对 FAC 的影响

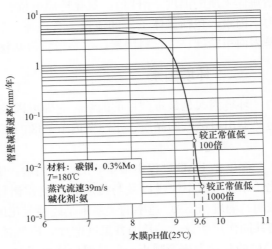

图 4-29 工质 pH 值对 FAC 的影响

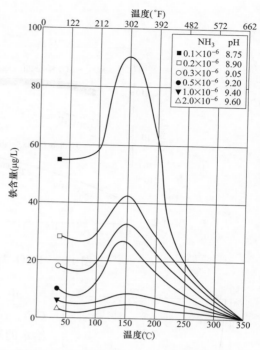

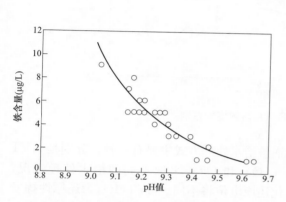

图 4-30　pH 值对工质中铁含量的影响

图 4-31　不同 pH 值、温度与 FAC 关系图

为钝化剂抑制了金属的腐蚀，在这种情况下，氧分子作为阳极钝化剂，与表面金属反应生成致密氧化物，阻碍阳极过程的进行，对金属起到保护作用。在低溶氧环境下，管道表面生成的 Fe_3O_4 氧化膜外层结构疏松，溶解度大，易与介质溶液发生反应。提高溶液中的含氧量后，Fe_3O_4 氧化膜中迁移的 Fe^{2+} 会被氧化成为 $\alpha\text{-}Fe_2O_3$ 而覆盖在原来的 Fe_3O_4 膜上形成双层保护膜，$\alpha\text{-}Fe_2O_3$ 比 Fe_3O_4 更稳定、孔隙度更小，杜绝了金属基体与溶液的接触，腐蚀速率降低。一般认为当给水溶氧小于 $1\mu g/L$ 或联氨余量大于 $20\mu g/L$ 时，汽水系统的 FAC 腐蚀率会急剧上升。提高给水含氧量可以至少使得汽水系统表面氧化物在温度为 $300℃$ 范围内的溶解度减少两个数量级，图 4-32 比较了 $300℃$ 范围内 Fe_3O_4 与 Fe_2O_3 溶解度的差别。一些具有铜铁混合系统的机组，如凝汽器为铜合金或低压加热器含有铜材，需要关注铁铜双金属的腐蚀平衡选择。

法马通研究人员发现：当流体介质中的溶解氧质量分数低于 $1×10^{-10}$ 时，腐蚀严重；当溶解氧质量分数在 $(1\sim4)×10^{-10}$ 时腐蚀速率急剧下降，当溶解氧质量分数达到 $9×10^{-10}$ 时，腐蚀速率几乎可以忽略不计，如图 4-33 所示。

4. 氧化还原电位

氧化还原电位（以下简称 ORP）是单相流 FAC 的重要影响因素，是衡量水的氧化还原性的综合性指标，反映各种共轭氧化还原系统之间的平衡，对金属的结构、材料和温度很敏感，会随 pH 值、氧分压、传质和流速的变动而变动。其数值为正表示流体介质显示出一定的氧化性，为负则说明为还原性。ORP 越高，说明流体介质的氧化性越强。碳钢基体表面随着 ORP 的提高或者降低会形成不同结构的氧化膜，从而导致不同的腐蚀速率。

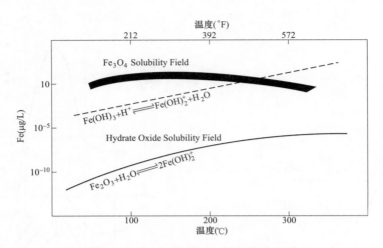

图 4-32 Fe_3O_4 与 Fe_2O_3 溶解度的差别

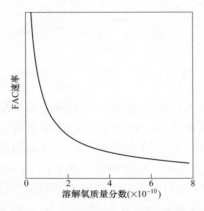

图 4-33 工质溶氧量对 FAC 的影响

电站锅炉给水处理方式主要有三种，分别是 AVT (R)、AVT(O) 和 OT。采取不同的给水处理工况，给水的氧化还原电位将不同。AVT(R) 为还原性挥发处理，即在给水中添加氨和还原剂，尽量降低给水的含氧量，加入氨提高水汽系统的 pH 值，加入联氨或其他挥发性除氧剂除去给水剩余的氧，使水汽系统处于还原性条件，此时给水的氧化还原电位（ORP）通常$<-200mV$，在 300℃ 以内碳钢表面氧化层基本上都是磁性 Fe_3O_4。对于有铜系统的机组，兼顾了抑制铜、铁腐蚀的作用。对于无铜系统的机组，发现在水质达到一定纯度后，加除氧剂只对铜合金的腐蚀有抑制作用，对钢铁不但没有好处，有时反而会使给水和湿蒸汽系统发生流动加速腐蚀。随着人们对环保意识和公共安全卫生的意识逐渐加强，对还原性全挥发处理所使用的联氨越来越遭到质疑。在不加联氨，只加氨的 AVT(O) 工况，凝结水含氧量小于 $10\mu g/L$ 时，给水 ORP 接近或大于零。在加氨和氧的 OT 工况，给水含氧量在 $30\sim150\mu g/L$ 时，给水 ORP 一般在 $100\sim150mV$。由于不断向金属表面均匀地供氧，使金属表面发生极化或使金属的电位达到钝化电位，形成了致密稳定的双层保护膜，内伸层是薄而致密的 Fe_3O_4 保护层，外延层是疏松、多孔的 Fe_3O_4 保护层。AVT(O) 方式与 OT 相比是弱氧化性的处理方式，从机理上讲与 OT 大致相似。但也正由于其氧化性不强，所以给水采用 AVT(O) 所形成的氧化膜的特性介于 OT 和 AVT(R) 之间，也就是说这种给水处理方式所形成的氧化膜的质量比 OT 差，但优于 AVT(R)。

电站锅炉 FAC 通常发生在还原性水工况，其中的联氨是还原剂，联氨浓度越高，电位越低，铁的溶解度越大，FAC 越严重。联氨属于易挥发、易燃、有毒和被疑为致癌的化学物质，给水加入联氨的目的是为了除去除氧尚未除尽的残余溶解氧，以防止锅炉给水系统和炉本体的腐蚀。目前绝大多数机组热力除氧的效率都很高，除氧器出口溶氧基本稳定在$1\sim4\mu g/L$，给水其实已经无氧可除。相关研究表明与未添加联氨相比，联氨浓度大于$10\mu g/L$的水质可提高 FAC 速度$2\sim5$倍。联氨的存在会使介质氧化能力降低，金属形成氧化膜的过程被抑制。在静止的汽水环境中，联氨对 FAC 的影响基本不大，但在流动的环境中，联氨的影响就很大。

当给水采用 AVT(O) 或 OT 处理技术时，保护性的氧化膜孔洞中充满水合氧化铁或Fe_2O_3，Fe^{2+}通过外层氧化膜进入氧气/水界面的行为会被严重抑制，从金属中逸散出的Fe^{2+}将在氧化层孔洞中或在氧化层/水边界被氧化，氧化层的溶解速率会大幅下降，单相流 FAC 速率明显得到抑制。直流炉给水加氧处理可以较好地抑制 FAC 的现象，目前国内很多机组如外高桥电厂、华能玉环电厂、北仑电厂等超临界机组都采用给水加氧处理的方式并且取得了成功应用。

不同 ORP、联氨含量与工质中铁浓度关系如图 4-34 所示，给水停加联氨前后铁浓度变化趋势如图 4-35 所示。

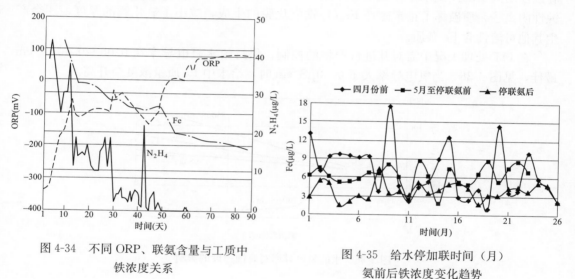

图 4-34 不同 ORP、联氨含量与工质中铁浓度关系

图 4-35 给水停加联氨前后铁浓度变化趋势

不同给水处理工况对比见表 4-3。

表 4-3 不同给水处理工况对比

参 数	AVT(R) 铁铜混合系统	AVT(R) 全铁系统	AVT(O) 全铁系统	OT 全铁系统
pH 值	$9.0\sim9.3$	$9.2\sim9.6$	$9.2\sim9.6$	汽包炉：$9.0\sim9.4$ 直流炉：$8.0\sim8.5$
氢电导率（$\mu S/cm$）	<0.2	<0.2	<0.2	<0.15
省煤器入口 Fe 含量（$\mu g/L$）	<5	<2	$<2（<1）$	$<2（<0.5）$
省煤器入口 Cu 含量（$\mu g/L$）	<2	$<2*$	$<2*$	$<2*$

续表

参　　数	AVT(R) 铁铜混合系统	AVT(R) 全铁系统	AVT(O) 全铁系统	OT 全铁系统
省煤器入口氧含量（μg/L）	＜5（＜2）	＜5（＜2）	＜10	汽包炉：30～50；直流炉：30～150
凝泵出口氧含量（μg/L）	＜10	＜10	＜10	＜10
还原剂（联氨）	是	是	否	否
除氧器入口 ORP（mV）	−300～350＋**	−300～350＋**	氧化	氧化

*　指冷凝器中可能含有铜合金。

**　指给水加入还原剂处理，凝泵出口氧含量小于 $10\mu g/L$。

5. 氢电导率

氢电导率是表征给水水质的物理量，其大小直接反映了水中阴离子杂质的数量以及腐蚀性阴离子的控制水平。氢电导率越大，说明在给水管道中有大量的阴离子存在。腐蚀性阴离子杂质破坏了正常磁性 Fe_3O_4 铁氧化膜的生成，减小了氧化膜的厚度，还会产生其他可溶性含 Fe 杂质。

在 OT 处理工况中需对其进行严格的控制，保持给水氢电导率在 $0.06\sim0.10\mu S/cm$ 最佳，见图 4-36。当氢电导率大于 $0.10\mu S/cm$ 时，给水中 Fe 质量浓度会升高。

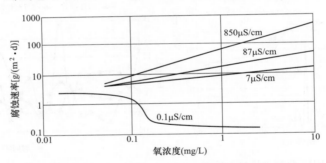

图 4-36　水的氢电导率对腐蚀速度的影响

二、 流体动力学因素

流体动力学因素很复杂，主要影响边界层中可溶性铁组分向主流体中的扩散速度，通过影响腐蚀产物向主体溶液中的传质速率来起作用。

1. 流速

多数腐蚀过程都是扩散控制或混合控制体系，流速主要通过工质流动或破坏氧化物保护层的方式加速腐蚀产物扩散，使得局部或区域性腐蚀加剧。流速是一种影响 FAC 的传质过程的物理因素，二者基本成正比。它一方面通过介质流动降低氧化膜区被溶解物质的质量分数，另一方面通过流动的机械力冲蚀金属表面的氧化膜覆盖层，增加固液接触面积，加速腐蚀进程。管道内流体介质流速小时，氧化膜的修复作用大于破坏作用，当从较低速度开始增大时，主流区流速增大，将流体中的溶解铁带走，使得主流区溶解铁浓度迅速降低。通常主流区流动速度越快，流动边界层内的溶解铁浓度与主流区的溶解铁浓度梯度就越高，加速了溶解铁由边界层向主流区的迁移，冲刷破坏作用会使表面氧化膜受损。

当流速较低时，流体处于层流状态，流动基本上平行于表面的金属或到相邻的流线，管道主流体流速与管壁附近的流体流速相差很大，接近管壁的边界层流体流速几乎为零。腐蚀产物在边界层中的扩散阻力比较大，因此管道表面的腐蚀速率比较低。当流速较高时，流体趋向于湍流状态，管道中间流体流速与管壁附近的流体流速相差不大，在接近管壁边界层的流体流速也相应较高，边界层厚度减薄，腐蚀产物在边界层中的传质阻力减小，继而管道表面的腐蚀速率就增大了。

相关研究认为：在介质紊流区增加了可溶性粒子的质量传输，流速越高，局部扰动越厉害，腐蚀速度越大。流速小于 1m/s 时，腐蚀速度与流速基本上呈线性关系；流速大于 1m/s 时，腐蚀速度与流速成三次方关系，如图 4-37 所示。

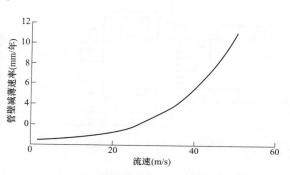

图 4-37　流体流速与管壁腐蚀减薄间关系

2. 流体介质含汽率

FAC 因流体介质相态的不同而影响方式差异较大，含汽率决定了流体的状态是处于单相流还是两相流，在双相条件下流体还会对管道表面产生冲刷腐蚀。当流体介质含汽率低时，流速增加和流型变化会导致边界层变薄和不稳定，腐蚀产物的传质阻力会相应减小，FAC 腐蚀速率将增大。当含汽率较高时，由于管道中介质主要是蒸汽，电化学腐蚀几乎停止进行，FAC 速率则会变得很小。

（1）在单相流中，流体内部结构相对稳定，流体对管壁的冲击也有限。当流速相对较低时，FAC 速率低速上升，此时腐蚀速率受传质过程限制。当流速等于临界流速时，FAC 速率大幅上升，限制因素由传质过程转向电化学反应过程。当流速达到临界流速以后，内表面无论发生均匀腐蚀还是局部腐蚀，都会加速其腐蚀速率，受电化学反应控制，会出现凹坑形貌。

（2）在汽液两相流中，气体的存在会扰乱流体本身，使得管壁边界层受到流体的冲击而变薄，导致传质过程加快，汽液交互扰动加剧壁面湍流程度，造成铁离子的快速迁徙，同时这种扰动加剧时也会造成氧化膜的剥离，加速离子的迁徙速度。如在高压加热器和低压加热器壳侧的抽汽冷凝过程会出现汽柱型和汽泡型流动状态。

3. 设备管道几何形状

流体的流态分为层流和湍流。层流的流速较低，流体沿管轴平行方向作平滑的层状运动，流体微团并无明显的脉动，雷诺数小于 2300，此时流体对管壁的剪切应力小，同时腐蚀产物的传质也较慢。湍流时流速较高，流体层与层往前滑动的同时产生混合，在流场中产生大量小漩涡，流体微团有较明显的无规则脉动，雷诺数大于 4000。此时流体以高的湍流动能形成漩涡，对管壁的剪切应力较高，促进腐蚀反应物迅速到达金属表面，而同时破坏金属表面的保护性膜层，腐蚀产物迅速离开管壁，加速了金属基体的腐蚀破坏。

流体的流态与设备管道的几何形状关系很大，如弯管弯头、变径管、三通、孔板、叶轮和阀门下游等处。设备管道的几何形状对 FAC 有比较大的影响，致使流线弯曲，流动方向的改变，流速分布相应发生变化，严重时产生涡流，甚至形成严重的紊流。流场剧烈的变化，往往会加剧传质过程。如流体工质在遇到管道断面突然扩大或流体进入大直径管道时，主流不能贴壁流动，而与边壁分离，最终导致近壁面处形成液体倒流或漩涡等水力学变化，如图 4-38、图 4-39 所示。

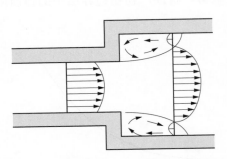

图 4-38　流体流经变径管时的流场变化示意

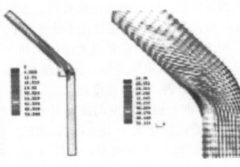

图 4-39　不同直径弯管处的流场分布

不同几何形状对 FAC 的影响因子见表 4-4。

表 4-4　　　　　　　　　　　不同几何形状对 FAC 的影响因子

管道种类	单相 FAC 几何因子
	Chexal-Horowitz
直管	1.0
管口	5.0
膨胀器大头	3.0
膨胀器小头	2.8
90°弯头	3.7
减压器大头	2.5
减压器小头	1.8
合流 T 形管入水	5.0
合流 T 形管出水	5.0
分流 T 形管入水	5.0
分流 T 形管出水	5.0

4. 氧化膜孔隙率

氧化膜层中的孔洞是腐蚀产物向外扩散时的最便捷通道，氧化膜孔隙率的大小直接影响腐蚀速率，腐蚀产物从金属基体通过金属-氧化膜界面向外扩散过程中主要受到氧化层孔隙率的影响，且腐蚀速率与氧化层孔隙率成正比关系。电站锅炉采用加氧处理给水处理方式可促使生成更致密、孔隙率更小的 Fe_2O_3 氧化膜，从而降低腐蚀速率。

5. 扩散系数

腐蚀产物扩散到氧化膜-流体介质界面后，腐蚀速率主要受扩散系数的影响，二者成正比关系。随着扩散系数的增大，腐蚀速率逐渐增大。扩散系数一定时，腐蚀速率随温度先缓慢上升，150℃后腐蚀速率随温度缓慢下降。因此在工程设计中应减少管道布置复杂程度和优化金属表面处理工艺，从而减少边界层扰动，保持扩散系数稳定。

6. 管壁表面粗糙度

管道表面粗糙度会对近壁处流体流速产生较大影响，导致流体介质对管壁腐蚀产生较大影响。相关研究表明：对于粗糙表面的管道湍流区，由于剪切应力可以大到撕裂或剥离部分保护性氧化膜，FAC 速率也相应要高得多。在相同流速的流体中，管壁表面粗糙度值越大，对 FAC 的影响就越大。

三、 材料因素

材料因素包括材料的化学成分及合金元素含量，它是影响管道 FAC 的内在因素，直接影响氧化膜的性质、稳定性和溶解度，环境改变的只是外部因素。化学成分的改变一般通过三种方式提高其抗 FAC 性能：一是提高材料的热力学稳定性；二是促进材料表面形成更耐蚀的钝化膜；三是影响材料的组织结构，从而提高材料的强度、硬度或改善其冲击韧性、耐磨性。

相关研究表明 Cr、Cu、Ni 和 Mo 元素均会对 FAC 起到抑制作用，其中 Cr 元素的作用最为显著，是非常重要的合金元素，能很好地抑制阴极反应。Cr 会与氧化膜发生反应，生成 $FeCr_2O_4$ 晶体，是一种致密的尖晶石氧化膜，它在高温环境下的溶解度远小于 Fe_3O_4 的溶解度。当碳钢中 Cr 元素含量大于 1% 时，FAC 腐蚀速率将非常小，如图 4-40、图 4-41 所示。

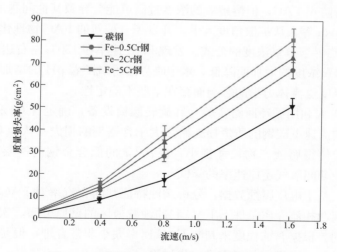

图 4-40　不同铬含量金属材料的腐蚀速率对比

四、 研究进展

国内主要通过实验与模拟的结合手段作 FAC 研究，并结合具体电厂的 FAC 状况进

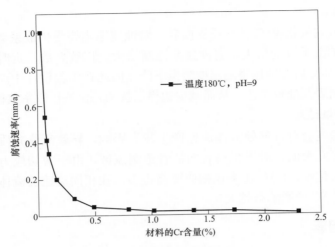

图 4-41　铬含量对单相流 FAC 的影响

行分析，给出解决方案。国外学者更倾向于理论模型方面和实验部分的研究，通过实验结果来验证模型的可靠性。

（1）Patempa-Rosilesls 等人通过实验分析流速对 FAC 的影响，利用旋转的实验装置使得实验筒内流体高速旋转，通过 ANSYS 软件模拟筒内流体的流场分布。流体在低旋转速度下为层流状态，随着电极旋转速度的不断增加，流体从层流向湍流过渡。利用扫描电镜分析腐蚀产物，数据表明腐蚀速率随着旋转速度的增加而增加。

（2）Pbryano 讨论了温度、pH 和溶氧量等环境参数对 FAC 的影响，认为这些参数通过影响磁铁矿的溶解度，影响了腐蚀过程中的氧化还原反应，从而改变了 FAC 速率。适当地增加氧含量可防止 FAC，但溶解氧的浓度过高可能会导致其他问题。

（3）F. Kazutosh 等人从扩散角度入手，开发了一种新的 FAC 物理化学效应模型，计算了抑制 FAC 的临界溶解氧浓度的公式。发现 FAC 速率在 150℃左右达到峰值，FAC 速率随着 pH 和溶解氧浓度的增加而降低，水中临界溶解氧随着 pH 的增加而降低。但是该模型中的扩散层厚度受流体力学的影响而存在某些不确定性。

（4）J. Shan 等人利用循环回路实验台和旋转圆筒设备，确定含 Cr 和不含 Cr 钢的质量损失。表明不同流速下碳钢的质量损失始终大于含铬钢的损失。认为 Cr 富集于锈层与基体结合界面处，使得腐蚀产物尺寸细小，使含 Cr 的低合金钢内锈层的致密性得到提高，这将导致腐蚀期间氧气还原速率的降低。

（5）赵亮等人基于电厂腐蚀数据，分析腐蚀特征判断含汽率对 FAC 的影响，认为在液态单相流、汽液两相流介质条件下 FAC 和冲蚀减薄区的壁厚分布、宏微观形貌、氧化膜状态等各不相同。根据腐蚀程度来判断 FAC 速率大小非常合理，但是含汽率影响传质或者腐蚀的具体过程并未说明，仍需进一步讨论。

（6）李志刚等人针对含氧量从工程实例分析入手，分析了加氧处理技术对热力系统含铁量和给水系统氧化还原电位的影响。

（7）曹松彦和沈君等人采用乙醇胺（ETA）提高两相流的 pH 值，抑制核电站二回路系统的流动加速腐蚀，并在秦山核电厂进行了乙醇胺碱化剂的实际应用试验。结果表明 ETA 能够提高二回路系统水相中的 pH 值，且 ETA 的少量热分解可导致二回路系统水汽中氢电导率的小幅度升高。

（8）彭诩等人则利用 ANSYS 软件模拟孔板下游处的流场分布，认为孔板下游 FAC 速率随着入口速度的增大而变大。周彬等人利用数值模拟手段，发现管道本身的几何形状发生改变影响管道内部流场分布从而改变 FAC 分布。

五、 流动加速腐蚀抑制措施

1. 在工程设计阶段

（1）应注意 FAC 敏感温度段设备材质的选择，可增加 Cr 的含量或适当增加壁厚以提高管道抵抗 FAC 的能力。

（2）优化管道、管件等的布置方案，合理设计管道形状及布置，应减少管道布置复杂程度和优化金属表面处理工艺。管道及其部件的布置避免管件与管件的近距离连接，应最大限度地采用弯管以及大弯曲半径弯头。如果可能，尽量减少支路和三通连接。管道的布置应综合考虑改善流体流动特性和管道的弹性需求之间的平衡问题。选用相对光滑的管道，或对管道表面进行纳米化手段处理。在满足工程要求的前提下尽量减小流速，使得流场分布较为稳定，降低传质系数，减少产生强烈湍流的可能。

（3）注意锅炉高温段受热面布置不足，或者受热面管子管径选用太小等问题。

（4）重视管壳式换热器检测位置的设计，应方便分别对管侧和壳侧进行检测与评估。

（5）为降低两相流 FAC 的影响，在炉前疏水系统设计中，合金钢的使用一般与减少调节阀门后管道长度、增加管道壁厚及直径、疏水调节阀后第一个弯头以三通代替等方法可同时采用。

（6）设计时提出明确合理的水工况处理控制方案。

2. 在机组运行阶段

（1）单相 FAC 可通过水化学手段予以控制，应重点监测 FAC 敏感温度段设备内汽水参数的变化，并及时调节或改变系统水化学工况，使给水铁含量达到较低水平，以减轻 FAC。如给水处理采用 AVT（O）和 OT 方式，给水系统、疏水系统的平均铁含量可从 $3\sim8\mu g/L$ 降低到 $0.5\sim1\mu g/L$。使用氨水或乙醇胺调节给水 pH 值，使得 pH >9.5 以降低铁腐蚀产物的溶解度。

（2）锅炉运行时应减少低压系统压力剧烈波动，可考虑协调控制，通过低压补汽系统或低旁控制低压汽包压力维持稳定，避免由于压力随负荷波动频繁剧烈。尽量避免长时间低负荷运行。

（3）增加温度测点，如在余热锅炉低压蒸发器单个模块两侧和中间部分增加温度测点，严格监视烟气走廊造成的局部管段受热情况，及时根据烟温变化检查炉内折烟板和挡烟板的情况。

（4）为加强低压系统的腐蚀状况监测，可对余热炉低压给水、炉水、饱和蒸汽、过热蒸汽中氢气含量进行在线测试。

（5）提高二级除盐水的质量，降低热力系统水汽的氢电导率，加强对机组启动水汽质量的监测和控制。

（6）做好余热炉的停用保护。

（7）对机组运行人员开展相应的理论知识和工程实践培训，提高技术人员的专业技能和现场经验。

（8）采用给水全挥发性处理的机组要加强对 FAC 现象、特征和风险的评估。一旦运行的超临界机组存在较为明显的 FAC 特征，要评估过去和当前的给水化学处理工况的有效性，定位 FAC 可能发生的区域。

3. 在机组检修阶段

（1）由于 FAC 发生在管道内部，不易被发现，往往发生 FAC 事故时已经很严重。应利用停机检修时间全方位、全过程地对敏感部位 FAC 状况进行监控检查，尤其是给水系统和疏水系统的弯管、孔口、三通等复杂流型区域。如对余热锅炉低压蒸发管、除氧蒸发器出口段内壁壁厚进行检查，通过超声测厚、内窥镜记录对比，随时关注受热面 FAC 发展情况。

（2）建立给定部件检查评估后的减薄程度数据库，提供用于帮助评估 FAC 倾向的数据和优化预测模型的数据，及时制定并实施局部管道或模块整体更换方案。加强标准化工作。

（3）对 FAC 管理人员和检修维护人员开展相应的理论知识和工程实践能力的培训，提高识别水平。

（4）建立和执行长期战略，持续关注和检测最敏感位置、部件，进行筛选排序，必要时增加检测数量。

（5）积极推进检测新技术、新工艺的应用，进行定期培训，提高监督和检测的技能。

（6）定期跟踪国外及国内的经验反馈，加强业内相关信息的采集、整理和共享，对管理大纲、检测计划、检测、监督程序要定期进行审查、评估和改进，形成一种长期有效的工作机制。

六、 国内外系统解决方案进展

（1）美国核管会（NRC）的资料表明，早期建设的核电站机组投运 3～5 年后就会发生汽水管道因 FAC 减薄和泄漏现象。经过多年的发展，美国对于 FAC 的管理过程经历了初步认识阶段、重视阶段和管理完善阶段。美国 EPRI 在总结核电站二回路管道 FAC 经验的基础上，提出了开展核电站 FAC 有效管理的六要素法则：公司职责、分析、经验、检测、培训和工程评价、长期战略。公司职责是开展 FAC 管理的经济基础和构建管理体系的保障、分析是 FAC 优化和完善的手段、经验是 FAC 的借鉴和补充、检测是 FAC 数据积累的基础、培训和工程评价是 FAC 管理的技术补充和深化、长期战略是 FAC 管理成功的关键，六要素相辅相成，缺一不可，构成核电站 FAC 有效管理的完整体系。另外，美国 EPRI 利用自行研制的实验系统，采用了 DC 线性极化技术和电化学交流阻抗技术，测量了 AVT（O）水工况环境下 SA-210 碳钢材料在温度达 360℃、压力达 26MPa 时的腐蚀速率；开发出了 CHECWORKS 软件，供用户进行管线筛选、测点筛选、腐蚀速率预测和修正、检测数据管理和利用等工作；采用加强水质管理或通过更换材料等设计变更来控制和缓解 FAC。在 1993 年颁布的 ASME B31.3 非强制性附录Ⅳ "动力管道系统的腐蚀控制"中，分别为核安全级和非核安全级壁厚减薄的管道提供了结构完整性评价和验收准则。美国核管会在 1998 年通过的 49001 号审查程序 "冲蚀-腐蚀/流动加速腐蚀监测大纲"的审查，NUREG-1801，VOL2 Generic Aging Lessons Learned

（GALL）Report 中规定应建立管道 FAC 老化的管理大纲。

火电机组 FAC 控制路线如图 4-42 所示，燃气-蒸汽联合循环机组 FAC 控制路线如图 4-43 所示。

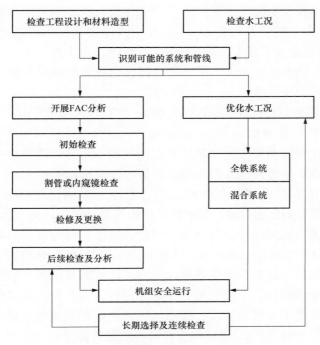

图 4-42　火电机组 FAC 控制路线

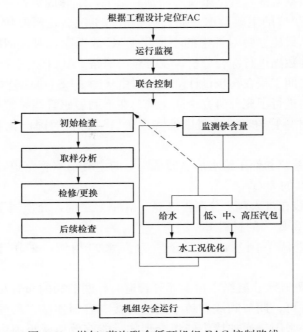

图 4-43　燃气-蒸汽联合循环机组 FAC 控制路线

（2）日本在 1990 年 5 月发布了压水堆核电站二回路管道壁厚管理指南，要求各核电站自主依据该指南建立管理大纲、编制检测计划、进行二回路管道壁厚管理。2003 年 10 月二回路管道壁厚管理工作成为日本定期安全审查的内容之一。2004 年 Mihama 核电站事故发生之后，日本成立了壁厚减薄特殊安全工作组，壁厚的测量及管理成为核安全监管要求的范围。2006 年结合其收集的 20 多万个测厚数据和国外的经验反馈，制定了 PWR 管道壁厚减薄管理技术要求 JSME S NG1—2006。日本加氧水处理委员会通过大量的试验和研究表明，给水处理方式采用加氧处理比全挥发性处理更能减少锅炉给水系统的腐蚀，同时抑制锅炉压差增大。

（3）2014 年我国发布行业标准 NB/T 25033—2014《压水堆核电厂常规岛流体加速腐蚀敏感管线筛选导则》，指导敏感管线、部位的筛选、检查、计划调整工作，成为我国压水堆核电厂常规岛开展流动加速腐蚀敏感管线的判别、敏感管件的筛选方法、检测评估以及敏感管线、敏感管件的调整要求及预防性管理要求的指导性文件。秦山核电站一期就开始重视汽水管道 FAC 管理，在多次大修中对 FAC 敏感管道进行壁厚测量，并根据测量结果更换了大部分的敏感管道。其他核电站也都建立了二回路汽水管道 FAC 管理大纲，或采用带有预测功能的软件进行筛选、评价，找出共同的敏感高能管线作为重点监督管线，进一步筛选出管线的湍流区域，确定易发生 FAC 的具体位置。制定管道监督计划，定期实施壁厚测量，建立管道壁厚验收准则，评估测量结果。加强对在役核电站碳钢制作的汽水管线中的阀门、节流孔板、弯头、三通、大小头、弯后直管段等结构突变区域的监督，及时更换不合格的管段。按照国际和国内相关规范的指引，建立长期、完整、有效的管理体系。加强 FAC 敏感部位管道剩余寿命的评价与管理，通过分析获得管道壁厚减薄的趋势，并基于统计数据和经验反馈动态调整和优化所制定的检测计划及风险分级评估措施，根据实际检查结果及寿命预测结果，维修或更换管道。建立 FAC 数据库，收集整理影响 FAC 的主要数据（如管材、运行工况、几何形状、水化学等），并结合二回路在役检查结果建立针对性强的小型化 FAC 数据库，对二回路管道 FAC 问题进行实时跟踪，对主要数据进行综合分析，及时对二回路 FAC 状况进行评判。

中广核某核电二期工程在初步设计阶段，对由法国 ALSTOM 公司总包工程项目中使用过的各种管道材料进行了充分研究论证比选，在下列敏感管线系统中选用了含 Cr 的碳钢材料和低合金钢材料管道，最大限度地实现了管道材料的国产化和减缓了 FAC 的影响，如：

1）凝结水抽取系统和低压给水加热器系统上的主凝结水管路道，采用了添加了质量分数 0.2% 的 Cr 元素的 20G。

2）抽汽系统管线在进入汽水分离再热器（MSR）之前，介质属于湿蒸汽，管道选用了 Cr 的质量分数为 2.25% 的材料 P22。

3）在疏水管道调节阀后，由于介质为汽水两相流，采用了国产的不锈钢材料 022Cr19Ni10。

4）在设计加热器疏水、凝结水再循环等管道时，调节阀的布置尽可能靠近下游的接收容器。如果条件许可，调节阀或者疏水阀应直接与容器连接。条件不许可时在调节阀后的第一个转向弯头采用三通加堵头的组合形式，能有效地减小因汽水两相流导致的管道腐蚀和振动。

5）通过合理的化学控制来达到有效地抑制二回路管道材料发生 FAC。

（4）实验台架结合数值模拟计算研究进展：实验台架回路包括水箱、温度控制系统、流速控制系统、水化学控制组件以及电化学测量单元。大多数 FAC 发生的条件较为苛刻，开展实验研究困难，成本也很高。CFD 可以帮助确定复杂管线内流速流态，以及近壁面湍流强度，对于预测敏感的部位有着重要的意义。Fluent 软件是 CFD 仿真模拟领域最为全面的软件包之一，可分为构建几何模型、划分几何模型的网格和网格导入 Fluent 软件三个步骤。ICEM 为 ANSYS 特有的绘制模型网格工具。针对几何形状简单的研究对象，进行分块划分，采用 O 型剖分方法绘制结构网格。Fluent 软件进行数值计算之前，首先设置求解器类型。Pressure-Based 求解器擅长求解不可压缩流动。Density-Based 求解器具有较好的求解可压缩流动问题的能力。求解器设定完成后，根据计算的问题选择适当的物理模型。

采用搭建 FAC 实验台架和数值模拟计算相结合的方法，基于 M. LT 模型，从流体动力学角度分析流动加速腐蚀现象及其影响因素。利用电化学方法测得不同入口速度下的 FAC 速率，数值模拟的方法计算出不同入口速度下的流场，结合场协同理论从流体动力学角度分析了不同位置的 FAC 分布的特点及影响因素，得出了在沿流动方向上传质系数越高，指向截面中心的径向速度越大，弯管 FAC 速率越大。工质进入弯管后，受到离心力的作用，流体向内弯处挤压产生二次流，表现为截面左右两个涡漩。随着内弯处的速度沿流动方向先升高后降低，腐蚀速率也呈现同样的趋势。而在外弯处由于流体进入弯管后对其进行直接冲刷，主要受流体径向作用力影响。沿流动方向外弯处壁面受到的径向作用力呈不断增加的趋势，同时速度也在不断增加。

采用 Fluent 软件模拟管道的流动加速腐蚀，得出高压给水管道符合流动加速腐蚀的规律，随着流速的增大，边界层处的 Fe^{2+} 浓度增大，边界层厚度减薄，腐蚀也更严重。与其他温度相比，在 150℃时边界层处的 Fe^{2+} 浓度增大，边界层的厚度更薄，边界层的腐蚀较严重。入口流速影响直管内流场分布，增大流速，管道内壁面的剪切应力增大，传质过程增强，FAC 速率变大。在 Fluent 中建立几何模型，模拟结果表明在弯头入口处，沿着管道径向方向，从内弯侧到外弯侧，流体速度逐渐减小；沿着流动方向，内弯侧流体速度迅速增大随后逐渐减小，外弯侧流体速度逐渐增大。弯头处最大速度和最小速度均位于内弯侧，与其流场分布相对应。改变弯头曲率半径会影响管内的流场分布，增加入口流速和增大孔径比使 FAC 峰值区域位置向孔板下游偏移。

（5）FAC 在线监测方法：在线测试碳钢管壁流动加速腐蚀减薄速率的直流电压法精度较高，可以在线测定流动加速腐蚀速率，预测材料的壁厚情况。高流速下耐蚀材料的动态试验方法主要有管线流动法、旋转圆盘法、封闭式旋转圆盘法、旋转圆筒法、同心圆筒法等。

（6）EPRh 在 2006 年应用了 Flow-through 电化学实验系统，以满足瞬时速率测量的要求。

（7）华中科技大学的张国安等人搭建了电化学测量方式的循环实验系统，其特点在于碳钢工作电极采用阵列电极式安置，可以测量出弯管不同区域电极的腐蚀速率，为研究复杂结构的流型提供了依据。

（8）WB36S1 是按照德国标准生产的一种专门用于主给水或主蒸汽管道用材料，

WB36CN1 钢（CN1 钢是指中国核电管道国产化第 1 号）是在 WB36SI 基础上增加适量的 Cr 元素，重新设计化学元素的国产化管道材料，主要目的是为了增加材料的耐流动加速腐蚀性能。WB36CN1 钢主要化学化分见表 4-5。

表 4-5　　　　　　　　　　　　**WB36CN1 钢主要化学成分**　　　　　　　　（质量分数，%）

类别	C	Si	Mn	P	S	Cr	Ni	Ca	Mo	Nb	N	Al
熔炼分析	0.10～0.17	0.25～0.50	0.8～1.2	≤0.016	≤0.005	0.15～0.30	1.0～1.3	0.5～0.8	0.25～0.40	0.015～0.025	≤0.02	≤0.05
成品分析	0.08～0.19	0.21～0.54	0.75～1.25	≤0.02	≤0.006	0.14～0.35	0.95～1.35	0.45～0.85	0.20～0.45	0.01～0.03	≤0.021	≤0.055

第四节　典 型 案 例

一、核电站严重事故

初期人们对 FAC 的认识不足，也受制于经济因素，一直没有引起重视。直至 1986 年 12 月 9 日美国 Surry 核电站 2 号机组二回路凝结水管道上一个 18 英寸弯头突然爆裂，从破口处释放出大量高温高压汽水混合物，当场导致 4 人死亡 4 人受伤，190 个零部件被更换，损伤惨重。Surry 核电站有两座 822MW 压水堆，位于美国弗吉尼亚州。事后检测发现实际断裂处管壁厚度仅有 1.5mm，约为原始厚度的 1/8。

2004 年 8 月 9 日日本美滨核电站 3 号机组二回路低压加热器到除氧器之间的凝结水管突然断裂（见图 4-44），约 885t 高温高压汽水混合物从裂口处喷出，造成承包商员工 5 死 6 伤，并毁坏主控仪表和其他相关设备，造成蒸汽发生器低水位及汽水失配，反应堆自动停堆。断裂最薄处厚度仅为 0.4mm，原始壁厚为 10.0mm。事后分析的直接原因为管线上流量孔板下游的紊流造成了严重 FAC。

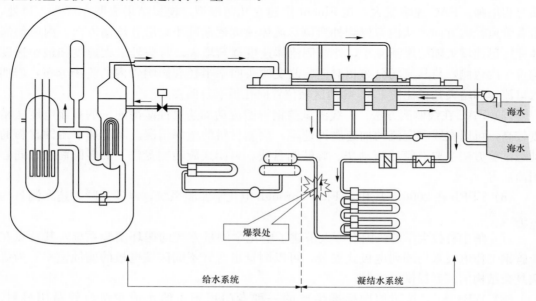

图 4-44　美滨核电站 3 号机管道破裂位置

2005 年 7 月 2 日乌克兰 South Ukraine 核电站高压加热器疏水管道突然断裂（见图4-45），致使汽轮机手动停机，反应堆手动停堆。疏水管的直径和壁厚分别为 530mm 和8mm，断裂处位于弯头焊缝下游 50mm 处的直管段，开口尺寸为 275mm×65mm，壁厚仅为 1.8～2mm。断裂事故虽未造成人员伤亡但被确定为未遂事件，因为一名现场操作员半小时前在该区域检查阀门状态。

图 4-45 某核电站疏水管道断裂

二、 某燃气-蒸汽联合循环机组余热锅炉低压蒸发器泄漏

1. 机组概况

某厂 1 号余热炉由武汉锅炉厂引进荷兰技术设计制造，低压蒸发器设计分为 Ⅰ、Ⅱ、Ⅲ级受热面，工作压力为 0.61MPa，工作温度为 166℃。低压蒸发器管子及螺旋鳍片材质分别为 SA-210 A-1 和普通碳钢，规格为 ϕ38×2.6mm，运行时间为 38 022h。

2. 爆管过程

2014 年 11 月 13 日 21：41，1 号余热锅炉低压汽包开始上水；14 日 06：10，电厂技术人员发现 1 号余热锅炉尾部烟道受热面有漏水现象，经检查确认，泄漏点位置为低压蒸发器管排西数第一根、南数第五根迎烟气侧，距模块受热面上联箱约 3m，标高约为20m（见图 4-46）；14 日 16：18，采取措施为上下联箱管接座处打堵板焊接，堵板材质为碳钢，电焊焊接。

3. 宏观形貌分析

目视检查发现爆口处管内壁有明显的减薄情况，爆口处为由内至外，内壁大量减薄所致。割管检查发现爆管处管内壁呈黑色，光滑、圆润、有金属光泽，手摸无毛刺感，内壁布满大量沿水流方向、大小及深度不一的密密麻麻、且无规则连成片的蜂窝状蚀坑。宏观及低倍显微镜下观察未见其他明显腐蚀产物，迎烟气侧内壁蚀坑大小及深度相对背烟气侧稍微严重。管壁外表面去除螺旋换热鳍片后，可见个别蚀坑底部存在针眼状小孔，如图 4-47 所示。

图 4-46 低压蒸发器管道破裂位置

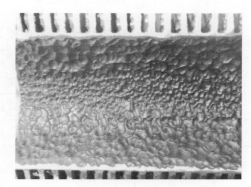

图 4-47 低压蒸发器管道破裂处内壁

4. 金相组织分析

（1）在低倍光学显微镜下观察，管内壁表面蚀坑大小不一，光滑、圆润，边缘呈不规则曲线形，大量蚀坑呈无序不规则状态，未见明显颗粒状腐蚀产物，如图 4-48 所示。

（2）内壁蚀坑经 4% 硝酸酒精侵蚀后的形貌特征，亮白色部分是管材金属基体；黑色部分未经硝酸酒精侵蚀，是在内壁表面形成的很薄腐蚀产物层，如图 4-49 所示。

（3）在高倍光学显微镜下观察，样管的最小实测壁厚为 0.36mm（见图 4-50），远远低于管子设计时的取用壁厚 2.6mm，管壁厚已经不能满足正常工况运行要求。

（4）金相组织为铁素体＋珠光体，珠光体球化 2 级，为轻度级别，金相组织正常，如图 4-51 所示。

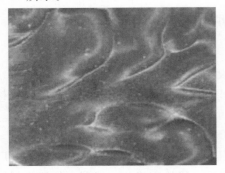

图 4-48　低倍光学显微镜下形貌

图 4-49　经 4% 硝酸酒精侵蚀后形貌

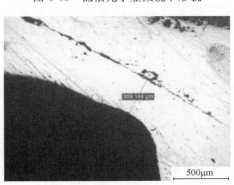

图 4-50　高倍光学显微镜下壁厚测量

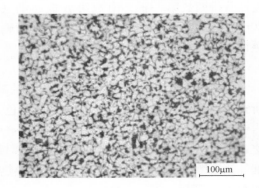

图 4-51　金相组织

（5）扫描电镜能谱试验分析发现内壁表面薄薄一层黑色物质主要元素成分为 Fe 和 O，应为 Fe_3O_4，见表 4-6 及图 4-52、图 4-53。

表 4-6　　　　　　　　　　　　元素能谱分析结果　　　　　　　　　　（%）

元素	质量百分比	原子百分比
C	17.76	40.08
O	16.56	28.05
Fe	65.68	31.88
总量	100.00	

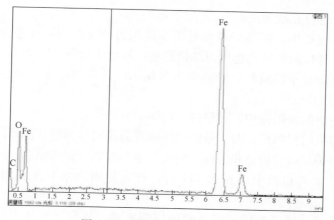

图 4-52 扫描电镜能谱分析谱图

5. 泄漏原因分析

（1）样管的宏观形貌和金相组织特征显示，管子在运行过程中，管外壁无明显变化，管材金相组织正常，并无过热特征。

（2）管内壁受环境因素影响，消耗了管子内壁金属基体，从而形成大量蜂窝状蚀坑，且蚀坑相对较深，大大减少了管材的实际壁厚，最小壁厚为 0.36mm，管子的有效承载能力降低，不能满足锅炉正常运行工况要求，最终发生泄漏。

（3）从低压蒸发器运行工况分析，当时

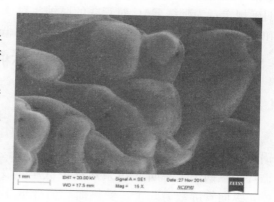

图 4-53 扫描电镜下形貌

给水采用 AVT(O) 工况，低压省煤器入口 pH 值控制在 9.2～9.4 之间，投产初期采用 AVT(R) 工况。低压蒸发器的下联箱连接至低压汽包的下降管，实际进水为低压炉水。由电厂配备的低压炉水溶解氧在线化学仪表可知，低压炉水溶解氧常年低于 1μg/L，也即低压蒸发器内的水汽几乎不含溶解氧，为管内流动加速腐蚀提供了氧化-还原电位（ORP）小于 0 的环境。

（4）发生爆管的位置位于低压蒸发器靠近上联箱约 3m 处，管内实际运行温度约 160℃，运行压力在 0.6MPa 左右，正好处于 Fe_3O_4 在水中溶解度最大的温度区间。

（5）泄漏点部位为低压蒸发器管内汽液两相流混合区，较易形成紊流。经锅炉专业模拟计算，低压蒸发器受热面管内平均流速超过 8m/s，末端流速会更高，泄漏点正好位于低压蒸发器末端，此处流速存在超过 10m/s 情况。管内流速高，相变过程剧烈，湍流程度高，加速了腐蚀速度。

6. 解决对策

（1）对 1 号炉低压系统水汽控制工况进行优化调整，以减缓低压蒸发器系统的流动加速腐蚀。目前可利用低压汽包的加药系统，通过此加药系统往低压炉水添加氨水来提高低压炉水的 pH 值，控制在 9.5～9.8 之间。

（2）为加强低压系统的腐蚀状况监测，建议对 1 号炉低压给水、炉水、饱和蒸汽、过热蒸汽中氢气含量进行在线测试。

（3）锅炉运行过程中，应尽量避免低压系统压力波动剧烈，可考虑协调控制，通过低压补气系统或低旁控制低压汽包压力维持稳定，避免由于压力随负荷波动频繁剧烈。

（4）提高二级除盐水的质量，降低热力系统水汽的氢电导率，加强对机组启动水汽质量的监测和控制。

（5）做好余热炉的停用保护，尽量减少锅炉的启停次数。

（6）尽快利用机组停机机会对 1 号炉低压蒸发器相同标高的其他管段进行内窥镜或割管检查，并对 2 号炉相同位置及相同标高的管段进行检查，以确认腐蚀情况及严重程度。

（7）为提高汽水两相流中水相的 pH 值，开展使用汽水分配系数较小的碱化剂代替氨。

（8）利用检修机会更换为较好材质的低压蒸发器，从经济等各方面综合考虑，工程上推荐使用含 Cr 量在 0.5% 以上的低合金钢。如：GE 公司关于 HRSG 通用规范表中已明确规定：为延缓 FAC 对管壁的腐蚀，对于 9F 等级的 HRSG，中、低压系统的蒸发器和省煤器均需采用含 Cr 量在 1.25% 以上的低合金钢。

三、 某厂多台燃气-蒸汽联合循环机组余热锅炉严重腐蚀泄漏

1. 概述

某厂有 6 台机组，一期 2 台 F 级机组配备三压、再热、卧式、无补燃自然循环余热锅炉，2 台 E 级机组配备杭州锅炉厂制造双压、卧式、无补燃、自身除氧、自然循环余热锅炉，二期 2 台 F 级机组配备杭州锅炉厂三压、再热、卧式、无补燃、自身除氧、自然循环余热锅炉。一期 F 级余热锅炉低压蒸发器布置在模块 4，横向管排 111 根，纵向 9 排，纵向管屏数为 5 个，受热面均为 $\phi38.1mm \times 2.7mm$ 螺旋鳍片管，管子材质为 SA-178 A，螺旋鳍片材质为普通碳钢。E 级余热锅炉低压蒸发器布置在模块 4，横向排数为 66 排，纵向 10 排，纵向管屏数为 3 个，受热面均为 $\phi50.8mm \times 3.0mm$ 螺旋鳍片管，管子材料为 20G，螺旋鳍片材料为碳钢。除氧蒸发器布置在模块 4，横向排数为 64 排，纵向 3 排，纵向管屏数为 1 个，受热面均为 $\phi50.8mm \times 3.0mm$ 螺旋鳍片管，管子材质为 20G，螺旋鳍片材质为普通碳钢。

2. 腐蚀泄漏情况

2012 年 5 月 29 日一期 F 级 2 号燃气轮机余热锅炉在停机后发现锅炉内有水汽漏出，判定锅炉内有泄漏点。放水冷却后再进水检查发现泄漏点为低压蒸发器中间联箱（共 3 组）、炉前向后第 2 排（共 5 排）、西侧第 1 根泄漏。泄漏点在低压蒸发器上升管离开联箱角焊缝 150mm 处，破口处内壁腐蚀严重，剖开内壁呈麻坑状（见图 4-54）。6 月 5 日第一次水压试验发现低压蒸发器西侧联箱（共 3 组），炉前向后第 1 排（共 5 排）、西侧第 1 根泄漏。打开炉顶对所有低压蒸发器联箱内窥镜检查，发现低压蒸发器出口管存在内腐蚀情况为普遍现象，经过核对后闷堵 68 根，加套管 3 根。

2016 年 12 月 8 日运行人员发现 E 级 7 号余热锅炉尾部烟道与烟囱连接处西侧蒙皮滴水，由于机组正处于运行中，无法确认受热面泄漏情况。停机冷却后于 2016 年 12 月 10 日打开锅炉顶和锅炉底人孔门，发现锅炉顶除氧蒸发器出口集箱炉前第 3 排西侧第 1 根和第 2 根出口管泄漏，泄漏点位于两根出口管北侧 45°背弧处，泄漏点管壁厚均为 0.5mm。

泄漏点在上升管到联箱角焊缝处，切开断面背弧腐蚀量最大，剖开内壁呈麻坑状，如图4-55 所示。

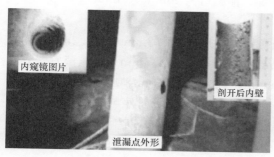

图 4-54　某余热锅炉低压蒸发器上升管泄漏穿孔

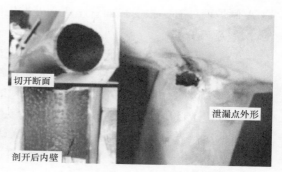

图 4-55　某余热锅炉除氧蒸发器出口管泄漏穿孔

3. 原因分析

（1）F 级低压汽包水温在 158℃，而 E 级除氧器水温为 145℃，E 级低压汽包水温为139℃，均在 150℃左右范围内，为易产生流动加速腐蚀的区域。

（2）泄漏均发生在蒸发器出口管段，接近联箱变径处。

（3）FAC 主要发生在低压蒸发器联箱两侧和迎风面端部的上升管上。迎风面管束受热较大，而联箱两侧均为整体吊装模块的边缘侧，此处管束与内衬板间隙必然存在烟气走廊，烟气走廊减小了烟气的流动阻力，增加了附近管子的烟气流速，导致此处管路蒸发量增加，FAC 加速。

4. 预防处理措施

（1）将一期 F 级的 2 号炉联箱两侧出口管的材质更换为 12Cr1MoV，并适当增加壁厚。

（2）在低压蒸发器单个模块两侧和中间部分增加了温度测点，严格监视因为烟气走廊造成的局部管段受热情况，并及时地根据烟温变化检查炉内折烟板和挡烟板的情况。

（3）增加壁厚检查频次。

四、 某 S109FA 机组余热锅炉低压系统受热面管座弯管泄漏

1. 概述

某厂余热锅炉是东方锅炉厂引进日立技术生产的三压、一次中间再热、卧式、无补燃、自然循环锅炉。机组在运行过程中，突然出现机组除盐水补水量增大的异常现象。

2. 泄漏过程

从 2013 年 7 月 23 日开始，该机组正常运行时除盐水补水量由 110t/d 逐渐增加到230t/d，同时在相同负荷下低压过热蒸汽流量减少到 22t/h，而高、中压过热蒸汽流量没有变化。机组在 300MW 负荷正常运行时，机组的补水量约为 110t/d，高、中、低压过热蒸汽流量分别是 248t/h、36t/h、28t/h。在排除余热锅炉外漏、凝结水泄漏及闭式水泄漏等因素后，结合相关参数进行质量守恒定律分析判定余热锅炉低压系统泄漏是造成机组除盐水补水量增加的直接原因。2013 年 8 月 12 日检修发现低压蒸发器中间联箱上有一根

受热面管座弯管处发生泄漏，泄漏口为 26mm × 7mm（见图 4-56）。该机组 2013 年 10 月 1 日于 2∶00 停运，7∶00 发现余热锅炉底部有水滴出。检查后发现低压蒸发器中间联箱靠 A 侧炉墙处有一根受热面管座弯管处发生泄漏，泄漏口为 20mm × 5mm。

3. 原因分析

在机组 B 级检修时对低压蒸发器弯头进行测厚，发现低于 3.2mm（含 3.2mm）的有 70 根，低于 2.4mm 有 12 根，最薄的为 1.7mm。设计厚度为 4.5mm。低压蒸发器管子设计材质为 20G，直管段规格为 φ38mm × 2.9mm，弯头为 φ38mm × 4.5mm。低压蒸发器爆管点位于低压蒸发器上集箱引出的弯头。低压蒸发器上集箱管座与弯头之间为焊缝连接，低压蒸发器弯头与直管段之间也为焊缝连接，两者规格不同，该处属于异径管连接。

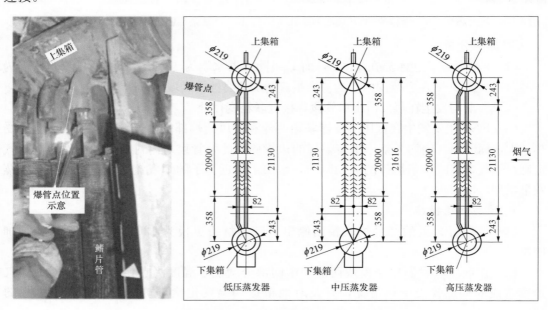

图 4-56　某余热锅炉低压蒸发器管座弯管泄漏穿孔

其中 2 号管样爆口管壁减薄破裂处壁厚仅为 0.8mm，减薄严重。1 号管样和 2 号管样内壁出现了腐蚀坑，呈现马蹄坑或鱼鳞状特征的腐蚀形态；3 号管样内壁正常，未出现腐蚀坑。

4. 成分分析

低压蒸发器管子设计材质为 20G，采用光谱仪对试验管样进行材质分析，符合国家标准要求。

5. 泄漏处理

（1）将低压蒸发器弯头全部更换成材质为 15 CrMoG 的合金钢弯头。

（2）控制焊接工艺质量，减少因管道焊缝凸起而引起的流体加速腐蚀。此外，做好管壁清理措施，避免管内存在明显的异物或内凸、焊瘤的焊缝。

（3）对低压蒸发器受热面管子壁厚进行普查。

（4）定期对易发生 FAC 的弯头、焊缝下游部位、异径管连接处进行超声检测，提前发现腐蚀减薄部位并进行有效处理。

（5）将低压蒸发器弯头部分由内变径改为外变径，减少局部流动加速。

6. 其他类似案例

（1）概述。某燃气-蒸汽联合循环发电厂配备杭州锅炉厂制造的三压、再热、卧式、无补燃、自然循环锅炉。给水加联氨，两班制调峰运行。低压蒸发器布置在模块5，横向管排114根，纵向10排，纵向管屏数为3个，受热面均为 $\phi50.8mm \times 3.0mm$ 螺旋鳍片管，前三排管子材质为T11，其余为SA-210 A-1，螺旋鳍片材质为普通碳钢。

（2）泄漏情况。2012年7月28日3号余热锅炉低压蒸发器顺烟气方向左侧管屏最外端管子发生泄漏，漏点为低压蒸发器管子接近上联箱部位的弯头外弧处，已穿孔。经检测，泄漏处管壁厚度只有0.6mm左右。邻近4根管子的壁厚也有减薄现象，厚度分别为1.6mm、2.8mm、1.8mm和2.9mm。壁厚减薄的管子金属外观良好，无外部腐蚀。穿孔的位置位于低压蒸发器沿烟气方向最后一排靠炉墙第1根管子，为换热管上部弯头外弧面处。管道表面极为粗糙，严重腐蚀区域中有折痕，腐蚀区域面积大，表面呈橘皮状，明显减薄，弯头上部已经穿孔。2012年9月26日2号余热锅炉低压蒸发器顺烟气方向右侧管屏最外端管子发生泄漏，漏点为低压蒸发器管子接近上联箱部位的弯头外弧处，已穿孔。相邻换热管壁厚有减薄现象。

（3）原因分析：

1）低压蒸发器后7排管子材质为SA-210 A-1。

2）工作温度约为153℃。

3）与上联箱连接的管子弯头附近，汽水混合物的流向在此改变，湍流度最高。

4）模块与内衬板间的密封出现问题，高温烟气高速流过最后一排最端部的管子，使该管子及附近几根管子的产汽量迅速增加。

（4）整改措施：

1）对低压蒸发器管子进行全面检查测厚，对壁厚减薄的管子用含Cr约1.25%的T11材料进行局部更换。

2）检查和修复模块与内衬板之间、模块内部集箱之间的密封，防止高温烟气未经前几排低压蒸发器管子降温，高速冲刷后面几排管子。

3）改善低压蒸发器的工况，尽可能提高工作压力，以提高低压蒸发器的饱和温度，从而减少蒸发量，提高蒸汽密度，降低管子中汽水混合物两相流速。

五、 某燃气-蒸汽联合循环机组余热炉低压汽包折流挡板腐蚀

1. 概况

某联合循环9F机组的余热锅炉分为高压、中压和低压三部分，凝结水经给水加热器后作为低压系统给水进入低压汽包，低压汽包的炉水是高、中压系统的给水。低压汽包内部汽水流程为炉水由蒸发器进入汽包壁与折流挡板之间的夹层，继续上升后在汽包上部的弧形挡板处进入汽包（见图4-57）。炉水处于还原性工况，低压汽包运行温度为140℃，运行压力为0.36MPa，折流挡板材质为Q235A，厚度为6mm。

该机组2006年1月投产，为调峰机组，1年启停200多次。在几次检修中都发现低压汽包折流挡板腐蚀，而且一次比一次严重。

2. 腐蚀检查情况

在 2008 年 1 月、2009 年 11 月和 2011 年 1 月的三次检修中,均发现低压汽包折流挡板腐蚀,腐蚀区域为图 4-57 中 FAC 指示位置,腐蚀的程度逐次加重,从折流挡板材质、介质的流速、流动状态、所处温度以及水化学工况判定为典型的流动加速腐蚀。

3. 其他类似案例

某电厂 3 号余热锅炉大修发现低压汽包内所有的汽水分离折流挡板 14 个穿孔位置都对应于 14 根炉水上升管出口,穿孔处直接往下可以看到上升管(见图 4-58)。挡板穿孔周围的背面没有明显的腐蚀坑,较光滑。炉水从上升管出来后,首先喷射到汽水分离挡板上的穿孔区域,再转头沿着汽包壁和挡板的夹层向上。

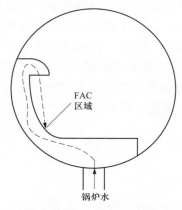

图 4-57　某余热锅炉低压汽包内工质流向示意

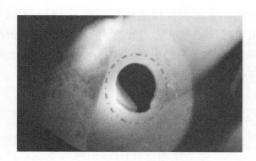

图 4-58　某余热锅炉低压汽包汽水分离折流挡板腐蚀穿孔

六、　某 300MW 燃煤发电机组汽包给水分配管腐蚀泄漏

1. 概述

某 300MW 燃煤发电机组锅炉为东方锅炉厂有限公司生产的 DG 1025/18.2-Ⅱ8 型单汽包、亚临界、一次中间再热自然循环煤粉炉。该机组于 1998 年 2 月投产,2012 年 8 月 A 级检修时发现汽包内 12 根给水分配管均存在不同程度的腐蚀。给水分配管的材质为 20G,规格为 $\phi76 \times 4mm$,均采用的是几段焊接方式,水平段和竖直段的连接采用的是直角斜口焊接。

2. 腐蚀泄漏典型特征

(1)中部水平段与上部竖直段连接的弯头靠近水平段处,共 5 根管发生腐蚀,如图 4-59 所示。

(2)下部竖直段与中部水平段连接的弯头靠近竖直段处,共 4 根管发生腐蚀,如图 4-60 所示。

(3)给水分配管与省煤器出口管连接的弯头靠近竖直段处,共 2 根管发生腐蚀。

腐蚀泄漏处均发生在给水分配管直角弯头连接处,且弯头焊接的方式为直角斜焊,腐蚀管样内表面光滑,无结垢,无凹凸不平的腐蚀坑,无鼓包腐蚀,无裂纹,腐蚀部位

图 4-59　某汽包给水分配管中部
水平段弯头腐蚀穿孔

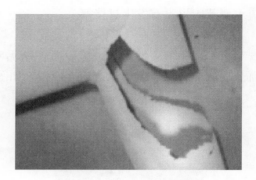

图 4-60　某汽包给水分配管
下部竖直段弯头腐蚀穿孔

壁厚均匀减薄，未腐蚀部位壁厚基本未变。测量不同部位的管壁厚度可以发现，腐蚀穿孔周围的管壁厚度仅为 0.48～1.92mm，相对于原始管样壁厚 4.0mm 减少了 50% 以上；中部水平段管样平均厚度为 3.85mm，基本没有减薄。

3. 物相检测

X-射线能谱和 X-射线衍射检测已发生腐蚀管样的内壁主要元素为 Fe 和 O，物相组成为 Fe_3O_4 占 95%，Fe_2O_3 占 5%。

4. 原因分析

（1）该机组启机时给水采用 AVT(R) 处理方式，给水的溶解氧非常低。

（2）给水分配管的材料为碳钢。

（3）给水分配管发生穿孔泄漏的位置大部分位于弯头处，且弯头的弯曲角度为 90°。

5. 处理措施

（1）将所有的给水分配管更换为耐流动加速腐蚀性能更优的 T12 合金钢管，规格为 $\phi96 \times 6mm$。管道横截面增加近 50%，并适当增加弯头的曲率半径。

（2）将除氧器对空排气门的开度改为微开，使除氧器出口的溶解氧在 7～15μg/L。

（3）定期对热力水汽系统类似结构处加强壁厚监测。

七、 某超超临界百万机组高压加热器疏水调节阀严重堵塞

1. 概述

某锅炉为超超临界变压运行螺旋管圈直流锅炉，型号为 SG-3012/27.9-M540，采用一次中间再热，单炉膛单切圆燃烧，平衡通风，露天布置、固态排渣、全钢构架，全悬吊结构塔式布置。

自投产以来，该机组 1、2 号高压加热器疏水调节阀分别于 2011 年 9、11 月，2012 年 3、8 月分别发生堵塞，导致两列高压加热器汽侧停运（见图 4-61）。解体检查发现调门套筒网孔均被部分或全部堵塞，从套筒网孔中清理出大量粉末状黑色固体，为磁性 Fe_3O_4 粉末。该调节阀是 Kent Introl 阀门，调节阀及阀笼套材质为有磁性的 420 不锈钢。笼罩有 6 排网孔，行距为 2.5mm，共 86 孔，孔径约为 6mm。因材质有磁性，且孔径较小，均匀布置的圆形降噪孔形成磁场产生磁力，极易吸附系统内的 Fe_3O_4 粉末。阀内部件结垢严重，解体阀门后，阀芯和阀笼套卡死。从 2013 年 1 月份改造后高压加热器正常，

疏水调节阀再没有发生过堵塞。

2. 解决方案

（1）选用低磁性材料，减少磁性结垢吸附。在阀笼套上开特别的孔，确保阀门的等百分比调节特性，增加流道通流面积，如图 4-62 所示。

图 4-61　某高压加热器疏水调节阀堵塞

图 4-62　某高压加热器疏水调节阀阀笼套改造后

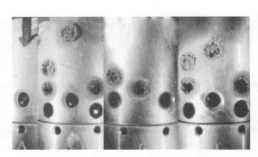

图 4-63　某机组高压加热器疏水
调节阀门芯导流孔堵塞

（2）在 A、B、C 凝泵进口滤网处加装磁力棒，吸附凝结水中的 Fe_3O_4。在磁性过滤器，加装长为 1630mm、直径 $\phi16mm$ 的磁力棒 40 根，运行 11 天后对磁力泵进行核实，发现其有明显吸附物，共清理黄褐色杂质约 20kg。

3. 其他类似案例

（1）某厂 300MW 机组高压加热器疏水调节阀被异物堵塞时（见图 4-63），必须解列高压加热器组，进行杂物清理，疏通调节阀，高压加热器解列会影响供电煤耗约 7.64g/kWh。从 2006 年 3 月至 2008 年 12 月两台 300MW 机组高压加热器组共解列 20 次，其中由于疏水调节阀堵塞所造成的解列为 15 次，占 75%，堵塞频繁的时间段在 2008 年 2～9 月。3 号机组 2 号高压加热器疏水调节阀 2006 年堵塞 1 次，2007 年堵塞 1 次，2008 年堵塞 3 次，1 号高压加热器疏水调节阀 2008 年堵塞 2 次。4 号机组 2 号高压加热器疏水调节阀 2007 年堵塞 1 次，2008 年堵塞 5 次，1 号高压加热器疏水调节阀 2008 年堵塞 2 次。

（2）某厂 1、2 号 300MW 机组检修过程中对高压加热器疏水调节阀进行解体，结果发现门芯大量阀腐蚀产物沉积，已经堵塞部分流路，严重影响阀门的正常调节。主要原因是机组在目前还原性 AVT(R) 处理工况下，炉前及疏水系统存在较为严重的流动加速腐蚀，使大量腐蚀产物转移、沉积。

（3）某厂三期 6、7 号超超临界 1000MW 机组直流炉给水之前采用 AVT 处理方式，高压加热器汽侧发生了严重的流动加速腐蚀，给水泵进口滤网和 1 号高压加热器的疏水调节阀频繁堵塞（见图 4-64），严重时每 20 天左右即需清理一次高压加热器疏水调节阀。两台机组先后于 2010 年 5 月和 2011 年 3 月进行了给水加氧处理，处理后过热蒸汽氢气含

图 4-64　某超超临界机组高压加热器疏水调节阀堵塞

量明显下降，凝结水铁含量明显降低。

（4）某 630MW 机组投运以来省煤器结垢速率高，锅炉压差半年升高 1MPa 左右，造成给水泵出力达不到机组满负荷运行要求。

（5）某 1000MW 超超临界机组，由于采用 AVT 处理方式导致铁含量和机组压降逐渐上升，存在严重的疏水调节阀堵塞问题。于 2011 年 12 月进行加氧处理，之后结垢堵塞问题大大缓解，机组压差回落至投产水平。

OT 工况下氧化膜结构示意如图 4-65 所示；某超超临界机组 OT 工况实施中水汽铁含量变化趋势如图 4-66 所示；AVT 工况下氧化膜形貌如图 4-67 所示；OT 工况下氧化膜形貌如图 4-68 所示。

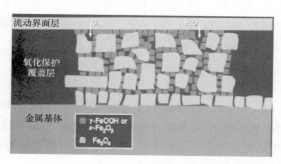

图 4-65　OT 工况下氧化膜结构示意

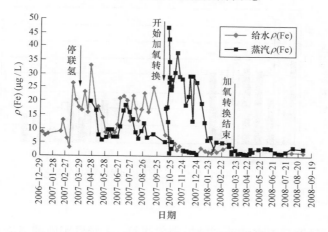

图 4-66　某超超临界机组 OT 工况实施中水汽铁含量变化趋势

图 4-67　AVT 工况下氧化膜形貌

图 4-68　OT 工况下氧化膜形貌

八、 某 600MW 超临界机组直流炉过热器减温水调节阀阀芯堵塞

1. 概述

某厂 4 台 600MW 超临界机组锅炉为北京巴威公司制造，最大连续蒸发量为 1903t/h，主蒸汽压力 24.2MPa，主蒸汽温度为 566℃，给水温度为 286℃。三级高压加热器管材为碳钢，四级低压加热器管材为不锈钢，凝汽器管材为不锈钢。

2. 堵塞情况

首台机组于 2006 年 4 月投产，其余 3 台机组每隔 4 个月投产 1 台，各台机组连续运行 1 年后，相继进行了首次 A 修。各机组均存在过热器减温水调节阀阀芯堵塞、热电偶有黑色沉积物等现象，清理减温水调节阀阀芯，发现有黑色磁状粉末沉积，经分析主要成分为 Fe_3O_4。

3. 原因分析

该厂 4 台机组的给水处理均采用 AVT（O）方式，其中，1～3 号机组自 168h 后曾在 AVT（R）工况下分别运行 10 个月、5 个月、2 个月，4 号机自 168h 后即采用 AVT（O）的运行工况。在前 3 台机组采用 AVT（R）工况运行之初，即发现存在给水铁离子偏大现象，于是 1 号机于 2006 年 10 月停加联氨，跟踪给水和主蒸汽水质，发现停加联氨后铁离子下降。

两种 AVT 工况下给水铁含量的变化如图 4-69 所示。

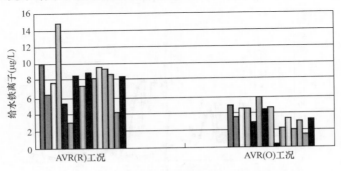

图 4-69　两种 AVT 工况下给水铁含量的变化

4. 后续情况

实施加氧后过热器减温水调节阀结垢现象缓解。4 号机实施加氧处理后，过热器减温水调节阀未出现调节失灵问题，而其他 3 台未加氧的机组过热器调节阀问题仍存在。

5. 其他类似案例

某厂 1000MW 超超临界机组的锅炉为上海电气集团生产，型号为 SG－3102/27.56－M54X，单炉膛、双切圆燃烧、一次中间再热。2 号机于 2009 年 11 月底正式投入商业运行，机组投产前期采用 AVT(R) 工况运行，2011 年 6 月 27 日改为 AVT（O）工况运行。自 2010 年 10 月份开始，给水铁含量由投运初期的 4μg/L 左右逐渐上升至 9μg/L 左右，自 2010 年 11 月份开始出现过热器减温水调节阀门及高压加热器疏水调节阀门堵塞问题，垢成分为磁性 Fe_3O_4。随着机组运行时间的延长，减温水调节阀门及高压加热器疏水调节阀门堵塞问题越来越严重，锅炉压差也由投运初期的 5.2MPa 左右上升至 6.0MPa 左右。于 2011 年 12 月份开始进行加氧处理，达到基本稳定状态后水汽系统的含铁量大幅度降低，减温水调节阀门 Fe_3O_4 结垢问题得到大大缓解，锅炉压差回落到刚投产时的水平 5.2MPa 左右与 1 号机组相比极大地提高了机组的安全可靠性。

九、 某 350MW 机组高压加热器沉积堵塞压差增大

1. 概述

某厂两台 350MW 汽轮发电机组分别于 2000 年 8 月和 2000 年 11 月相继投产，锅炉为日本三菱重工制造的亚临界汽包炉。投运初期给水采用加氨、联氨处理。

2. 堵塞情况

两台机组投产后相继出现高压加热器管子内沉积物积聚、压差逐渐升高的现象（图 4-70），严重时影响了正常运行。从 2003 年开始 1 号机组 3 台高压加热器出水侧总压降变大，与设计值相差很大，并且在逐步增大。到 2006 年 11 月 5 日压差达 4.0MPa，11 月 6 日对 1 号机组高压加热器进行了机械清理，11 月 11 日压差

图 4-70　某 350MW 机组高压
加热器沉积堵塞

降至 3.2MPa，此后，高压加热器压差持续增大，到 2007 年 4 月化学清洗前达 4.3MPa。2007 年 4 月 1 号机检修检查发现 1 号高压加热器出水侧管束直管段端口有大量磁性氧化铁沉积物，各台高压加热器管束中均有沉积物，沉积量按 3、2、1 号高压加热器的顺序逐渐增加。在机组检修期间将高压加热器解体进行了高压水冲洗，取得了一定的效果。2007 年 4 月 20 日对 1 号机高压加热器进行了化学清洗，压差由清洗前的 4.3MPa 降至清洗后的 0.8MP。9 月 26 日对 2 号机的高压加热器也进行了化学清洗，清洗后压差由 3.4MPa 降至 0.8MPa。但随着时间的推移，压差仍有升高的趋势。到 2008 年 5 月 20 日 1 号机压差升至 0.9MPa，2 号机压差升至 1.0MPa。

1、2 号机组投产初期由于凝汽器铜管水侧发生过脱锌腐蚀，为了避免铜管汽侧腐蚀，给水 pH 值控制得比较低，为 9.0～9.2。由于长期以来给水 pH 值低、加联氨、给水流速高、氧含量低等诸多条件共存，导致给水系统发生了比较严重的流动加速腐蚀，腐蚀主要发生在除氧器出口到 3 号高压加热器出口这个区间内，腐蚀产物在高压加热器内的大量堆积导致高压加热器压差增大。在提高给水的 pH 值后，系统的铜、铁离子有了一定的下降趋势。在 2009 年 9 月停加了联氨，改为 AVT（O）弱氧化性处理方式，缓解了高压加热器压差的增大。

十、　某超临界机组高压加热器严重腐蚀减薄泄漏

1. 概述

某厂两台 800MW 超临界机组为俄罗斯制造，分别于 1998 年 11 月和 1999 年 9 月投运。该机组配备的高压加热器为立式焊接结构，管材和壳体均为普通碳钢，这种盘香管式加热器在国内非常少见。

2. 腐蚀减薄情况

2 号机在投产 10 个月后 8 号高压加热器换热盘管的进水口附近就发生了严重的腐蚀减薄泄漏，随后 6、7 号高压加热器相继多次爆管漏泄。停运检查发现泄漏的部位集中在凝结水冷却区 14 排和蒸汽凝结区下部 36 排盘香管接供水联箱的部位，全面测厚检查以及割管检查发现此区域的弯管从联箱焊口到其后约 150mm 的长度内均存在腐蚀减薄，管壁内侧有腐蚀麻坑。如果高压加热器退出运行，机组的发电能力和效率都将降低。夏季将降低出力约 50MW，冬季降低出力约 30MW。某超临界机组高压加热器 AVT 工况时管内表面如图 4-71 所示，OT 工况时管内表面如图 4-72 所示。

图 4-71　某超临界机组高压加
热器 AVT 工况时管内表面

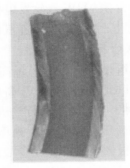

图 4-72　某超临界机组高压加热
器 OT 工况时管内表面

根据现场实际运行参数，给水流量在 1000～1500t/h 之间，每台高压加热器盘香管为 684 盘，管内额定流速为 1.069m/s，盘香管内流动状态为紊流状态，在盘香管的弯头处水流动条件非常恶化。

对 2 号机已检查出的减薄盘香管进行更换，盘香管与联箱连接部分更换为合金钢管来提高耐流动加速腐蚀性能。

于 2003 年 10 月对 2 号机进行给水加氧处理，高压加热器盘香管内表面形成均匀、致密的氧化膜，给水含铁量大幅度降低。

3. 其他类似案例

（1）概述。某厂 4 号机 1996 年投运，2007 年 3 月大修后更换高压加热器，于 2007 年 5 月 15 日投运，2008 年 9 月 10 日 3 号高压加热器因泄漏严重退出运行。检查发现：

1）高压加热器进水侧水室内壁和管板之间有两处焊缝裂开，左侧一处裂缝宽约 7mm，长约 20mm，水室右侧裂缝宽约 8mm，长约 30mm，如图 4-73 和图 7-74 所示。

2）防冲刷套管之间焊块表面呈黑色，左上角有很明显的冲刷痕迹，焊块与管板之间有缝隙。

图 4-73　某机组高压加热器进水侧水室内壁　　　图 4-74　高压加热器水室内壁和管板间焊缝开裂

3）管板表面呈黑色，管板左上方有大量腐蚀坑，直径为 3～8mm、深为 0.5～2mm。

4）进出水室之间的挡板上的螺栓损坏严重，螺母缺失比较多，多数螺杆被磨细，有的甚至变成了针状；进出水室之间的挡板冲刷痕迹明显，进水侧中间挡板上有明显的沟槽存在，但方向性不十分明显，出水侧中间挡板有明显的水流冲刷痕迹，水流方向明显。

（2）原因分析：

1）给水处理方式为加氨调节 pH 值 8.8～9.3，加联氨辅助除氧，凝汽器为黄铜管。

2）3、2、1 号高压加热器管内常温下流速设计值分别为 2.17m/s、2.06m/s、1.93m/s，而根据加热器导则规定管内最大允许流速为 2.4m/s，实际运行中 3 号高压加热器的管内流速已经超过了最大允许管内流速，运行中加热器水侧进口端由于给水从水室转入加热管，水流截面骤然缩小，管口处会形成局部流速大于 4m/s 的束流和涡流。

十一、　某超超临界锅炉水冷壁节流孔板入口严重堵塞

1. 概述

某电厂先后投产 4 台百万千瓦超超临界机组，锅炉采用变压垂直管圈直流锅炉。水冷壁采用改进型膜式壁、内螺纹垂直上升形式，在上下炉膛之间加装水冷壁中间混合集箱，以减少水冷壁各墙宽的工质吸热与管子壁温的偏差。同时在入口联箱上部接管装焊不同内径的 292 个节流孔板，根据热负荷分配，调节各管组的流量，使之与管子的吸热量相匹配，然后通过三叉管过渡与炉膛水冷壁相接。

2. 堵塞情况

2 号机组于 2006 年底投产发电，至 2008 年 10 月份 2 号炉水冷壁先后多次发生管壁超温甚至过热、爆管。检查发现在水冷壁节流孔板入口处存在不同程度的结垢现象，严重部位通流面积堵塞超过一半以上，造成管内工质流通不畅。

水冷壁节流孔板进水方向结垢情况如图 4-75 所示，出水方向结垢情况如图 4-76 所示。

2 号炉水冷壁爆口显现短时过热形貌，相邻 4 根管均存在不同程度超温变形，割除节流孔管段检查发现节流孔板处存在异物聚集结垢现象。物相分析发现结垢物与金属基体有一定的结合牢固度，属疏松、脆性、顺磁性物质，主要成分为磁性氧化铁，同时含有少量的 Si 和 Ca。

沉积规律为两侧墙严重于前后墙，热负荷较小区域严重于热负荷较大区域，节流孔径小的沉积严重于孔径大的沉积，左、右侧墙下集箱内存在较多量的磁性氧化铁粉末堆积。首次检查发现沉积存在后，堵塞面积扩展速度较快，节流孔处的沉积物在进水侧呈现菜花状，而出口方向则成流体冲刷状。

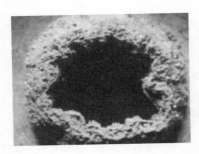

图 4-75　水冷壁节流孔板进水方向结垢情况

图 4-76　水冷壁节流孔板出水方向结垢情况

3. 原因分析

（1）4 台机给水均采用 AVT（R）处理方式，pH 值在 9.3～9.6。炉前系统金属表面生成多孔且溶解度较高的磁性铁氧化膜。从凝结水精除盐装置出口到给水泵入口，系统处于磁性铁稳定区，给水中的铁离子含量较小。从给水泵出口到省煤器入口，系统处于磁性铁溶解区，磁性铁溶解度先扬后抑，但给水中铁离子含量会显著增加。在省煤器中，系统处于磁性铁沉积区，铁离子可能发生大规模缔合沉积。在水冷壁中过剩的铁离子主要集中沉积在节流孔及其周围。

（2）在水冷壁节流孔板处水温超过 300℃，压力接近 30MPa，超临界水中铁离子的溶解度随着压力的升高而增大，随着温度的升高而降低。由于节流孔板的作用，压力突然降低，特别是侧墙区域节流孔径更小，压降突然增大，由于紊流和磁性等作用，在节流孔板上聚集、长大。

4. 处理措施

（1）给水处理采用 OT 方式，加强运行中汽水系统铁离子监测，确保省煤器入口给水中的铁离子含量显著降低，与主蒸汽中的铁离子含量基本接近。

（2）锅炉停炉采用带压放水，启动时通过水冷壁前、后分配联箱适当排污。

5. 其他类似案例

某厂 1000MW 超超临界燃煤机组配置哈尔滨锅炉厂有限责任公司 Ⅱ 型锅炉，其炉膛水冷壁下部和上部均采用垂直管屏，在水冷壁入口安装有不同孔径的节流孔板，以调节水流量使其与吸热量相适应，侧墙节流孔孔径为 7.5～10.0mm，平均孔径为 9.0mm；前后墙节流孔孔径为 7.0～14.0mm，平均孔径为 11.0mm。下部水冷壁管采用外径为 28.6mm、壁厚为 5.8mm 的内螺纹管，共约 2100 根，采用二次 Y 型管过渡，4 根水冷壁管共用 1 个节流孔板，大约需要安装 525 个节流孔板。炉膛上下部水冷壁均采用带有二级混合器的中间集箱过渡。

1、2 号机组分别于 2007 年 12 月、2008 年 3 月投产，投产后机组给水采用 AVT（O）氧化性全挥发处理工况。自投产以来，2 号炉多次出现水冷壁管超温现象。2008 年 10 月 2 号炉右侧水冷壁第 332 号管超温至 583.6℃，经反复调整无效后停炉。检查发现有黑色沉积物，占节流孔通径的 1/2 以上。采集水冷壁节流孔板上的沉积物，用 10 倍放大镜观察，发现沉积物内夹杂金属加工铁屑，沉积物元素分析显示主要成分为磁性氧化铁，含量达 95.6%。该锅炉于同年 11 月 28 日再次发生爆管，将所有的两侧墙全部割开，发现均存在不同程度的结垢现象，其中有 18 根管结垢比较严重，前、后墙局部有轻微结垢，两侧墙联箱中有较多氧化皮，而前、后墙联箱中较少。随后进行扩大检查，发现左右侧墙靠后水冷壁凡有超温现象的，其节流孔板上均存在或多或少的沉积物，对前后墙水冷壁管节流孔板进行割管检查发现沉积物较少。同年1号机组小修，割管检查所得结果与2号炉相似。此类型失效事故大部分都发生在两侧墙水冷壁上，两侧墙水冷壁入口节流孔板上的磁性氧化铁沉积物明显多于前后墙水冷壁。

该厂于2008年底最初采取物理方法去除节流孔板上的沉积物，需要在停机期间将500多个节流孔板全部割开，用机械手段逐个清理，这种方法既费时又费事。后采用常温浸泡一步化学清洗法清除节流孔板磁性氧化铁沉积物。2009年7月进行OT试验后锅炉水冷壁各壁温测点从未出现温度异常升高现象，水冷壁未发生过一次过热爆漏事故。2009年10月利用机组大修机会对节流孔板进行了割管检查，结果发现节流孔板很清洁，且周围表面呈现均匀致密的浅锈红色保护膜。

十二、 直接空冷机组空冷系统腐蚀

1. 概述

某发电公司2×600MW燃煤空冷发电机组分别于2007年6月和9月投产，锅炉型号为SG2093/17.5-M917，亚临界控制循环一次中间再热、单炉膛煤粉汽包炉。空冷机组汽轮机的排汽经伸缩节引出，经过排汽装置汇入总排汽管进入空冷凝汽器，并由蒸汽分配管箱经6根蒸汽管引入6列分凝器。为了平衡进入配汽管道蒸汽的压力，水平配汽管进行了两次变径，蒸汽在入口过渡管段、冷却管入口内外侧会发生较为强烈的扰动，流速发生较大变化。

2. 腐蚀状况

2号机投运初期给水采用还原性全挥发处理AVT（R），给水pH值为9.1～9.5，N_2H_4浓度为10～30g/L，炉水加磷酸盐处理。凝结水氢电导率在0.40～0.80μS/cm之间，凝结水铁含量在20～30μg/L之间，相比湿冷机组要大得多。大修检查发现空冷凝汽器内表面局部存在严重腐蚀，机组排汽装置内部迎汽侧部件及导流板有明显成片的冲刷腐蚀（见图4-77和图4-78），金属表面膜受到破坏，金属晶粒裸露，呈现银灰色金属基体。水平蒸汽分配管内表面大部分呈均匀铁锈红色，局部有较明显的冲刷腐蚀痕迹，裸露出银灰色金属基体，主要部位包括分配管入口导流板、换热鳍片管端口以及分配管封头、支撑管外壁等。从蒸汽入口处至母管末端，在汽流发生扰动处腐蚀坑的面积明显增大。排汽管入口局部的腐蚀比较严重，表面存在大量腐蚀坑，排汽装置中加装的强磁除铁器表面吸附了大量腐蚀产物，热井底部也沉积了大量腐蚀产物。

空冷岛蒸汽分配总管如图4-79所示；排汽装置中部支撑柱迎汽面如图4-80所示。

3. 原因分析

在空冷凝汽器系统主要发生的是汽液两相流的FAC。空冷凝汽器系统由于运行水温较低，系统庞大，易漏入空气，金属氧化膜活性较高，其耐蚀性能受介质pH影响较大，蒸汽在冷凝过程中接触的碳钢表面积较湿冷机组大得多，pH降低会使凝结水铁含量明显升高，pH值越高，凝结水铁含量越低。挥发性氨在汽/液两相的分配差异较大，导致含氨混合蒸汽在凝结过程中，初凝水的氨含量远远小于给水的氨含量。一旦水汽中含有微量腐蚀性离子，就会在初凝水中高度浓缩，造成初凝水的pH值接近中性值甚至呈弱酸

图 4-77 某空冷机组排汽装置内部迎汽侧

图 4-78 空冷岛内部导流板

图 4-79 空冷岛蒸汽分配总管

图 4-80 排汽装置中部支撑柱迎汽面

性。早期凝结水氨含量不足会导致空冷系统入口部位腐蚀最严重，液膜中铁离子浓度较高。水平配汽管内湿蒸汽由于冷凝作用，在紧贴金属的表面形成了一层稳定的液膜，该层液膜受冲击被破坏，失去了对金属氧化膜的屏蔽作用，使金属表面疏松的氧化膜加速溶解和剥离，形成流动加速腐蚀。

4. 解决对策

（1）提高水汽系统蒸汽早期凝结水 pH 值至 9.6～9.8，能够明显降低空冷系统的腐蚀，凝结水含铁量基本都能控制在 $10\mu g/L$，甚至 $5\mu g/L$ 以下。但为了兼顾水汽 pH 值和精处理运行周期，多数电厂的给水 pH 值又不能控制太高。

（2）定期检查空冷凝汽器各列冷凝器、分凝器和 A 型冷却管，评估腐蚀情况。

（3）开展采用吗啉、乙醇胺等有机胺类碱化剂试验，可有效提高空冷凝汽器金属表面液膜的 pH 值，但需评估其对后续精除盐系统以及热力系统的影响。

（4）在机组设计时应考虑改变设备的结构以尽量避免流动状况的突变，采用含铬的材料或采取材料表面局部硬化处理的方法，提高机组抗流动加速腐蚀的能力。

5. 其他类似案例

某第二发电公司 5、6 机为 660MW 超临界直接空冷机组，于 2008 年底相继投入运行。给水采用给水加氨的 AVT（O）处理方式，5 号机凝结水铁含量较高，在 20～$30\mu g/L$ 之间。空冷凝汽器存在明显的腐蚀，尤其是换热管入口处以及排气管至换热管入口处，管口一些地方已经漏出亮白色的金属基体。

十三、　国外某核电站汽水分离再热器排气管弯头腐蚀穿孔

1. 腐蚀情况

2015 年 5 月 9 日美国 Davis-Besse 核电站 1 号机运行期间发现汽水分离再热器附近区域有大量蒸汽泄漏，主控操作员启动快速降负荷，在反应堆功率降至 30% 时实施手动停堆，同时启动蒸汽给水破口控制系统来隔离蒸汽泄漏管段。后经检查发现第二级再热器排气管道节流孔板下游约 260mm 处的 90°弯头发生破裂（见图 4-81），破裂位置长约为 76.2mm，宽为 63.5mm。该管线材料为碳钢，正常工作温度为 276℃，压力为 6MPa，管内介质为饱和蒸汽。

2. 原因分析

（1）在该电站采用的 FAC 预测软件 CHEC-WORKS™的初始数据库开发时，项目工程师将该破裂弯头上游节流孔板 RO4971 的尺寸输入错误，导致预测软件未能正确预测出该处管道的减薄率，造成该处敏感管段检查延迟。

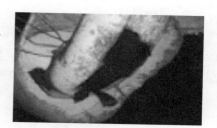

图 4-81　再热器排气管道
弯头腐蚀穿孔

（2）在机组实际运行中，缺乏有效的监督和管理机制来确保电厂已经按照 NSAC-202L《有效流动加速腐蚀大纲的建议技术导则》对相关部件和管段进行检查。

（3）2006 年该机组第一级再热器排气管破裂事件发生后，没有制定有效的纠正措施来验证 FAC 模型中其他输入数据的正确性，最终使得针对 2006 事件制定的纠正措施失效。

3. 改进措施

（1）更换已经发生破裂的弯头，并对 2 号机相同位置节流孔板后的弯头进行检查，结果显示 90°弯头处的壁厚已经低于最小壁厚要求，同样需要进行更换。

（2）查看设计图纸、供应商手册，对预测软件中输入的所有数据进行核实与验证，并区分输入数据是否为关键性数据，对数据间的差异进行标记，确保数据输入值和现场情况一致。

（3）对 NSAC 建议检查且已经完成的部件进行历史检查结果评估，对 NSAC 中有检查建议但未实施的管线进行评估，如果评估认定为对 FAC 敏感的管线，纳入下一次检查计划。

十四、　某核电站汽水分离再热器腐蚀

1. 概述

汽水分离再热器（MSR）是压水堆核电站二回路主要设备之一，被水平放置于运转层上，在低压缸两侧各设置一台。其主要功能是将二回路在高压缸做完功后的水从饱和蒸汽中分离出去，除去约 98% 的水分并提高蒸汽在进入低压缸之前的温度。其工作温度为 169.6℃，外壳承压为 0.78MPa。从高压缸排出需要去湿和再热的湿蒸汽，通过左右各两根与两台 MSR 筒体下部管接头直接相连的冷再热蒸汽管进入汽水分离再热器。蒸汽进入 MSR

壳体后分别流入两根进汽分配管，这些被割有槽口的流量分配管引导蒸汽以均匀的速度分布流入汽水分离再热器的流量分配板和分离器波纹板元件。在分离约 98％ 的水分后，蒸汽流再经过一级再热器和二级再热器加热变成过热蒸汽。过热蒸汽向上流动从蒸汽出口管排出，第一级再热器的加热蒸汽是由高压缸的第一级抽汽供给的，第二级再热器的加热蒸汽为取自主蒸汽母管的新蒸汽。分离器和两极再热器的疏水排入各自的疏水箱中。MRS 壳体为用 SA-516 70 碳钢板制作的全焊接结构，MSR 的半球形封头、支撑板材质分别为 SA-516 70 碳钢板和 SA-285 C 碳钢板，内部防冲板、保护罩及流量分配孔板材质为 304 不锈钢，分离板为 430 不锈钢。再热器设置在 MSR 壳体内，由水平布置的传热管束、管板和蒸汽室等组成，再热器管束、管板材质分别为 TP439 不锈钢管和 SA-350 LF2 碳钢锻件。

2. 腐蚀情况

国内某核电站多次大修进行 MSR 内部腐蚀检查均发现内部部分部件，如进汽腔室、流量分配管及其上部腔室、分离器腔室及再热器水室等表面存在流动加速腐蚀形貌，多呈虎斑状，部分腐蚀处表面密布马蹄形浅坑，浅坑直径为 3～5mm，如图 4-82 所示。

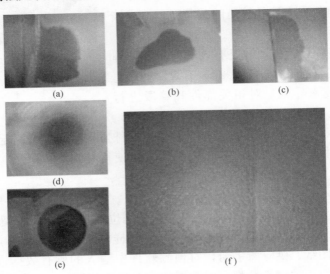

图 4-82　汽水分离再热器内部腐蚀检查

3. 原因分析

（1）汽水分离再热器内部发生 FAC 的部位为进汽腔室内壁、分离器底板、流量分配管及其上部腔室、再热器水室内壁，这些部位由 SA-516-70 碳钢板或 SA-285-C 碳钢板制成，均不含 Cr 元素，易发生流动加速腐蚀。

（2）MSR 进汽为汽轮机高压缸的排汽，湿度为 12.64％。内部结构复杂，易产生湍流。

（3）设备内部正常运行温度处于 180～280℃。

（4）二回路中为了降低蒸汽发生器给水溶解氧至合格值而加入了浓度为 1％ 的联氨溶液。

4. 预防措施

（1）采用含 Cr＞1％ 的材料作为汽水分离再热器壳体的主要材料。

（2）优化汽水分离再热器的内部结构，尽量避免或减小湍流发生。

（3）在变径管、三通、阀门、孔板、设备管口及其下游管道等部位表面堆焊一层高Cr含量的涂层或者更换成不锈钢等更高级材料。

（4）提高水侧的pH值。

（5）可在上游安装一个前置汽水分离器，以减少进汽中的水含量。

（6）制定专门的监测及检修计划，对FAC敏感部位定期进行厚度检测。

5. 其他类似案例

某核电站320MW机组经过长期运行后，对1号汽水分离再热器进行超声波壁厚测量时，发现MSR设备进汽侧筒体与封头焊缝与筒体和断板焊缝之间的区域出现了腐蚀减薄现象（见图4-83）。减薄区长度约为2.8m，占壳体全周长的1/4；壳体壁厚最大减薄值达11mm，占设计壁厚38mm的29%。蒸汽在经过封头与筒体焊缝、筒体和断板焊缝之间区域时会产生离心力，蒸汽中夹带的液滴在离心力的作用下，甩向内部管道进口处筒体的壁面。从筒体结构、运行环境和材料、腐蚀处形貌等不同角度分析，MSR筒体减薄区域完全满足FAC的发生条件。

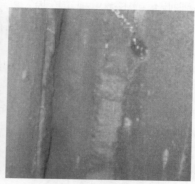

图4-83 汽水分离再热器筒体与封头焊缝腐蚀减薄

十五、 某核电站弯管流动加速腐蚀失效

该弯管位于给水系统的低压加热器和高压加热器之间，除氧器之后，属于给水泵出口止回阀的旁路管道，弯管下游为1个旁路阀。一般情况下，旁路阀是闭合的，当给水泵单向阀出现故障或进行检修时才打开旁路阀，给水通过旁路阀进入高压加热器。

将管道样品沿轴向和周向锯开后发现：表面附着一层黑色或暗红色的氧化膜，其中1号弯管严重减薄，内壁黑色发亮，有尖锐的冲刷痕迹；2号弯管内表面呈暗红色鱼鳞状，轻微减薄；3号节流孔板在距离焊缝10mm处出现椭圆形腐蚀穿孔（3×1mm），穿孔附近壁厚减薄明显，表面粗糙，呈漩涡状冲刷痕迹。

对管道样品原始内壁的氧化膜进行X射线衍射分析：1号弯管内壁黑色氧化膜衍射峰中Fe_3O_4特征峰很低，说明该弯管表面氧化膜非常薄；2号弯管内壁检测到了中等强度的Fe_3O_4特征峰，说明该弯管表面氧化膜相对较厚；3号节流孔板内壁检测出了较弱的Fe_3O_4特征峰，说明其表面氧化膜较薄。

十六、 核电站低温环境下的流动加速腐蚀

流动加速腐蚀通常情况下发生在 90～230℃之间，但在更低的温度下也会出现流动加速腐蚀，虽然不普遍，但是低温（低于 90℃）情况下的管道壁面材料损耗现象也可能导致机组停机。由于在 2005 年 Mihama 电站的 3 号机发生了灾难性的事故，日本开始对核电站进行大量的检测。在检测期间，他们发现在化学精处理器出口下游和胺注入位置之前那段管子出现了 FAC 破坏，这些区域现被定为强制检查范围。

（1）美国德州 South Texas 核电站有两台压水堆机组，1、2 号机分别于 1988 年和 1989 年开始商业运行。2004 年发现凝结水精处理的下游管线出现损耗（见图 4-84）。两台机组都发现在相同的位置出现破损，通过超声波技术量壁厚可以估算出材料的损失大约为 3mm，即最大的年平均磨损量大约是 0.3mm/a。通过失效分析发现该 FAC 是由于低氧中性水环境造成的。

（2）美国亚利桑那州 Palo Verde 核电站有三台压水堆机组，1 号机组和 2 号机组于 1986 年开始商业运行，3 号机组于 1988 年开始商业运行。2003 年 1 号机组在凝结水化学精处理器的树脂收集器下游出现了磨损，2 号机组也在相似的位置出现磨损，这些磨损都是沿垂直线发生的，相似的线性磨损也出现在树脂收集器的侧面。后来 3 台机组的收集器都使用不锈钢材料进行了替换。

（3）Nine MilePoint 核电站有两台沸水堆机组，1 号机组于 1969 年开始商业运行，2 号机组于 1988 年开始商业运行。2002 年 1 号机的反应堆厂房的闭式冷却水系统上出现了 3 个泄漏点，这些泄漏点都出现在有螺纹配合的小截面管子上，如图 4-85 所示。

图 4-84　某核电站凝结水精处理
下游管线腐蚀减薄

图 4-85　某核电站闭式冷却水管线腐蚀泄漏

第五章　炉水介质浓缩腐蚀

炉水介质浓缩腐蚀是指锅炉运行过程中炉管内的炉水局部浓缩而发生的腐蚀，属于局部腐蚀；这种腐蚀主要发生在锅炉的水冷壁管区域，当炉水中的杂质离子产生局部浓缩时才有可能发生，这是该腐蚀产生的必要条件。

英国、美国等国称之为锅炉的载荷腐蚀，以表示其仅在带负荷的条件下才产生的杂质离子的浓缩，进而为腐蚀创造条件，俄罗斯学者则根据其腐蚀部位沉积的氧化铁垢的特征，将其命名为炉管氧化铁垢腐蚀。我国曾采用过炉管氧化铁垢腐蚀和运行腐蚀的名称，现在称之为介质浓缩腐蚀。针对其腐蚀机理和条件，各国学者进行了大量的试验研究，取得了一定的成果，但认识上依然存在差异。

第一节　介质浓缩腐蚀的发生部位及特征

一、发生部位

介质浓缩腐蚀主要发生在水冷壁管有局部浓缩的部位，包括水流紊乱易于停滞沉积的区域（如弯管、焊缝或附着沉积物处），易于汽水分层的管段，靠近燃烧器的高负荷区域。过热器、再热器、非沸腾式省煤器基本不会发生介质浓缩腐蚀。

二、腐蚀特征

炉管发生介质浓缩腐蚀时，被腐蚀的金属表面往往覆盖有沉积物。其沉积物的成分主要与给水水质有关，当给水中钙镁离子含量较高时，易形成钙镁水垢。当给水含硅量超标时，则形成致密不易去除的硅酸盐垢。近年来随着高参数、大容量机组的相继投产，疏松的 Fe_3O_4 垢则成为主要成分，这也进一步增大了介质浓缩腐蚀的可能性。

锅炉遭受介质浓缩腐蚀后，呈现两种不同的形式。一种是延性损坏，另一种是脆性损坏。

（1）延性损坏。其特点是被腐蚀的炉管减薄，但各部位减薄的程度不一样，表面呈现出凹凸不平的状态。当管壁厚度减薄至不足以承受锅炉水冷壁管内的水压时，将在内应力作用下产生破裂。在腐蚀过程中，被损坏炉管的力学性能没有变化，金相组织正常。

（2）脆性损坏。其特点是被腐蚀的炉管表面有腐蚀坑，炉管厚度减薄，但管壁厚度还没有减薄到极限厚度之前，炉管就发生破裂。在腐蚀过程中管材的力学性能变脆，金相组织发生变化，有明显脱碳现象，并伴有晶间裂纹。这是由于腐蚀过程中产生的氢受到垢层的阻挡作用，无法被水汽带走而渗入炉管内部，与钢材中的碳元素反应，造成金属基体的脱碳和氢脆。

一般来说，当介质局部浓缩产生浓碱时，容易出现延性损坏；当介质局部浓缩产生酸时，易出现脆性损坏。但是，当介质局部浓缩产生碱的浓度过高时，也可能产生脆性损坏。

第二节　介质浓缩腐蚀的机理和发生过程

应用能谱分析、扫描电镜及 X 射线衍射分析等测试技术，通过对机组正常运行时锅炉金属内表面形成氧化膜的成分和结构分析表明：金属表面为双层保护膜，内层为连续、致密的保护层，外部为疏松、多孔、附着性较差的 Fe_3O_4 外延层。疏松的 Fe_3O_4 外延层在高温水中溶解度较高、不耐水流冲击、附着力差，当水质变差时金属腐蚀产物不断在热负荷高的区域沉积，为介质浓缩创造了有利的条件。

当炉水中引入了碱性物质或者酸性酸性物质时，炉水的 pH 值会发生异常，在沉积物下形成局部浓缩的酸性或者碱性环境，并在炉管垢下产生了局部浓缩形成浓碱或浓酸，此时 Fe_3O_4 保护膜将会被破坏，使腐蚀速率明显上升，导致保护膜溶解的反应如下：

$$当 pH < 7 时，Fe_3O_4 + 8HCl \longrightarrow FeCl_2 + 2FeCl_3 + 4H_2O \tag{5-1}$$

$$当 pH > 12 时，Fe_3O_4 + 4NaOH \longrightarrow 2NaFeO_2 + Na_2FeO_2 + 2H_2O \tag{5-2}$$

国内电站锅炉近年来发生的 pH 值异常升高的案例，其成因主要有以下两种：

（1）脱硝系统尿素串入机组水汽系统，尿素分解生成的 NH_3 致使给水、炉水等水样 pH 值大幅度异常。

（2）机组供热期间热网加热器泄漏，由于热网加热器补水为反渗透产水，并通过加入氢氧化钠保证其 pH 值，加热器管泄漏后热网水中的游离碱进入机组水汽系统，进而导致炉水 pH 值异常偏高。

炉水 pH 值异常偏低的主要成因有凝汽器漏入冷却水、精处理树脂漏入热力系统、精处理再生酸残液漏入系统等。

冷却水中的碳酸盐或酸性氯化物等进入凝结水，并随给水进入锅炉，在高温下将发生下列化学反应，生成游离的 NaOH 或酸：

$$2HCO_3^- \longrightarrow CO_2 \uparrow + H_2O + CO_3^{2-} \tag{5-3}$$

$$CO_3^{2-} + H_2O \longrightarrow CO_2 \uparrow + 2OH^- \tag{5-4}$$

$$MgCl_2 + 2H_2O \longrightarrow Mg(OH)_2 \downarrow + 2HCl \tag{5-5}$$

$$CaCl_2 + 2H_2O \longrightarrow Ca(OH)_2 \downarrow + 2HCl \tag{5-6}$$

其对炉水 pH 值主要受循环水中钙镁离子含量、碳酸盐碱度、氯离子含量等因素的影响。

当炉水 pH 值异常偏高或者偏低时，炉水中的杂质离子通过沉积物和腐蚀产物的空隙渗入其中。由于垢层的阻碍，浓炉水与稀炉水之间的对流受限，炉管内表面大量的附着物造成水冷壁管温度升高，沉积物层中的炉水发生蒸发浓缩现象，此时附着物表层处杂质离子的浓度为炉水的实测浓度，而贴近受热面管壁内层则为接近饱和溶解度的炉水浓缩液。试验结果表明，局部浓缩可使炉水中游离 NaOH 或酸浓度大幅提高，从而使其 pH 值发生较大的变化。随着浓缩倍率的升高，沉积层中富集的 Cl^- 不仅导致钝化膜的击穿电位降低，腐蚀速度加快，而且还干扰钢基体表面 Fe_3O_4 的正常成膜。

第三节　介质浓缩腐蚀的影响因素

锅炉介质浓缩腐蚀的影响因素较多，同时这些因素在锅炉运行中不断发生变化，所以情况比较复杂。

一、锅内水处理方式

20世纪30年代锅内主要采用 NaOH 和 Na_3PO_4 处理，炉水 NaOH 的含量常常高达每升数百毫克，pH 值13以上，造成锅炉碱腐蚀和碱脆，当时普遍认为介质浓缩腐蚀是由于炉水浓缩产生浓碱造成的。为了防止碱的腐蚀，大幅度降低了炉水中磷酸盐浓度，如低压锅炉炉水磷酸盐浓度不超过 30mg/L，中、高压锅炉不超过 10mg/L，同时，推出了协调 pH 磷酸盐处理等工艺，另外采取了锅炉补给水使用二级除盐水、亚临界锅炉炉水采用低磷酸盐处理（炉水磷酸盐浓度不超过 3mg/L）及给水全挥发性处理等降低炉水碱度的措施。锅内处理方式改变以后，水冷壁管仍遭受的腐蚀，基本属于酸的腐蚀。所以，锅内处理方式不同，水冷壁管的腐蚀形式也不一样。一般来说，当炉水采用磷酸盐处理时，炉水 pH 值高时主要产生碱腐蚀。如果采用低碱度处理或挥发性处理时则易产生酸腐蚀，如美国在 1955—1970 年，锅炉介质浓缩腐蚀的形式发生了变化，由以延性损坏为主逐渐变为以脆性损坏为主，其原因是锅内水处理的方式发生了变化，即由磷酸盐处理逐步转为协调 pH 磷酸盐处理，炉水 pH 值由高变低了。当然，一些高参数机组采用协调 pH 磷酸盐处理时，也可能有游离碱出现，从而引起碱腐蚀。

二、炉管表面状态

炉管内壁的大量附着物会导致水冷壁管传热效率下降，壁温升高，沉积物越多，管壁温度越高，则炉水浓缩越大，腐蚀越严重。若机组停备用防锈蚀效果较差，在机组启动时炉前系统的腐蚀产物会大量进入锅炉水冷壁，并最终沉积在炉管内表面，这将加速金属氧化物的沉积。如果炉管表面清洁，则不容易造成金属氧化物沉积，介质浓缩腐蚀程度就轻。在沉积物下，介质流通受阻，杂质离子浓度高的地方会越来越高，从而导致垢下介质浓缩。炉管结垢导致管壁的传热系数变小，热负荷不能很好地传递到介质中，局部高温也加剧了杂质离子浓缩的速率。因此，炉管内表面的状态和介质浓缩腐蚀有着十分紧密的联系。国内外的电站介质浓缩腐蚀的案例也表明其发生的部位多形成皿状腐蚀坑，坑周围有附着性强且较硬的层状结构的腐蚀产物。

三、给水水质

在给水的化学成分中，对腐蚀影响比较明显的是铁、铜、氯化物、pH 值、溶解氧等。当给水中的铜、铁含量较高时，说明进入锅炉的腐蚀产物较多，在受热面上的沉积物也随之增多，进而造成腐蚀加剧。

凝汽器泄漏是导致给水中氯离子含量超标的主要原因之一，循环水冷却水中的 Cl^- 含量普遍偏高。当循环水冷却水漏入至凝结水中时，其中的钙镁化合物会在沉积物下水解后形成氢氧化钙、氢氧化镁沉积附着在内壁上，此时沉积物下积累的高浓度 H^+ 会促使浓缩液 pH 值大幅下降，加剧腐蚀进程，因此凝汽器泄漏量越大，介质浓缩腐蚀就会越严重。据有关统计有 30% 的腐蚀损坏是由于凝汽器泄漏引起的。

国内电站多采用氢氧化钠和盐酸作为阴阳树脂的再生剂，当锅炉补给水除盐设备或者凝结水精处理系统再生管理不严，可能导致酸或碱漏过除盐设备而污染给水，也会促进介质浓缩腐蚀的发生。

四、 锅炉热负荷

一般炉管热负荷越高，结垢腐蚀越严重。如水冷壁管的向火侧比背火侧热负荷高，介质浓缩腐蚀都集中在向火侧。又如锅炉正常燃烧时，喷燃器附近水冷壁管的热负荷最高，这些区域的介质浓缩腐蚀也最严重。而炉膛四角和冷灰斗区热负荷低，腐蚀就轻一些。根据运行经验可以得出：随着热负荷的增加，介质浓缩腐蚀会加剧。自 20 世纪 60 年代初期以来，在总结了国内电站锅炉运行情况后发现：存在超负荷运行锅炉的炉管热负荷过高，其管壁的腐蚀情况也明显加重。这是因为热负荷增加，锅炉内腐蚀产物的沉积加快，炉水局部浓缩加速而腐蚀加剧。因此，在电站锅炉的实际运行过程中，一是要严格把握锅炉的燃烧情况，监视各壁温测点，避免燃烧中心偏离；二是要加强炉水化学的管控能力，降低汽水系统杂质离子浓度水平，减少沉积物。

国内外电站的爆管案例也表明爆口多发生在水冷壁管的向火侧，向火侧垢量普遍偏高，在酸洗去除沉积物后，会发现向火侧的管壁存在着带状、或深或浅的腐蚀坑，而背火侧几乎没有明显的腐蚀迹象。

五、 锅炉运行方式

锅炉满负荷运行时可能腐蚀不太严重，当转入调峰运行时锅炉腐蚀会加速。这是因为经常启停及低负荷运行时，水质条件变差，给水溶解氧、铜、铁含量将增加，这些都促进了腐蚀。此外，锅炉在超负荷运行，或者突然变负荷运行，炉管金属温度升高，炉管内部水的蒸发状态发生变化，由核态蒸发逐渐转变为膜态蒸发。水冷壁在受热时，靠近管内壁处的工质首先开始蒸发产生大量小气泡，正常情况下这些气泡应及时被带走，位于水冷壁管中心的水不断补充过来冷却管壁，此时属于核态蒸发；但若水冷壁管外热负荷很高，管内壁产生气泡的速度远大于气泡被带走的速度，气泡就会在管内壁聚集起来，使管壁得不到及时冷却，此时为膜态蒸发。

六、 水循环状况

水流速度的大小直接影响锅炉介质浓缩腐蚀，流速过小时可能在管内产生汽塞，或者加速沉积物的沉积，使腐蚀增加。俄罗斯学者研究认为当水循环速度小于 0.3m/s 时，受热面铁的氧化物沉积速度加大，腐蚀增加。当水循环速度大于 0.3m/s 时，铁的氧化物沉积速度和水循环速度没有明显的关系，水循环速度对腐蚀影响不大。同时，如果水流产生涡流，则有利于铁的氧化物沉积，从而加速腐蚀。

当水汽传质过程发生障碍时，汽水会分层，产生膜态沸腾。管内水膜汽化时，水中盐类因蒸发浓缩而产生水垢，管子内侧传热阻力增大，使壁温进一步升高到"浓缩膜"条件，这时即使没有沉积物也会导致炉水浓缩。这种情况一般发生在介质不能正常流动和倾斜或水平的管道上。当水循环不良时，水平管和倾斜度比较小的炉管容易产生汽水分层，在水平管的上半部和倾斜管的顶部，炉水浓缩的原因是由于这些部位被炉水间断湿润，或者炉水溅到上面产生浓缩。同时，汽水分层时，在蒸汽和炉水的分界面，因炉水的蒸发，也会出现局部浓缩。

七、锅炉结构

炉管的布置方式、焊口的布置会影响腐蚀速度。如水平管或倾斜度很小的炉管，容易产生水循环速度过低的现象而出现腐蚀。水冷壁管的焊口布置在高热负荷区，焊口附近铁的氧化物容易沉积，促进腐蚀。如果焊口远离高热负荷区，焊口附近的腐蚀就轻。此外，焊口如果出现凸环，炉水经过焊口循环时，会破坏水的正常流动，产生涡流，加速腐蚀。管子如果有急转弯的情况，也将促进氧化物沉积，加速腐蚀。

第四节　介质浓缩腐蚀的防止方法

防止介质浓缩腐蚀的根本途径在于消除产生腐蚀的条件，即消除游离酸碱的产生和炉管产生局部浓缩的条件，主要有以下几种预防方法：

（1）保证锅炉受热面内部良好的状态，保持内表面清洁以及促使形成良好的钝化膜，加强热力系统在制造、安装、启动、停用阶段的防锈蚀工作，此外水冷壁垢量达到化学清洗导则的要求时应及时进行化学清洗，消除浓缩产生的条件。

（2）提高给水品质，减少炉前系统腐蚀产物的后移。防止炉前系统氧腐蚀、凝汽器泄漏、疏水不达标回收等现象的发生，加强生产回水除铁处理以及精处理除盐工作。

（3）采用合理的锅炉设计和安装方案。炉管焊接时焊口处内壁不应凹凸不平，焊口位置应远离高负荷区，炉管设计不应有急转弯的管段，凝汽器及低压管道应尽量保证是无铜系统。

（4）采用合理的炉内水工况控制方案。根据机组压力等级、材质、炉型、精处理配置、水质等，对水工况控制方案进行优化。

第五节　典　型　案　例

一、某600MW亚临界机组水冷壁爆管

1. 机组概况/事件经过

某电厂2号炉是哈尔滨锅炉厂有限责任公司制造的亚临界强制循环汽包炉，型号为HG-2070/17.5-HM8，锅炉设计压力为19.95MPa，过热蒸汽最大连续蒸发量为2070t/h，于2006年8月投入商业运行。为降低夏季机组运行背压及供电煤耗，2016年9月该机组进行了低低温省煤器及空冷岛增容改造。2017年5月25日机组"四管"泄漏监测装置报警，停机后现场检查发现4处泄漏点，分别为2号角A9吹灰器附近的3根光管水冷壁（观火孔上方的相邻3根弯管），另一处泄漏点位于3号角从后往前数第6根水冷壁管，位置标高约为24m，水冷壁管采用内螺纹膜式管。4根泄漏水冷壁管材质均为SA-210 A-

1，规格为 $\phi51\times5.6$mm。至爆管该锅炉已累计运行约 5.96 万 h。

2. 检查与测试

（1）爆口宏观形貌检查。

4 根水冷壁管爆管均发生在向火侧，2 号角相邻 3 根爆管的宏观形貌如图 5-1 所示，中部较大爆口应为首爆口，爆口纵向长约为 120mm、环向宽约为 40mm，呈不规则"窗口"状，爆口上部有一条长约为 20mm 的纵向裂纹，爆口断面粗糙无明显塑性变形，管径无明显涨粗、减薄现象，属于明显脆性断裂特征。附近的两个泄漏点爆口较小，呈不规则椭圆状，爆口长径分别为 10mm、3mm，外壁有明显的汽水冲刷痕迹且壁厚明显减薄，应为相邻管爆管后喷出的高温高压水蒸气吹损所致，因此后续仅对 2 号角首爆管及 3 号角爆口进行相关检验。3 号角爆口宏观形貌如图 5-2 所示，水冷壁管沿向火侧中部纵向开裂，与水冷壁管向火侧外壁中部一直线压痕重合，开裂长度约为 60mm，破口为粗糙的脆性断口。

图 5-1　2 号角水冷壁泄漏处形貌

图 5-2　3 号角水冷壁泄漏处形貌

（2）垢层形貌检查。

2、3 号角水冷壁爆管管段内壁形貌分别如图 5-3 和图 5-4 所示，首爆管向火侧内表面粗糙不平，局部区域有明显的沟槽状酸性介质腐蚀痕迹并覆盖约 4mm 厚的黑色硬质垢层，3 号角爆管向火侧内表面均有红褐色、硬质腐蚀产物附着，最厚处约为 4mm，腐蚀严重区域的水冷壁凸起内螺纹已消失。2 处爆口管段化学清洗后垢下均有明显的皿状腐蚀坑，直径为 2~3mm，坑深为 1~2mm。水冷壁背火侧内壁均无明显的腐蚀现象，表面附着的腐蚀产物量较少。

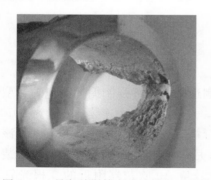

图 5-3　2 号角首爆管水冷壁管内壁形貌

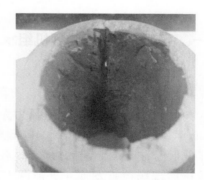

图 5-4　3 号角水冷壁管内壁形貌

（3）垢量及化学成分测试。

分别采用酸溶法和等离子发射光谱法对 3 号角水冷壁爆管管段内表面附着物进行垢量及化学成分分析，测定结果见表 5-1 和表 5-2。向火侧垢量高达 923.7g/m²，远高于电力行业标准对亚临界运行锅炉实施化学清洗的垢量要求（大于 250g/m²），附着的垢与腐蚀产物以铁的氧化物为主，占比约为 94.99%。

表 5-1　　　　　　　　　　　水冷壁管垢量测试结果

样品名称	实测值（g/m²）
3 号角 24m 水冷壁向火侧	923.7
3 号角 24m 水冷壁背火侧	128.9

表 5-2　　　　　　　　　　　垢样成分分析检测结果

成分	K₂O	Na₂O	CaO	MgO	Fe₂O₃	CuO	ZnO	SiO₂	P₂O₅
含量（%）	0.1	0.39	0.73	0.46	94.99	0.05	0	1.76	0.43

（4）金相组织检验。

对 2 号角水冷壁内壁爆口处、爆口附近及背火侧管段进行金相组织试验发现：图 5-5 爆口处金属基体组织主要为铁素体，仅有少部分区域有珠光体存在，铁素体晶粒之间存在大量的"黑色条带状"晶间微裂纹，有严重脱碳现象；图 5-6 所示为距离爆口处较远的金相组织，金属基体组织主要为铁素体＋块状珠光体，同样存在晶间微裂纹。对比两张图可以发现，远离水冷壁内壁的金相组织脱碳现象轻微，相应的珠光体数量较多，晶间微裂纹较少。而爆口背火侧则为 SA-210A1 型钢材的正常珠光体＋铁素体金相组织，如图 5-7 所示。

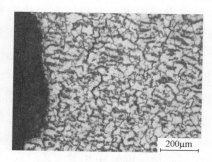
图 5-5　2 号角爆口处金相组织

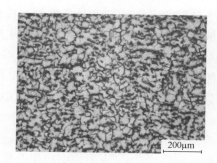
图 5-6　2 号角爆口附近金相组织

3 号角水冷壁管爆口处金相组织如图 5-8 和图 5-9 可知，铁素体晶粒边界处存在多条晶间裂纹，部分甚至长达 0.8mm，裂纹附近组织脱碳严重，部分区域珠光体消失。爆口处水冷壁背火侧金相组织正常。

3. 结果分析

（1）水冷壁失效原因分析。

2 号角首爆口及 3 号角爆口管段均无明显涨粗、减薄和塑性变形现象，为脆性断口；内壁附着大量腐蚀产物并有沟槽状腐蚀痕迹，具有明显的酸性腐蚀特

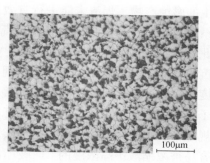
图 5-7　2 号角爆口背火侧金相组织

征。观察上述管样爆口处金相组织可以发现：靠近爆口向火侧内壁处沿铁素体晶粒边界均有明显微裂纹及脱碳层，珠光体减少，甚至部分区域仅有铁素体，有典型的氢损伤特征。对检验结果分析归纳后认为，水冷壁向火侧内壁上附着的大量腐蚀产物使水冷壁发生垢下酸性腐蚀，水冷壁管的有效壁厚减薄，同时垢下酸性腐蚀的阴极析氢反应产生的大量氢原子与珠光体中的渗碳体反应导致氢损伤，使得水冷壁的强度大幅下降并最终发生锅炉爆管事故。

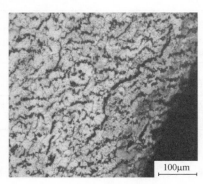

图 5-8　3 号角爆口处金相组织

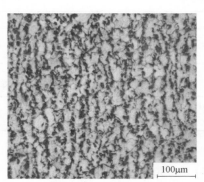

图 5-9　3 号角爆口背火侧金相组织

（2）垢下酸性腐蚀的成因。

垢下酸性腐蚀的发生主要与水冷壁管内炉水产生局部浓缩环境及炉水 pH 值过低两个因素有关。

1）炉水局部浓缩环境。局部浓缩主要发生在热负荷较高的沉积物下、缝隙中间及发生汽水分层的部位。2、3 号角爆管水冷壁管段均位于燃烧器附近，锅炉正常燃烧运行时此区域水冷壁向火侧热负荷最高，炉水局部浓缩最为严重，加速了氧化铁垢的形成和沉积。割管检查垢量结果表明，爆管后水冷壁 3 号角 24m 向火侧垢量为 923.7g/m² 远高于背火侧垢量 128.9g/m²，而 2015 年 11 月机组大修时该锅炉 82m 水冷壁向火侧、背火侧垢量分别为 92.4g/m²、82.1g/m²，2016 年 9 月该机组进行低低温省煤器及空冷岛增容改造后，机组水汽品质长期不达标，其中给水、凝结水氢电导率在 0.4～0.6μS/cm 之间波动，蒸汽钠、硅含量分别在 3～10μg/kg、30～150μg/kg 区间内波动，以上指标均远高于 GB/T 12145—2016《火力发电机组及蒸汽动力设备水汽质量标准》中相关要求。

此次改造过程中低低温省煤器及空冷岛换热器管束中在存放、运输及安装过程中产生的腐蚀产物、焊渣未能进行有效的吹扫和清洗，造成新换热管内的大量杂质进入水汽系统，并最终沉积在水冷壁热负荷较高、水汽不畅的部位，形成了炉水局部浓缩环境。此时炉水通过沉积物和腐蚀产物的空隙渗入其中，大量的附着物造成水冷壁管温度升高，沉积物层中的炉水发生蒸发浓缩现象，附着物的表层处杂质离子的浓度为炉水的实测浓度，而贴近受热面管壁内层则为接近饱和溶解度的炉水浓缩液。爆管前该锅炉炉水氯离子含量达 909.8μg/L，远超国家标准中炉水采用全挥发处理氯离子含量应小于 30μg/L 的规定，炉水采用全挥发处理时水冷壁内表面形成的氧化膜具有疏松、空隙大的特点，更容易被浓缩液中高浓度的 Cl⁻ 破坏，随着浓缩倍率的升高，沉积层中富集的 Cl⁻ 不仅使原有的 Fe_3O_4 保护膜破坏速度增加还能干扰钢基体表面 Fe_3O_4 的正常成膜。而垢样成分分析结果表明钙镁氧化物占总垢重的 1.19%，也直接验证了水冷壁向火侧垢下炉水浓缩液中富含钙镁离子，此时炉水浓缩液中含有的 $MgCl_2$ 和 $CaCl_2$ 会发生如下反应：

$$MgCl_2 + 2H_2O \longrightarrow Mg(OH)_2 \downarrow + 2HCl \qquad (5\text{-}7)$$
$$CaCl_2 + 2H_2O \longrightarrow Ca(OH)_2 \downarrow + 2HCl \qquad (5\text{-}8)$$

上述反应生成的 $Mg(OH)_2$ 和 $CaOH)_2$ 形成沉积物，而沉积物下积累的高浓度 H^+ 会促使浓缩液 pH 值下降，而炉水选用的全挥发处理工况对 pH 值的缓冲能力较弱，当 pH 值小于 4 时，腐蚀速率随 pH 值的降低迅速增大。

2）炉水低 pH 值现象。2017 年 3 月 2 号该机组启动初期炉水加磷酸三钠和碱化剂时系统运行正常，转为全挥发处理工况后发现炉水 pH 值约为 9.0，低于标准的下限值，持续时间长达三周。而造成此次炉水长时间低 pH 值现象的原因具有其特殊性，现场检查该机组的给水自动加氨装置运行正常，但是现场检查取样系统时发现汽水取样装置氢离子交换柱内树脂上均覆盖着明显的油污，对水汽系统中水中油进行化验发现，凝结水、给水、炉水及主蒸汽水样中均能检测出油，主蒸汽中油含量高达 29mg/kg。其后发现某油枪蒸汽吹扫管路阀门不严密，锅炉低负荷稳定燃烧投入油枪时，由于油枪供油管路压力（约 2.8MPa）远大于蒸汽吹扫压力（约 0.8MPa），此时燃油沿着蒸汽吹扫管路进入辅助蒸汽联箱，并通过辅助蒸汽系统向除氧器供汽除氧、向汽轮机提供轴封用汽等途径最终进入至机组水汽系统，因此此次机组启动阶段炉水长时间低 pH 值的主要原因在于水汽系统漏入的燃油在高温、高压的环境下分解形成的小分子有机酸所致。

水冷壁向火侧内壁的大量附着物会导致水冷壁管传热效率下降，壁温升高，由于沉积物的阻碍会使局部浓缩的酸性炉水富含 Cl^-、SO_4^{2-} 等侵蚀性离子，在漏入燃油分解形成的小分子有机酸的共同作用下，水冷壁管垢下酸性腐蚀加剧，向火侧内壁的腐蚀产物和垢层增厚，此时炉水中的少量盐类如钙镁化合物、硅酸盐及磷酸盐等浓缩在垢下空隙中，形成以铁的氧化物为主的腐蚀产物。电极反应式为：

阳极：
$$H^+ + e \longrightarrow [H] \qquad (5\text{-}9)$$
阴极：
$$Fe \longrightarrow Fe^{2+} + 2e \qquad (5\text{-}10)$$

爆管水冷壁向火侧内壁上明显的酸性腐蚀痕迹和表面覆盖着较厚垢层的宏观形貌特征，直接证明了水冷壁发生了严重的垢下酸性腐蚀。

4. 结论及建议

（1）低低温省煤器及空冷岛增容改造过程中未进行有效的吹扫和清洗，造成新换管内的腐蚀产物进入水汽系统，最终沉积在锅炉热负荷较高的受热面上，炉水在垢下局部浓缩形成富含各种杂质离子的酸性环境，而漏入的燃油分解形成的小分子有机酸加剧了垢下酸性腐蚀，造成水冷壁向火侧有效壁厚减薄，并最终引发金属基体的氢损伤。

（2）利用检修机会采用超声波无损检测技术对热负荷较高、汽水循环不良及爆管附近区域的水冷壁管进行检测，并根据检测结果更换发生氢损伤的管段。

（3）锅炉水冷壁向火侧垢量远超电力行业标准要求，为消除炉水形成局部浓缩的环境，建议对不合格管段更换后对锅炉进行化学清洗，并应根据酸洗小型试验的结果选择合理的化学清洗的工艺、参数及化学药品。

（4）加强化学监督工作，完善监督体系，当水汽品质恶化时应严格执行 GB/T 12145—2016《火力发电机组及蒸汽动力设备水汽质量标准》规定的三级处理原则。

二、 某直接空冷机组供热改造后锅炉爆管

1. 机组概况

某发电公司 1 号机组为 600MW 亚临界参数、燃煤直接空冷机组。锅炉为东方锅炉厂生产的亚临界参数、自然循环、前后墙对冲燃烧方式、一次中间再热的Ⅱ型汽包炉，型号为 DG-2070/17.5-Ⅱ4。机组投产 5 年后，进行了供热改造，将低压缸排气引入热网换热器冷却后全部回收至凝结水系统。凝结水精处理仅配置了粉末树脂过滤器进行凝结水处理。2018 年 12 月 21 日，1 号锅炉发生水冷壁爆管事故，泄漏位置为炉右侧墙 2 号角标高 20m，从后墙往前墙数第 28 根水冷壁泄漏，水冷壁材质为 SA-210 C，规格为 $\phi66.7\times8mm$。

2. 检测与分析

（1）爆管部位分析。

爆口长约为 35cm、宽约为 4cm，爆口断面粗糙、无明显塑性变形，有明显鼓包现象，管壁有不规则减薄，有明显的脆性断裂特征，爆口处形貌如图 5-10 和图 5-11 所示。背火侧管壁状态未见异常。

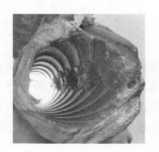
图 5-10 爆口处的宏观形貌

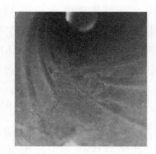
图 5-11 爆口处的鼓包现象

将爆管部位割下后，经剖管检查，爆口附近管段向火侧内壁有明显的类似于疤痕的带状腐蚀，其腐蚀产物表面颜色为红色，未腐蚀部位管壁为红褐色，色差较为明显，如图 5-12 和图 5-13 所示。

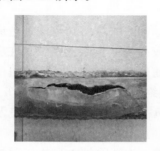
图 5-12 爆管内壁明显带状腐蚀疤痕

图 5-13 爆管内壁腐蚀产物

管样加工、酸洗除垢后，腐蚀产物溶解，管内壁接触面呈现黑色凹坑状（见图 5-14），部分凹坑已接近穿透管壁（见图 5-15）。对腐蚀产物进行成分分析，成分以铁的氧化物为主，未检测到钠盐。爆口附近管段内壁结垢均匀，无腐蚀产物脱落痕迹。

从上述爆管管段分析可知，爆口部位附近水冷壁向火侧内表面有明显的腐蚀带，残留的腐蚀产物表面为红色，内部为黑色且质地坚硬，酸洗后管内壁有腐蚀坑，管壁有不规则减薄。

图 5-14　酸洗除垢后的黑色凹坑

图 5-15　表面打磨后接近穿透的腐蚀坑

（2）水质排查。

爆管前机组水汽指标见表 5-3。

表 5-3　　　　　　　　　　　爆管前机组水汽指标

水汽指标（平均值）水样	pH 值	CC (μS/cm)	Cl⁻ (μg/L)	O₂ (μg/L)
除盐水	6.65	0.075	—	
凝结水	9.09	0.15		186
给水	9.25	0.15		126
炉水	9.21	—	985.3	
饱和蒸汽	—	0.14		
热网疏水	8.95		14	

对爆管前汽水系统水汽指标进行分析，本次水冷壁爆管可能存在以下原因：

1）炉水 pH 值控制不当。给水、炉水 pH 长期以来维持在低限运行，这对于炉内微环境是极为不利的，尤其是当系统内存在管壁损伤或结垢的情况下，低 pH 环境导致炉管发生垢下酸腐蚀，同时垢下酸性腐蚀产生的氢与钢材中的渗碳体反应，导致金属基体的脱碳现象使得水冷壁的强度大幅下降并最终发生锅炉爆管事故。

2）根据 GB/T 12145—2016《火力发电机组及蒸汽动力设备水汽质量标准》中对该类型机组有以下要求：给水氯离子控制要小于 $2\mu g/L$，炉水氯离子控制小于 $400\mu g/L$。通过离子色谱检测数据可知，炉水氯离子含量高达 $985.3\mu g/L$，且长期超标运行，热网疏水氯离子含量为 $14\mu g/L$，说明热网加热器明显存在泄漏。热网疏水直接回收在凝结水精处理前，凝结水精处理配置的粉末树脂过滤器无精除盐能力，不能够有效去除氯离子，氯离子随给水系统进入炉内，在炉内浓缩富集。出于节能降耗的考虑，锅炉排污量很小，炉水处于过度浓缩状态，随着浓缩倍率的升高，垢下富集的强侵蚀性氯离子不仅加快了原有 Fe_3O_4 钝化膜的破坏速度，还能干扰铁基体表面正常保护膜的形成，进而造成腐蚀加剧。

3）凝结水、给水溶氧长期超标。查阅机组日常水汽运行报表发现1号机组凝结水、给水溶氧在供暖季常有超标现象，个别时候超标严重。在锅炉给水水质较差且pH值控制较低的状况下，凝结水、给水溶氧超标运行增大凝结水、给水系统的氧腐蚀，腐蚀产物进入锅炉后在热负荷较高的区域沉积，为垢下酸性腐蚀创造了条件。

3. 结果分析

热网加热器泄漏会致使机组水汽系统中的强侵蚀性氯离子含量明显增加，氯离子促使炉前系统表面原有的钝化膜快速溶解，并最终进入锅炉，而给水溶氧长期超标导致省煤器氧腐蚀加剧，这些铁的腐蚀产物最终沉积在锅炉热负荷较高的区域，为垢下介质浓缩创造了有利条件，而炉水长期控制在标准规定的pH下限（9.0～9.2）附近，炉水中的钙镁离子沉积后，炉水中的氯离子和氢离子会形成局部酸性环境。氢原子由于垢层的阻碍作用，与水冷壁珠光体中的渗碳体反应生成甲烷，造成金属基体的脱碳现象，而甲烷的生成也进一步促使微裂纹的产生，导致金属强度下降，最终致使锅炉爆管。

4. 预防措施

（1）优化锅炉运行工况，提升机组水汽品质，加强日常化学监督工作。

（2）建议在机组检修时加强对水冷壁热负荷较高区域管段及本次爆口附近管段的检查。

（3）当给水氯离子偏高时，应当提高加氨量，以减缓垢下酸腐蚀速率，并采用加强排污、消除系统漏点等方法，使氯离子维持在较低水平。

（4）提高真空系统的严密性，消除凝结水系统及热网系统的漏点或缺陷，提高除氧器除氧效率，降低凝结水、给水溶氧，减缓给水系统的腐蚀。

三、 某亚临界自然循环汽包炉水冷壁爆管

1. 概况

某电厂1号机组配备的锅炉为哈尔滨锅炉厂制造的亚临界自然循环汽包炉，型号为HG1025/18.2-PM2，1995年投入运行，水冷壁管。材质为20G，规格为$\phi63.5\times8mm$。2005年10月8日，两根相近的锅炉水冷壁发生爆管事故，爆管位于一层二次风标高12.5mm下1m中部位置。

2. 检查与测试

（1）宏观检验。

1号管段爆口长为225mm、宽为52mm，呈现窗口形，爆口边缘处无明显减薄；2号管段爆口沿轴向爆破长为115mm、宽为26mm，爆口边缘最小壁厚为1.8mm，爆口呈喇叭形状，如图5-16、图5-17所示。

两根管子的爆口均呈粗糙的脆性断口，无明显胀粗，爆口均发生在向火侧。爆口处管壁内表面存在较多的腐蚀产物，腐蚀面积较大且腐蚀坑较深。1号爆口边缘减薄量较小，2号爆口处腐蚀减薄严重。

（2）微观检验。

对1号、2号水冷壁爆口处分别沿垂直于轴向方向取样，在金相显微镜下进行微观检验。

图 5-16　1 号管口宏观形貌

图 5-17　2 号爆口宏观形貌

1 号试样向火侧靠近内壁的金相组织为铁素体、少量碳化物和大量沿晶界分布微裂纹，未见珠光体区域，存在明显脱碳现象；向火侧管子壁厚中部的金相组织为铁素体和珠光体，裂纹沿晶界分布，裂纹附近珠光体有脱碳现象，如图 5-18 所示。

2 号试样向火侧靠近内壁的金相组织为铁素体和大量沿晶界分布裂纹，未见珠光体区域，存在严重脱碳现象，如图 5-19 所示；向火侧管子壁厚中部的金相组织为铁素体和珠光体，裂纹沿晶界分布，裂纹附近珠光体有脱碳现象，如图 5-20 所示。

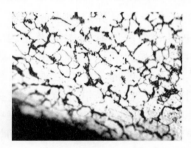

图 5-18　1 号管向火侧内壁组织（400×）

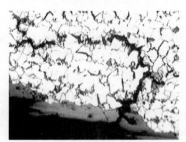

图 5-19　2 号管向火侧内壁组织（400×）

（3）热浸蚀试验。

在 1 号试样爆口边缘腐蚀严重减薄处取样，进行热浸蚀试验，采用 50％的盐酸水溶液，溶液温度为 68℃，浸泡时间为 30s。结果表明金属表面迅速被腐蚀，金相组织为多孔状形貌，如图 5-21 所示。

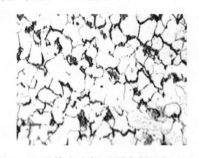

图 5-20　1 号管向火侧壁厚中部组织（400×）

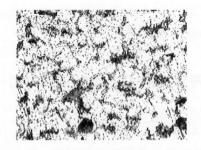

图 5-21　1 号管爆口边缘热浸蚀组织（400×）

（4）材质分析。

采用定量光谱分析仪器，对水冷壁管所含化学成分进行定量元素分析，结果表明，水冷壁管的化学成分符合 GB 5310—1995 对 20G 的技术要求，水冷壁管的化学成分见表 5-4。

表 5-4 水冷壁管的化学成分

化学元素	C	Si	Mn	S	P
GB 5310—1995	0.17～0.24	0.17～0.37	0.35～0.65	≤0.030	≤0.030
水冷壁管材	0.20	0.18	0.51	0.014	0.011

3. 结果分析

水冷壁管的化学成分、向火侧金相组织均符合 20G 的技术要求，因此认为此次爆管不是因为超温而引起的。由于爆口处的金相组织中珠光体形态明显，球化级别不高，微观裂纹沿晶界扩展，且裂纹附近的组织有明显的脱碳现象。向火侧管子内壁有大面积的腐蚀区域，该部位组织中存在明显的脱碳，两根爆管附近向火侧的内壁均存在严重的溃疡状腐蚀坑，有的腐蚀坑较深，向火侧比背火侧的管壁薄，爆口处管壁最薄处只有 1.8mm。结合水冷壁管爆口宏观形貌及微观组织分析，认为爆管是由于酸性垢下腐蚀，使管壁有效面积减小而造成的。垢下酸性腐蚀产生的氢原子与金属基体晶界处的碳反应生成甲烷，造成珠光体脱碳。

所生成的甲烷由于扩散系数低，从而形成巨大的压力，在晶界之间不断聚集，引起晶界上萌生裂纹，并在应力作用下不断扩展，所以爆口处组织可看到大量沿晶裂纹。由于腐蚀速度较高，腐蚀有明显的选择性，腐蚀裂纹主要沿晶界发展。这是由于在强烈的腐蚀介质的作用下，金属较耐腐蚀部分的腐蚀速度与不耐腐蚀部分的腐蚀速度出现明显差异，腐蚀首先在金属的薄弱部分优先进行，并集中发展。首先是沿晶粒边界选择性腐蚀，随着腐蚀深入金属内部形成大量的沿晶裂纹，裂纹的边缘存在较大的应力集中，加速了裂纹的扩展。腐蚀造成向火侧管壁严重减薄，导致管子有效面积减小，使金属强度、韧性、塑性等性能急剧降低，在锅炉介质和应力的共同作用下，导致水冷壁管发生爆管。

4. 结论和建议

（1）水冷壁管的化学成分符合标准规定，金相组织基本正常，但向火侧管子内壁存在严重的脱碳，微观裂纹附近的珠光体也有明显的脱碳现象。

（2）根据爆口形状、腐蚀区域形貌和微观组织状态认为，该两次爆管的原因为酸性腐蚀，产生微观裂纹和向火侧管壁减薄，使管子的有效面积减小，造成水冷壁爆管。

（3）对造成炉水含酸性盐的原因进行检查分析，并根据有关规定对汽水品质进行严格控制，消除导致氢脆的因素。

（4）进行壁厚测量，更换已发生氢脆和腐蚀减薄的炉管。

四、 某电厂水冷壁连续爆管

1. 机组概况

某电厂 2 号锅炉为哈尔滨锅炉厂有限责任公司制造的单炉膛平衡通风、一次中间再热、亚临界自然循环汽包锅炉。锅炉型号为 HG-1025/17.3-WM18，火焰为"W"型。水冷壁管材质为 SA-210 C，规格为 $\phi66.7 \times 7.5mm$。2012 年 11 月起，短短 3 个月的时间，该锅炉连续发生了 3 次爆管事故，爆口位置分别在后墙拱下（标高 28m）、2 号角翼墙（标高 26m）和 B 侧墙（标高 31m）处，机组投运至爆管运行时间约 49 000h。

2. 检查与测试

（1）宏观形貌。

爆口管样宏观形貌如图 5-22 所示。

爆口宏观形貌呈开窗式，管子内壁均有严重结垢，爆口内壁局部内螺纹出现不同程度的腐蚀状况，严重的甚至出现内螺纹消失现象。

（2）金属检测。

1）壁厚检测。对爆口管段不同部位进行超声波壁厚检测，爆口附近三个部位

图 5-22　爆口处宏观形貌

的实测壁厚分别为 7.44mm、7.56mm、7.83mm，壁厚合格；远离爆口位置管段三个部位的实测壁厚分为 8.28mm、8.23mm、8.16mm，壁厚减薄未超标。

2）外径检测。按锅炉定检规程规定，碳钢管子胀粗量不得超过公称直径的 3.5％。对管样的外径检测，爆口处实测外径为 70.71mm、70.39mm、70.35mm，平均值为 70.48mm，蠕变值为 5.7％，胀粗超标；未爆端实测外径为 66.78mm、66.87mm、67.10mm，平均值为 66.92mm，蠕变值为 0.3％，胀粗合格。

3）金相检验。将断口金相试样用金相砂纸从 240 号到 1000 号进行研磨后，采用 Cr_2O_3 粉末机械抛光，4％硝酸酒精侵蚀。在 100 和 500 倍光学显微镜下进行观察和拍照。

① 管子向火侧管壁距离内壁边缘 2.5mm 处金相组织为铁素体＋珠光体（见图 5-23），大量碳化物向晶界聚集，组织出现沿晶裂纹。

② 管子向火侧壁厚中部金相组织为正常的铁素体＋珠光体，珠光体球化 2 级（见图 5-24）。

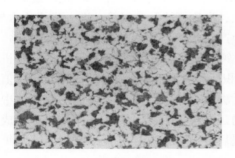

图 5-23　管子向火侧管壁距离内壁边缘
2.5mm 处金相组织（100×）

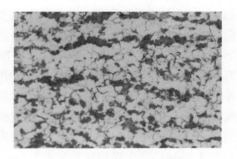

图 5-24　管子向火侧壁厚中部
金相组织（100×）

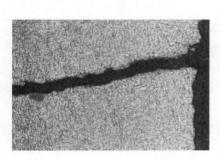

图 5-25　断口金相组织（500×）

③断口 500 倍金相组织为铁素体＋珠光体，组织出现沿晶腐蚀裂纹且裂纹周边有脱碳现象（见图 5-25）。

（3）化学分析。

1）垢样分析。在泄漏水冷壁管内取黑色和褐色化合物 5～10mg 样品进行分析，垢样分析结果见表 5-5。

表 5-5　　　　　　　　　　　　　　垢样分析结果

项目名称	含量（%）	项目名称	含量（%）
三氧化二铁	95.6	氧化钾	0.032
三氧化二铝	0.31	二氧化硅	3.58
氧化钙	2.41	硫酸酐	—
氧化镁	0.57	磷酸酐	0.083
氧化铜	0.26	450℃灼烧增量	0.04
氧化锌	0.036	900℃灼烧增量	0.81
氧化钠	0.21		

结果表明三氧化二铁含量为 95.6%，氧化铁为垢的主要成分。

2）垢量分析。爆口处内壁呈现鼓包状，附着着大量的红褐色和黑色的腐蚀产物其厚度高达 10mm 以上。对区域进行垢量检测，垢量高达 $1119g/m^2$，对距离爆管处 1m 以上的管段进行抽检，其垢量均小于 $120g/m^2$。

3. 综合分析

从金相检测结果可知，爆口处金相组织出现沿晶腐蚀裂纹且裂纹周边有明显的脱碳现象，爆口处向火侧壁厚中部为正常的铁素体＋珠光体的金相组织，这说明水冷壁在运行的过程中内壁上沉积的大量的三氧化二铁腐蚀产物下形成了介质浓缩现象，局部区域珠光体球化 2 级也说明了由于垢层的存在导致爆口管段不同厚度形成了温度差，这也进一步促使了介质浓缩腐蚀的形成。爆管前两年内该锅炉水质查定统计结果表明，机组正常运行时炉水全铁含量明显偏高，高达 38.7μg/L，同时给水中 Fe 含量较高，最高可达 26μg/L。且由于凝汽器管材为铜管，易受到点蚀、汽侧氨蚀及磨损等，进一步恶化水质。炉前系统中大量的腐蚀产物进入锅炉，这些腐蚀产物最终沉积在热负荷较高的区域，为垢下酸性腐蚀创造了条件。爆口区域腐蚀产物中钙镁氧化物含量为 2.98%，说明其机组水汽品质较差，钙镁离子与炉水中氢氧根结合沉积后导致垢下局部浓缩环境中的 pH 值进一步下降，此时腐蚀反应的另一种产物氢由于无法顺利扩散与金属基体中的渗碳体中的碳发生化学反应，生成甲烷气体进而造成金属的延展性能下降，甲烷气体在钢中造成巨大的内应力，从而产生沿晶裂纹，裂纹向外扩展后导致金属基体强度下降，当不足承受管内的水压时，发生锅炉爆管事故。

4. 防治措施

（1）水冷壁管垢量已经超过 DL/T 794—2012《火力发电厂锅炉化学清洗导则》的清洗要求，应尽快对锅炉进行化学清洗，消除垢下酸性腐蚀的形成环境。

（2）凝汽器采用铜管，存在多次泄漏问题，建议利用机组 A 级检修机会逐步实施凝汽器铜管改造，用不锈钢管取代铜管，降低凝汽器的泄漏概率，改善机组水汽品质；并应加强凝结水水质监督，凝汽器泄漏时应及时查漏封堵，同时进行炉水工况优化调整及锅炉排污。

（3）加强机组启动阶段热力系统的冷、热态冲洗及水汽品质监督，水汽品质异常时应严格执行"三级处理"要求。

（4）做好机组停备用期间的保养工作。

（5）应调整改善锅炉的燃烧工况，最大限度地消除水冷壁管的局部过热。

五、 某亚临界强制循环汽包炉水冷壁泄漏

1. 机组概况

某电厂1号机组于2003年8月投产，锅炉为亚临界强制循环汽包炉，单炉膛Ⅱ形布置，BMCR出力为1175t/h，燃烧器布置于炉膛四角，双切圆燃烧。2010年8月4日，1号炉四管泄漏检测装置三点报警，四管泄漏检测装置1、4点显示增大，打开就地观火孔和人孔检查有漏汽声。拆除12号水冷壁吹灰器后，漏汽声明显。次日该机组解列后检查发现12号水冷壁吹灰器右侧第3、4根向火侧水冷壁管发生泄漏，泄漏管位于炉前墙标高27.1m。爆管区域水冷壁材质为SA-210 C，规格为$\phi45\times4.7$mm，且该区域水冷壁管在2005年机组A级检修时进行过更换，新管使用前经涡流检测无异常。

2. 检查与测试

（1）宏观形貌。

检查水冷壁外表面发现，第3根水冷壁管向火侧有轻微的冲刷痕迹，表面有两处泄漏点和两处鼓包（见图5-26），泄漏位置一处为直径约1.5mm的孔状泄漏口，其中心距离下端焊口中心约51mm，将此泄漏点标记为1号泄漏口，另一处泄漏点为一裂纹，已贯穿管内外壁形成开裂，外表面开裂处长约10mm，发生在管壁的鼓包处，其中心距离下焊口约42mm，距离1号泄漏口15mm，第4根水冷壁管上有一泄漏口，标记为2号泄漏口，2号爆口处于第3根水冷壁管上泄漏口的斜对角位置，其中心距离焊口约65mm，泄漏口呈三角状，边缘较薄，为明显吹损减薄后泄漏的，第3根泄漏管的向火面上有被冲刷的痕迹。两处鼓包位于泄漏口的下部，中心分别距1号泄漏口270mm、360mm，如图5-27所示。

图5-26　水冷壁泄漏相对位置

在第3根水冷壁管向火侧外表面有一处磨损痕迹，磨损处在两管焊接鳍片附近，长约240mm，距离上端焊口100mm，具体形貌如图5-28所示。

将第3根水冷壁管剖开后，观察其内表面，积垢严重，如图5-29所示。图5-30所示为开裂部位的剖面形貌，可见开裂部位内壁结垢严重，内壁厚薄不均甚至局部减薄严重，低于正常壁厚，且内壁存在明显的宏观腐蚀裂纹。同样，在两处鼓包处的剖面也均可见严重的结垢现象和宏观腐蚀裂纹存在，壁厚也有不同程度的减薄现象，如图5-31所示。

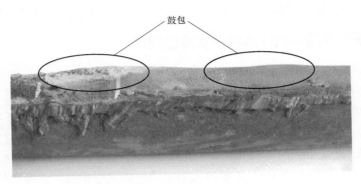

图 5-27　第 3 根水冷壁鼓包形貌

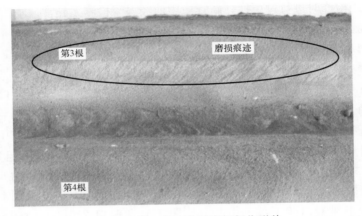

图 5-28　第 3 根水冷壁磨损部位形貌

图 5-29　第 3 根水冷壁内表面结垢形貌

图 5-30　第 3 根管开裂部位剖面形貌

图 5-31　第 3 根管鼓包剖面形貌

（2）金相组织。

依次在第 3 根管开裂、两处鼓包、泄漏口以及正常位置截取金相试样，进行金相组织分析，抛光后发现开裂、鼓包以及泄漏口的向火侧内壁均存在多处腐蚀裂纹，如图 5-32 所示。

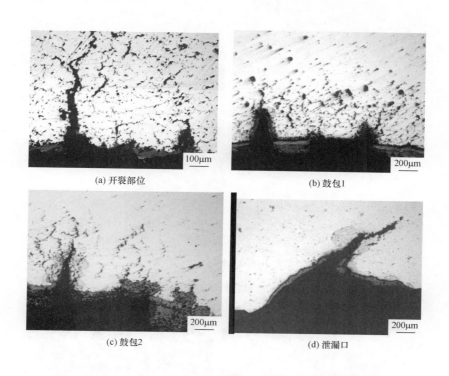

(a) 开裂部位　(b) 鼓包1

(c) 鼓包2　(d) 泄漏口

图 5-32　抛光后微观腐蚀裂纹形貌

浸蚀后，两处鼓包和开裂部位的金相组织为铁素体＋碳化物，球化级别达到 4.5 级，具体金相组织如图 5-33 所示。泄漏口处由于已被吹损，无法得知其具体微观组织形貌。同时，通过浸蚀后的微观组织可见，腐蚀裂纹是沿晶扩展的，从向火侧的内壁向外壁延伸，并逐渐减少，如图 5-34 所示。第 3 根管子和第 4 根管子未泄漏处以及泄漏、鼓包的背火侧的组织均为正常的铁素体＋珠光体，未见明显球化，如图 5-35 所示。

（3）力学性能测试。

在第 3 根泄漏水冷壁管和第 4 根被吹漏水冷壁管上离爆口较远位置处取样进行力学性能试验，由于第 3 根管子向火面内壁积垢较多，切割机无法进行进一步切割，只在向火侧取一个拉伸试样，同时，第 3 根管的背火侧有一焊接鳍片，避开焊接影响区，也只切取了一个背火侧的拉伸试样。具体结果见表 5-6，所检的第 3 根和第 4 根水冷壁管子的向火面的抗拉强度远低于标准要求的下限值，两根管背火侧的抗拉强度则在标准范围之内。由于泄漏的两根水冷壁管子为内螺纹管，所测得的断面延伸率有一定的偏差。

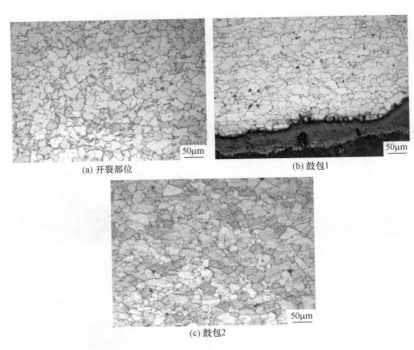

(a) 开裂部位

(b) 鼓包1

(c) 鼓包2

图 5-33　浸蚀后微观组织形貌

图 5-34　浸蚀后微观腐蚀裂纹组织形貌

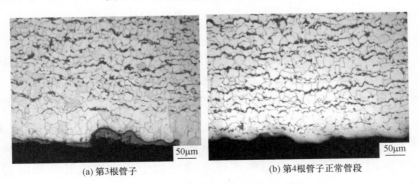

(a) 第3根管子

(b) 第4根管子正常管段

图 5-35　正常部位浸蚀后微观组织形貌

表 5-6　　　　　　　　　　　　　　试样力学性能试验数据

序号	下屈服强度 R_{eL}(MPa)	抗拉强度 R_m(MPa)	断面伸长率 A（%）	备注
标准要求	≥275	≥485	≥24	SA-210C
3-1（向火）	无明显屈服	460	16.5	第 3 根泄漏水冷壁管
3-2（背火）	365	490	15.5	
4-1（向火）	无明显屈服	450	20	第 4 根泄漏水冷壁管
4-2（向火）	无明显屈服	450	14	
4-3（背火）	350	495	19.5	
4-4（背火）	370	490	20.5	

3. 综合分析

从第 3、4 根水冷壁管上泄漏部位的实际位置和形貌可见，第 3 根管上的 1 号泄漏口为初始泄漏口，1 号口泄漏后吹损第 4 根水冷壁管，导致产生 2 号泄漏口，2 号口反过来吹第 3 根水冷壁管，导致第 3 根管壁上产生冲刷沟痕，同时将 1 号泄漏口吹损。

从第 3 根管子内表面的宏观形貌可见，管子内壁结垢严重，壁厚存在减薄现象，在鼓包和两处泄漏部位存在明显的宏观腐蚀裂纹，同时，经过微观组织分析发现管子内壁也存在大量的沿晶腐蚀裂纹，说明管子存在着严重的垢下腐蚀。此外，在开裂部位和两鼓包处的金相组织均发生球化，组织为铁素体＋碳化物，球化级别达到 4.5 级，组织发生球化是因为管子内壁结垢严重，影响管子内部热循环，产生局部受热不均造成的。

综合上述分析，本次的水冷壁泄漏是由垢下腐蚀造成的，较厚的垢层导致管壁温度升高，使垢下腐蚀介质进一步浓缩，造成更严重的腐蚀，使管壁减薄。壁温升高后金属发生严重球化，使管子的强度降低，在锅炉压力的作用下，最终导致鼓包和泄漏事故发生。

第六章 应力腐蚀

第一节 应力腐蚀的定义及现状

应力腐蚀开裂（Stress Corrosion Cracking，SCC）是指金属材料在应力和特定的腐蚀介质共同作用下，产生的脆性断裂现象，简称应力腐蚀。由于应力腐蚀开裂没有明显的征兆，往往导致重要构件或设备的突然断裂失效，危险情况下甚至发生爆炸，事故发生后造成的人身伤亡和经济损失也比较重大，被列为较危险的腐蚀形式之一。

应力腐蚀开裂是能源电力、石油化工、国防军工等行业中金属设备或部件发生腐蚀失效的重要形式之一。据美国、日本的有关调查，应力腐蚀开裂原因导致的失效破坏占不锈钢腐蚀失效案例的 1/3 以上，在石油化工行业各种材料的应力腐蚀开裂约占腐蚀失效破坏的 42%，在核电行业核电反应堆中有关材料发生应力腐蚀开裂的台数约占反应堆总数的 19%。

第二节 应力腐蚀发生的条件及特征

一、发生条件

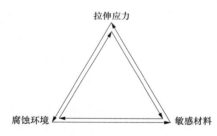

图 6-1 影响应力腐蚀的三角关系

一般认为，金属构件发生应力腐蚀开裂必须同时满足三个方面的条件：对应力腐蚀开裂敏感的材料、特定的腐蚀环境和足够的拉伸应力，如图 6-1 所示。

1. 敏感材料

一般情况下，只有当金属材料在所处的介质中受拉应力，且材料对应力腐蚀开裂是敏感的，才会产生应力腐蚀开裂。金属材料的应力腐蚀敏感性大小取决于它的化学成分和组织结构，材料化学成分的细微变化都可能导致应力腐蚀敏感性的明显改变。

纯金属一般不会发生应力腐蚀开裂，应力腐蚀主要发生在合金材料上，即使材料中合金元素的含量非常低也能引起应力腐蚀开裂。低碳钢、高强低合金钢、奥氏体不锈钢、铝合金及黄铜等金属材料分别在其对应的特定腐蚀介质环境中都会产生应力腐蚀开裂。如 99.999% 的高纯铜在含氨的介质中不发生应力腐蚀，但当含有微量的 P 或者 Sb 杂质元素时，在上述介质中则易产生应力腐蚀开裂。

　　此外，合金材料的晶体结构、晶粒尺寸、显微组织中的缺陷或杂质偏聚等，都会直接影响金属材料的应力腐蚀开裂敏感性。在氯化物的水溶液中，铁素体不锈钢（体心立方晶体结构）的应力腐蚀开裂敏感性比奥氏体不锈钢（面心立方晶体结构）低得多。奥氏体-铁素体双相不锈钢当其显微组织中两相分布均匀且比较分散时，其应力腐蚀开裂敏感性相对较低，这是因为在奥氏体基体中的铁素体会妨碍或阻止应力腐蚀开裂的扩展。一般来说，对于同种金属而言，晶粒细小的情况下比晶粒粗大情况下更抗应力腐蚀开裂。因为晶粒粗大，位错塞积应力增大，有利于穿晶开裂，晶界面积减小，因而同量杂质的合金材料中，晶界杂质的偏聚浓度增大，有利于沿晶开裂，因此无论裂纹是穿晶扩展

还是沿晶扩展，晶粒粗大都会有利于应力腐蚀开裂的发生。如图 6-2 所示的含铜 66％的黄铜在氨气中，相同应力状态下，晶粒尺寸大的黄铜发生应力腐蚀断裂的时间明显比晶粒细小的黄铜要短的多。

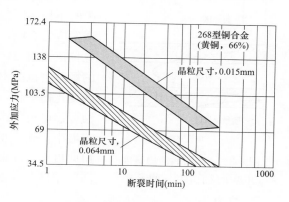

图 6-2　晶粒大小对不同应力条件下应力腐蚀开裂断裂时间的影响

2. 腐蚀环境

　　敏感的金属材料只有在特定的腐蚀环境中才能发生应力腐蚀开裂，其中起重要作用的是一些特定的阴离子、络离子。如锅炉用低碳钢在碱溶液中的"碱脆"，碳钢在含硝酸根离子的溶液中的"硝脆"，奥氏体不锈钢在含氯离子的溶液中的"氯脆"，黄铜在含氨的气氛中的"氨脆"。表 6-1 列出了常见的金属材料发生应力腐蚀开裂的腐蚀介质环境。

表 6-1　　　　　　　　　　金属材料发生应力腐蚀开裂的介质环境

金属材料	介质环境
碳钢、低合金钢	NaOH 水溶液，NaOH，硝酸盐水溶液，HCN 水溶液，H_2S 水溶液，HNO_3 和 H_2SO_4 混合酸 CH_3COOH 水溶液，氨（水<0.2%），磷酸盐溶液，碳酸盐和碳酸氢盐水溶液，湿的 CO-CO_2-空气，海水，海洋大气，工业大气
高强度钢	蒸馏水，湿大气，H_2S，Cl^-，海水，海洋大气
奥氏体不锈钢	氯化物水溶液，海水，海洋大气，H_2S，浓缩炉水，高温高压含氧高纯水，高温碱液 [NaOH、$Ca(OH)_2$、LiOH 等]，湿的 $MgCl_2$ 绝缘物，亚硫酸和连多硫酸
铜合金	NH_3 及其水溶液，含 NH_3 的大气，含 NH_4^+ 的溶液，胺及其溶液，汞盐溶液，含 SO_2 的大气
铝合金	氯化物水溶液及其他卤素化合物水溶液，海水，海洋大气，NaCl-H_2O_2 水溶液，含 SO_2 的大气
钛合金	发烟硝酸，甲醇，甲醇蒸气，N_2O_4，高温湿 Cl_2，氯化物水溶液及其他卤素化合物水溶液，海水，CCl_4

续表

金属材料	介质环境
镁合金	蒸馏水，高纯水，HF 溶液，KCl-K$_2$CrO$_4$ 溶液，NaCl-H$_2$O$_2$ 水溶液，海水，海洋大气，SO$_2$-CO$_2$-湿空气
镍合金	熔融氢氧化物，氢氧化物溶液，HF 蒸气及溶液

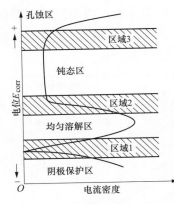

图 6-3　金属材料应力腐蚀
开裂敏感的电位区间示意

材料和环境的交互作用主要反映在电极电位上。如图 6-3 所示，金属材料的活化-阴极保护过渡区域 1、活化-钝化电位过渡区域 2 和钝化-过钝化电位区域 3 都是钝化膜的不稳定区，在应力和特定腐蚀介质的共同作用下容易诱发应力腐蚀。当金属材料在溶液中的开路电位落在敏感电位范围内时，就容易产生应力腐蚀开裂。应力腐蚀开裂的敏感电位范围及临界开裂电位随着金属-介质环境体系的变化而变化，如常见的碳钢在硝酸盐溶液中，其应力腐蚀开裂电位范围约为 500mV，而在碳酸盐和碳酸氢盐水溶液中，碳钢的应力腐蚀开裂电位范围却不到 100mV。由此可见，碳钢在前者环境中产生应力腐蚀开裂的电位范围要宽得多。

3. 应力

产生应力腐蚀开裂必须要有应力，一般是低于材料屈服强度的拉应力，且随着应力的增大，发生应力腐蚀开裂所需的时间将缩短。近年来也有研究表明，在压应力作用下，某些材料也能发生应力腐蚀开裂，但所需要的应力值要比拉应力大几个数量级；同时，在压应力状态下应力腐蚀开裂过程中裂纹的扩展速度较慢，不会导致快速断裂，其危险性也相对低很多。

产生应力腐蚀开裂的应力来源有多种，可以是构件或设备在工作运行过程中承受外加载荷造成的工作应力，也可以是金属部件在制造、加工和安装等环节中材料内部产生的残余应力或结构应力，还可以是因温度梯度变化产生的热应力，甚至可以是因发生腐蚀后裂纹内腐蚀产物的体积大于所消耗的金属体积而产生的组织应力，以及阴极反应形成的氢产生的应力等。据有关统计，在构件或设备的制造、加工等过程中产生的残余应力而导致的应力腐蚀开裂占应力腐蚀开裂失效总数的 80％以上，而在残余应力中又以因焊接产生的残余应力为主。

应力作用的方向也会影响应力腐蚀开裂，横向应力比纵向应力对金属材料应力腐蚀开裂的影响更有害。构件表面的应力集中更易形成应力腐蚀开裂裂纹源，并加速裂纹的扩展。宏观裂纹一般沿着与拉应力垂直的方向扩展，呈之字形且有分叉现象出现。

二、 应力腐蚀开裂的特征

（1）应力腐蚀开裂是一种典型的滞后破坏，即金属材料在应力和腐蚀介质共同作用下，需要一定时间才会萌生裂纹，继而裂纹发生扩展，并在裂纹尺寸扩展达到临界尺寸时，最终发生快速失稳断裂。应力腐蚀开裂可以明显分为以下三个阶段。

1) 孕育期（t_{in}）：指裂纹萌生阶段，即裂纹源成核所需时间，该过程受应力影响小，耗时长。对于无裂纹试样，t_{in} 占整个断裂时间 t_f 的九成左右。如果金属材料本身有缺陷或裂纹，应力腐蚀开裂的孕育期会大大缩短或不存在。

2) 裂纹扩展期（t_{cp}）：指裂纹成核后直至发展到临界尺寸所经历的时间。

3) 裂纹失稳断裂期：指裂纹达到临界尺寸后，由纯力学作用导致裂纹失稳瞬间断裂的过程。

应力腐蚀断裂过程的整个断裂时间 $t_f \approx t_{in} + t_{cp}$，与材料、介质和应力都有关，短则几分钟，长的可达数年甚至更长时间。对于一定的材料和介质体系，应力越低断裂时间越长。在大多数产生应力腐蚀开裂的体系中都存在一个临界应力值，当所受应力低于此临界值时不会发生应力腐蚀开裂。

（2）应力腐蚀开裂的裂纹扩展速度远大于均匀腐蚀时的腐蚀速率，又比纯机械快速断裂的裂纹扩展速度慢得多。有关试验表明，不同合金的应力腐蚀开裂的裂纹扩展速度大体相同，一般为 $10^{-6} \sim 10^{-3}$ mm/min，大约为均匀腐蚀的 10^6 倍，但仅为纯机械断裂速度的 10^{-10}。

（3）应力腐蚀开裂的裂纹扩展形式分为沿晶型、穿晶型和混合型三种。裂纹的扩展形式取决于材料与介质对应的腐蚀系统及影响因素，对于一定的合金-环境体系，具有一定的裂纹形态特征。一般情况下，黄铜、铝合金、马氏体不锈钢和低碳钢多是沿晶裂纹，奥氏体不锈钢多是穿晶裂纹，钛合金则是混合形式，既有沿晶裂纹，也有穿晶裂纹。同时，值得注意的是，同种材料因介质环境部分性质的变化，裂纹扩展途径及其表现出的断口形貌也可能改变。如黄铜在铵盐溶液中发生应力腐蚀开裂，pH 值由 7 增大到 11 时，裂纹由沿晶型转变为穿晶型。

应力腐蚀裂纹的主要特点是：①裂纹起源于表面；②裂纹的长宽不成比例，甚至相差几个数量级；③主干裂纹延伸的同时，若干分支裂纹同时扩展，总体呈树枝状；④裂纹扩展方向一般垂直于主拉伸应力的方向。应力腐蚀裂纹分叉现象如图 6-4 所示。

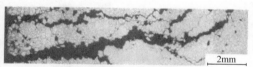

(a) 304不锈钢在$H_2S_xO_8$(连多硫酸)
溶液中的应力腐蚀开裂，显示沿晶的裂纹分叉

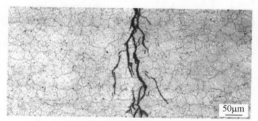

(b) 316不锈钢在含Cl^-
溶液中的应力腐蚀开裂　显示穿晶的裂纹分叉

图 6-4　应力腐蚀裂纹分叉形貌

（4）应力腐蚀开裂是一种低应力状态下发生的脆性断裂，引起应力腐蚀开裂的起始应力远小于材料过载断裂的临界应力。

断口宏观特征：

1) 断口平直，断面与主应力方向垂直，没有明显的塑性变形痕迹。

2) 断口裂纹源及裂纹扩展区表面颜色暗淡，呈黑色或灰黑色，瞬间脆断区常有放射花样或人字纹。

3) 应力腐蚀一般为多源，裂纹一般起源于表面腐蚀坑处，断口上离源区越近腐蚀产物越多。

微观形貌基本特征：

1）裂纹起始区大多有腐蚀产物，有时会看到明显的网状龟裂泥纹花样，断口上经常出现明显的二次裂纹，穿晶显微断口往往具有解理台阶、河流花样、扇形花样等形貌特征。

2）沿晶显微断口一般呈冰糖状，或在断口上可见核桃纹腐蚀花样。

应力腐蚀开裂断口典型微观形貌如图 6-5 所示。

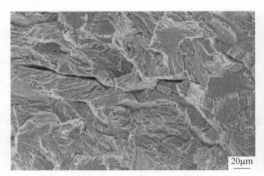 

(a) 304不锈钢在0.16%H₂S+5%NaCl+饱和CO₂溶液中的应力腐蚀开裂断口(解理台阶、河流花样、二次裂纹)　(b) 304不锈钢在0.16%H₂S+5%NaCl+0CO₂溶液中的应力腐蚀开裂断口(河流花样、扇形花样、二次裂纹)

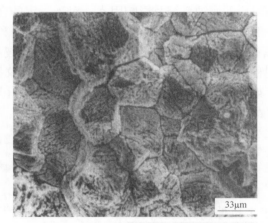

(c) 1Cr12Ni2WMoVNb不锈钢在3.5%NaCl溶液中的应力腐蚀断口
(冰糖状沿晶断口、断口上有核桃纹腐蚀花样)

图 6-5　应力腐蚀开裂断口典型微观形貌

第三节　应力腐蚀的机理

应力腐蚀开裂是一种非常复杂的腐蚀现象，裂纹只是腐蚀破坏的一种形式，各国科学家在其腐蚀机理方面做了大量的工作，研究人员也提出了多种关于应力腐蚀开裂的理论机理，但至今为止没有一种理论可以适用于所有的应力腐蚀开裂现象的解释，一种材料的应力腐蚀开裂也可能包含多种机制。目前，比较广泛被学者认可的应力腐蚀机理主要有：阳极溶解模型（电化学快速溶解模型）、表面膜破裂模型（滑移-溶解-断裂模型）、氢脆模型、隧道腐蚀模型等。

一、　阳极溶解模型

阳极溶解模型示意图如图 6-6 所示。该模型的前提是处在腐蚀介质中的金属表面会形成具有保护作用的钝化层或保护层，但由于金属组织结构上的缺陷，钝化膜总会存在一些不连续的薄弱点，即材料表面存在电化学的不均匀性。由于这些缺陷部位或薄弱点处的电极电位要比其他位置更低，成为活性相，在应力作用下引起破坏或减弱而暴露出新鲜的表面，这些新鲜的表面在电解质溶液中成为阳极，与作为阴极的剩余钝化膜部分组成大阴极-小阳极的电化学腐蚀电池。腐蚀过程中，阳极区的金属溶解形成阳离子进入溶液，阴极区的 H^+ 被还原生成 H_2 逸出或使溶解 O_2 发生去极化反应生成 OH^-。由于腐蚀过程中，阳极的面积比阴极的面积小得多，因此阳极的电流密度很大，导致阳极被腐蚀形成沟状裂纹。裂纹形成后应力在这些尖端处集中，附近区域发生一定的变形屈服，加速阳极区溶解，阻止膜的再钝化。这些裂纹在形成阶段仅仅是裂纹前端金属的快速溶解而并非真正的破裂，但快速溶解形成的裂纹在材料中的扩展就像是一把"电化学刀"劈开材料。同时，裂纹两侧因为有效应力很快消失，继续发展着的裂纹的侧面及金属整个表面是阴极，而裂纹尖端作为有效阳极，在应力不断作用下强化了电化学过程，裂纹继续发展、传播，最终导致金属发生破裂。

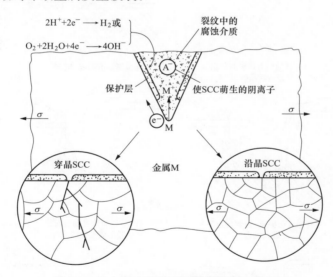

图 6-6　应力腐蚀开裂的阳极溶解模型示意图

该理论中可能成为裂纹源的位置主要是金属表面的缺陷部分，如晶界、表面的位错群、热处理过程中形成的表面应变区、滑移带上的位错堆积区、杂质原子引起的畸变区等，它们在一定条件下形成裂纹源，造成阳极的快速溶解导致金属破裂。但该理论不能解释某些体系的破裂速率高达 0.1mm/s，且忽略了氢在裂缝中的扩展、脆化和力的作用，存在一定的局限性。

二、　表面膜破裂模型

表面膜破裂模型示意图如图 6-7 所示。金属或合金在腐蚀介质中，表面形成一层保护膜，在应力作用下位错沿着滑移面运动至金属表面，在表面产生滑移台阶，使得表面的保护膜局部发生破裂，局部暴露出"新鲜"金属。该处相对于未破裂部位是活性阳极区，会发生瞬时溶解。伴随阳极溶解过程产生阳极极化，使阳极周围的"新鲜"金属再钝化，腐蚀坑周围重新生成钝化膜。随后在应力继续作用下，已经溶解的区域（如裂纹尖端或腐蚀坑底部）存在应力集中，因为该处的钝化膜会再一次破裂，产生新的活性阳极区，又发生瞬时溶解。这种膜破裂、"新鲜"金属溶解、再钝化过程的循环重复，就导致应力腐蚀裂纹的形核和不断向开裂前沿扩展，造成纵深裂纹直至断裂。

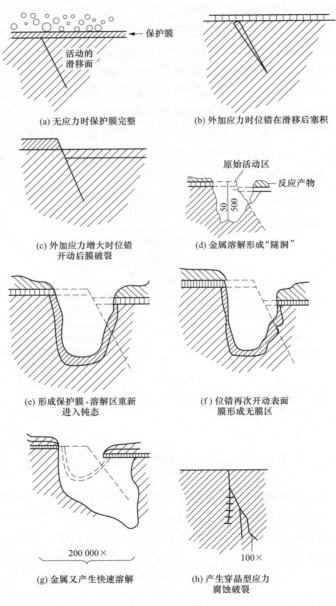

图 6-7　应力腐蚀开裂的表面膜破裂模型示意图

应力作用下的滑移，会使位错密集和缺位增加，还能促使某些元素或杂质在滑移带偏析，这些都会造成活性阳极区。表面膜破裂模型至少包括表面保护膜的形成、应力作用下金属产生滑移、表面保护膜破裂和裸金属的阳极溶解、裸金属的再钝化等过程。目前，对于 Cr-Ni 奥氏体不锈钢应力腐蚀开裂倾向于用表面膜破裂模型来解释。

三、 氢脆模型

氢脆理论认为在腐蚀过程中阴极产生的氢原子扩散到裂缝尖端的金属内部，使得该区域变脆，在应力和腐蚀介质的共同作用下氢原子不断产生并向裂纹尖端扩展，对材料断裂起主要作用。高强钢在潮湿大气、蒸馏水和水溶液体系中都容易发生氢脆，而导致应力腐蚀开裂；而严重冷加工的奥氏体不锈钢除了发生阳极溶解型应力腐蚀外，也发生氢脆，阳极极化和阴极极化都会促进开裂。

虽然氢在应力腐蚀中起着至关重要的作用，但就氢进入金属内部引起脆断机理方面的说法尚未统一，比如氢进入金属内部后降低裂缝前端的原子键结合能，以及由于吸附氢导致金属表面能下降，造成高内压，促进位错活动，生成氢化物等。

四、 隧道腐蚀模型

隧道腐蚀模型的示意图如图 6-8 所示。该模型认为，在平面排列的位错露头处或新形成的滑移台阶位置，处于高应变状态的原子发生择优溶解，它沿着位错线向纵深发展，形成一个个的隧道空洞。在应力作用下，隧道空洞之间的金属产生机械撕裂，当机械撕裂停止后，又重新产生隧道腐蚀。此过程的不断反复就导致了裂纹的扩展，直至最终断裂。

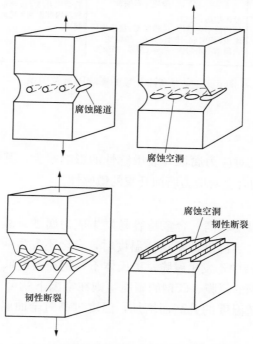

图 6-8　应力腐蚀开裂的隧道腐蚀模型示意图

第四节　应力腐蚀的影响因素

影响应力腐蚀开裂的因素主要包括环境、应力、冶金等方面，各因素与应力腐蚀的关系较为复杂，如图 6-9 所示。

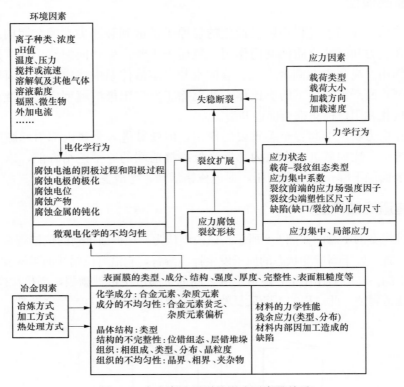

图 6-9　应力腐蚀开裂的影响因素及关系

一、 环境因素

合金所处环境的状况对应力腐蚀开裂敏感性的影响很大，其中环境的温度、介质成分、浓度和 pH 值都影响合金对应力腐蚀开裂的敏感性。

1. 环境温度

一般情况下，环境温度越高，合金越容易发生应力腐蚀开裂。同时，部分应力腐蚀体系存在临界开裂温度，当温度低于这一温度时，合金不发生应力腐蚀开裂。如碳钢在温度低于 50℃ 的浓碱溶液中不发生碱脆；奥氏体不锈钢在温度低于 90℃ 的含有氯离子的水中不发生氯脆；而黄铜的氨脆、碳钢的硝脆等则在常温下就可以发生。但通常情况下，应力腐蚀开裂的敏感性随温度的升高而增加，温度过高时全面腐蚀的发生会抑制应力腐蚀的发生。

2. 介质成分与浓度

由于应力腐蚀开裂对介质都具有一定的选择性，应力腐蚀开裂只能在特定的合金-环境体系中发生，因此环境介质的成分直接影响应力腐蚀开裂的敏感性。图 6-10 所示为应力在 245MPa 条件下，氯化物溶液对奥氏体不锈钢断裂时间的影响，由图可以看出，氯化物浓度的增加加速了奥氏体不锈钢的断裂，当应力作用一定时，不锈钢在高浓度氯化物中的应力破裂存在最敏感的浓度范围，图中 304 不锈钢、316 不锈钢在沸腾 $MgCl_2$ 溶液中最敏感的质量分数分别为 42%、45%。

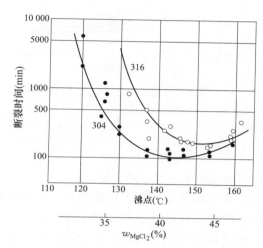

图 6-10　304 和 316 不锈钢在不同沸点（浓度）$MgCl_2$ 溶液中发生应力腐蚀开裂的断裂时间

氧化剂的存在对应力腐蚀开裂有明显的影响，如溶解氧或其他氧化剂的存在，对奥氏体不锈钢在氯化物溶液中的开裂起到关键作用，如果没有氧的存在，就不会发生开裂。环境中有的成分会对应力腐蚀开裂具有抑制作用，如奥氏体不锈钢在氯化物的溶液中，加入少量甘油、甘醇、醋酸钠、硝酸盐、苯甲酸盐等，能够使应力腐蚀开裂减缓或停止。

3. 环境 pH 值

环境 pH 值对应力腐蚀开裂也具有重要影响。例如酸性溶液对低碳钢的硝脆起加速作用，因此凡是水溶液呈酸性的硝酸盐类都能促进低碳钢的硝脆；对不锈钢而言，pH 升高可以减缓应力腐蚀，溶液的整体 pH 越低，应力腐蚀断裂的时间越短，但整体溶液 pH 过低（pH<2）可能造成全面腐蚀。当 pH 在 6~7 时，18-8 型不锈钢对应力腐蚀最为敏感。同时需要注意的是，一般情况下，裂纹尖端溶液的 pH 值比整体溶液的 pH 值小 2~3 个单位。

二、 应力因素

应力是影响合金应力腐蚀开裂的重要因素。当应力增大时，破裂时间会缩短。在不同的应力水平下进行应力腐蚀试验，通过测量材料在不同应力水平下的断裂时间，可以得到应力腐蚀开裂的临界应力值。在大多数产生应力腐蚀的系统中，存在临界应力值，临界应力值与环境、合金成分和温度等有关。即当应力低于该数值时，材料就不会发生应力腐蚀开裂，如图 6-11 所示。

临界应力值一般低于材料的屈服强度，某些情况下，临界应力值约低于材料屈服强度的 10%，但有些情况下，临界应力值约为材料屈服强度的 70%。对于所有的应力腐蚀

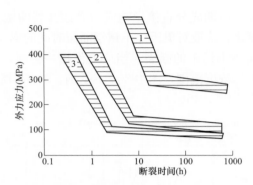

图 6-11　应力对 Cr-Ni 不锈钢在沸腾的 42% $MgCl_2$ 溶液中应力腐蚀开裂的影响
1—Cr15Ni2（AISI310），Cr25Ni20Si（AISI314）；2—1Cr18Ni12（AISI305），2Cr23Ni13（AISI309），
0Cr17Ni13Mo2（AISI316），0Cr18Ni11Nb（AISI347），00Cr18Ni13Mo（AISI317L）；
3—0Cr18Ni10（AISI304），00Cr18Ni10（AISI304L）

系统，是否都存在临界应力值也尚未有统一的定论。

在一个特定的应力腐蚀开裂体系中，应力可能起到一种或多种作用。如应力引起塑性变形，组织裂纹尖端保护膜的生成或使裂纹尖端的保护膜不断破裂，滑移台阶露出表面，尖端表面活性上升，促进局部电化学腐蚀；应力使腐蚀产生的裂纹不断向纵深方向发展，方便新鲜的腐蚀溶液不断进入向前延伸的裂缝中，使应力腐蚀持续进行；对于遭受晶间腐蚀的材料，应力使晶界、晶粒开裂并沿与拉应力垂直的方向向内延伸；应力还能使弹性能集中于局部，导致裂缝以催化方式扩展。

三、　冶金因素

在某些体系中，只有特定的合金才会发生应力腐蚀开裂，合金的成分、结构和表面之间有着密切的联系，而结构又受热处理过程的变化而变化，这些因素有时表现出一致性，有时又表现出复杂的关系。通常情况下，合金的成分和结构的变化不仅会使得材料的力学性能发生变化，而且对材料在腐蚀过程中的化学和电化学行为产生一定影响。

合金的成分对应力腐蚀开裂的敏感性影响相当大。许多元素对合金的抗应力腐蚀开裂是有害的，如元素周期表中第ⅤA族的元素 N、P、As、Sb 和 Bi，通常会降低合金的抗应力腐蚀开裂的能力；但 Si 和 Ni 等部分元素在一般条件下是有益的。不同合金元素对奥氏体不锈钢在氯化物中的抗应力腐蚀性能的影响如图 6-12 所示。

除合金元素外，各种热处理方法对应力腐蚀开裂敏感性的影响也不同。低碳钢的奥氏体化温度越高，应力腐蚀开裂的敏感性越大；冷却速度越慢，应力腐蚀开裂的敏感性越小；水淬处理的应力腐蚀开裂敏感性最大，其次是油淬，再次是空冷，炉冷处理对应力腐蚀开裂敏感性的影响最小。

此外，晶体结构不同对合金的抗应力腐蚀性能也有一定差异。具有面心立方的奥氏体不锈钢在较低应力容易滑移，出现层状位错结构，因而易于发生应力腐蚀；而体心立方结构的铁素体不锈钢滑移体系多，层错能高，容易形成网状位错结构，难于出现粗大的滑移台阶，不易发生应力腐蚀开裂。

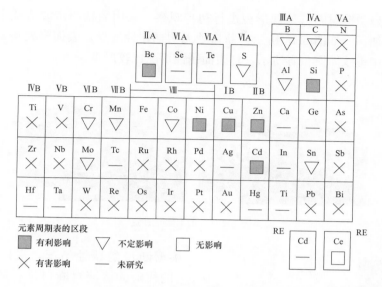

图 6-12　元素对奥氏体不锈钢在氯化物溶液中抗应力腐蚀开裂性能的影响

第五节　典　型　案　例

一、低温过热器受热面管焊接接头断裂失效

1. 情况简介

某公司余热锅炉低温过热器在运行检查过程中发现多受热面管的焊接接头发生泄漏，其中有部分受热面管在焊接接头处已发生断裂。经现场调查，该设备位于水泥厂区内，在投入运行前所有的焊接接头均通过了射线探伤检验。断裂的焊接接头位于过热器外部的受热面管连接弯头的直管段，其材质为 12Cr1MoVG，规格为 $\phi42\times4.5\text{mm}$，焊接接头采用双层 TIG 焊；管道焊接接头成形较差，且未进行焊后消除应力热处理，运行过程中管道内介质为 200℃的高温蒸汽，工作压力为 1.6～1.7MPa。管道断裂的位置及断口形貌如图 6-13 所示。

(a) 三层受热面管

(b) 管道断裂位置

(c) 断裂的焊接接头

图 6-13　管道断裂现场及断口形貌

2. 检查与测试

（1）爆口宏观形貌。

采用体视显微镜对断口宏观形貌进行初步观察，采用酒精超声波清洗去除断口表面附着的灰尘和油污，如图 6-14 所示。断口处无明显塑性变形，表面多处覆盖白色粉末状结垢物，如图中虚线所圈位置所示，且表面锈蚀情况比较严重。

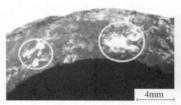 

图 6-14　断口宏观形貌

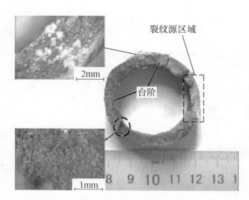

图 6-15　除锈处理后断口整体形貌

根据断口的锈蚀情况，采用体积分数为 0.5% 的稀磷酸溶液对断口进行超声波酸洗除锈，酸洗后的断口形貌如图 6-15 所示。图中右侧可见明显具有方向性的弧形纹和人字纹，放大后如图 6-16 所示。弧形纹是疲劳断裂断口最典型的宏观形貌特征，疲劳弧线的形状会受到缺口敏感性、应力集中等因素的影响。人字纹花样是脆性断裂的显著宏观特征，当没有应力集中时其尖头方向指向断裂源，相反的方向为裂纹扩展方向，如果两侧均有应力集中，则人字纹的尖头方向为裂纹扩展的方向。结合管道的实际工作状态，可以确定该焊接接头在运行过程中存在结构应力、残余应力等因素引起的应力集中。根据人字纹花样的方向可以判断裂纹源在图 6-16（c）所示的焊缝根部。

另外，在断口表面一定区域可观察到较为明显的台阶，台阶沿管壁周向分布，管子开裂处受力大，裂纹扩展较为迅速。断口台阶处可观察到明显磨损痕迹，说明管子开裂后运行过程中存在碰撞、振动情况。

根据以上对断口宏观形貌的观察与分析，裂纹源形成于焊缝根部，随后沿着管道周向快速扩展，最终发生断裂。

（2）化学成分分析。

对断裂后的受热面管母材部分进行取样，采用直读光谱仪进行化学成分分析可知，受热面管主要元素化学成分符合 GB/T 5310—2017 对 12Cr1MoVG 的技术要求。

（3）力学性能分析。

将断裂的焊缝试样沿 A—A 剖面切割，如图 6-17 所示，对纵断面进行金相制样并进行显微维氏硬度测试，根据 GB/T 1172—1999《黑色金属硬度及强度换算值》，将硬度值转换为抗拉强度，母材的抗拉强度和屈服强度均满足 GB/T 5310—2017 对 12Cr1MoV 的技术要求。由于试样未实际作力学拉伸试验，抗拉强度的换算结果只能作为参考。

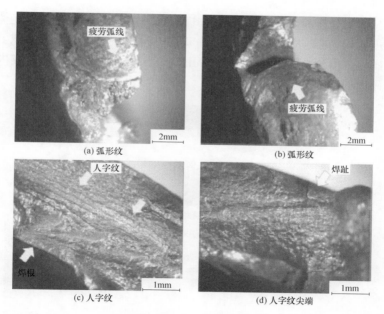

图 6-16 断口局部形貌

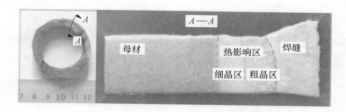

图 6-17 焊接接头断口取样位置

图 6-18 所示为焊接接头断口处纵截面的硬度测试位置及分布曲线。其中线 1 方向为母材至焊缝，线 2 方向为母材外表面至内表面。从图 6-18（b）可以看出，沿线 1 反向由母材、热影响区到焊缝硬度逐渐上升，各自区域硬度值正常；沿线 2 方向母材内外表面的硬度均低于中心部位的硬度，应由于内外表面脱碳现象造成。

（4）金相组织检验。

对图 6-17 中 A—A 剖面进行微观金相组织观察，如图 6-19（a）所示。图 6-19（b）、（c）分别为焊接接头热影响区及焊缝的金相组织。热影响区中金相组织为铁素体和贝氏体，晶粒较大，且局部区域的晶界有沿晶析出相的特征；焊缝区域金相组织由铁素体和粒状贝氏体组成，组织较热影响区的更为细小均匀，所以焊缝的硬度

(a) 焊接接头硬度测试位置

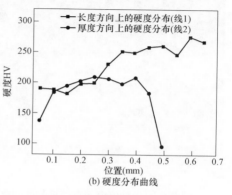

(b) 硬度分布曲线

图 6-18 硬度测试位置及分布曲线

高于热影响区。母材处金相组织如图 6-19（d）、（e）所示，铁素体和珠光体呈均匀的带状组织，晶粒度等级为 10，满足标准 GB/T 5310—2017 中对晶粒度的要求。在内表面和外表面存在脱碳层，厚度分别达到了 0.26mm 与 0.15mm，脱碳层是造成内外表面硬度低于母材中心硬度的原因。

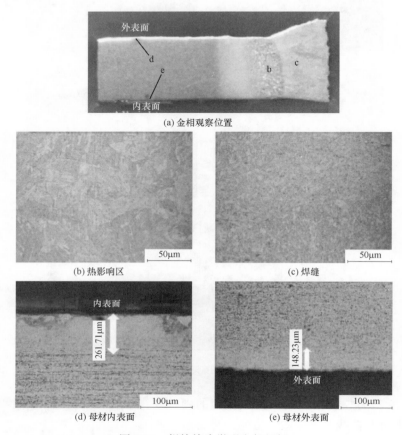

图 6-19　焊接接头微观金相组织

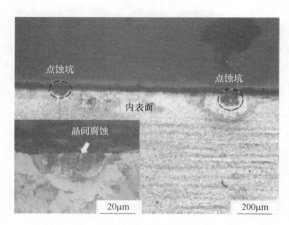

图 6-20　母材内表面点蚀抗与晶间腐蚀

在管子内壁局部区域发现点蚀坑存在，如图 6-20 所示。进一步对点蚀坑进行观察，发现点蚀坑周围布满了裂纹，且有晶粒脱落的现象，符合低碳钢碱性腐蚀的特征。

（5）断口扫描电镜及能谱分析。

图 6-21 所示为断口进行除锈处理前的 SEM 微观形貌。断口处晶粒表面有泥纹花样、二次裂纹和核桃纹花样，泥纹和核桃纹花样是应力腐蚀断口的基本微观特征。

图 6-22 所示为断口表面的覆盖物和

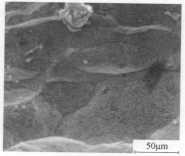

(a) 泥纹花样　　　　　　　　　　(b) 二次裂纹和核桃纹花样

图 6-21　断口除锈处理前的微观形貌

内嵌物的能谱分析结果，其中含有较多的 Na、Mg、K、Ca 等元素。

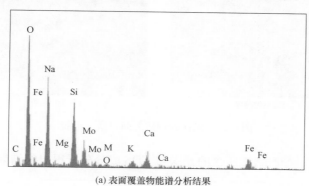

(a) 表面覆盖物能谱分析结果

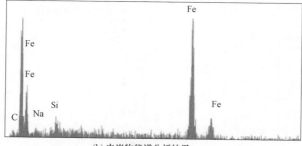

(b) 内嵌物能谱分析结果

图 6-22　表面覆盖物与内嵌物能谱分析结果

　　图 6-23 所示为断口除锈后的 SEM 微观形貌。由于在断裂后断口所处的环境比较恶劣，在断口上没有发现明显的疲劳辉纹，只有弧形纹存在。在管内表面焊根位置呈现冰糖状，边缘腐蚀较严重，晶界处腐蚀明显。在人字纹的尖端即焊趾处，可见滑移特征，可以说明此处同样为一个裂纹源。有研究表明钢中的 C 含量对发生碱脆的敏感性有很大关系，认为随着 C 含量从 0.21% 降至 0.009%，碱脆的敏感性逐渐增大。

　　(6) 断口腐蚀产物 XRD 分析。

　　对断口表面取的结垢样进行 X 射线衍射（XRD）分析，物相分析图谱结果如图 6-24所示。由图 6-24 可以看出，结垢中含有 $K[Al_3(SO_4)_2(OH)_6]$，$NaAl_3(SO_4)_2(OH)_6$，

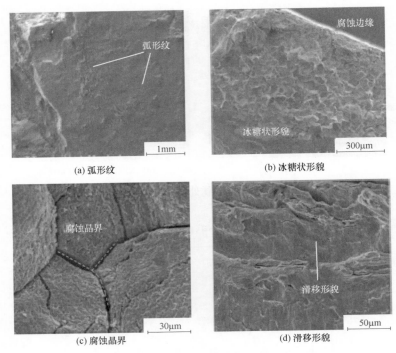

图 6-23 除锈处理后的断口微观形貌

Fe_3O_4 以及 $MgFe_2O_4$ 等产物，所含的元素与 EDS 成分分析得出的结果相符。

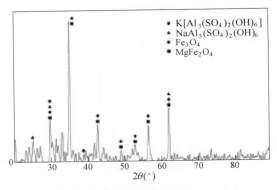

图 6-24 断口表面结垢 XRD 物相分析图谱

3. 综合分析

低温过热器管断口处宏观、微观形貌特点具有疲劳断裂的典型特征。裂纹源形成于焊缝根部，随后沿着管道周向快速扩展，最终发生断裂。由于焊后未进行消除应力处理，焊接接头位置存在较大的残余应力，焊接接头背面成形较差，焊根位置存在较大的应力集中，在循环载荷作用下容易形成疲劳源或已存在裂纹缺陷发生快速扩展。循环载荷可由在运行过程中管内蒸汽波动产生一定程度的震动形成。

综合现场水样酸碱度、管子内壁腐蚀坑形貌、断口扫描电镜微观形貌、腐蚀产物能谱和 XRD 分析结果，判断低温过热器管焊缝处发生了应力腐蚀开裂。XRD 分析结果显示

腐蚀产物包含 $K[Al_3(SO_4)_2(OH)_6]$ 和 $NaAl_3(SO4)_2(OH)_6$，现场水样 pH 值为 8.57，因此可以确定管内的蒸汽携带了较多的盐分，会在管道中凝结沉积，影响低温过热器管的热交换，从而引起管壁的温度升高，渗透到沉积物下的碱性蒸汽发生浓缩，使介质 pH 值升高，在高 pH 值下发生碱性腐蚀。由此可知，局部碱性腐蚀导致管道内壁出现点蚀坑，在焊接接头残余应力、管系结构应力的共同作用下发生应力腐蚀开裂。

4. 结论及预防性措施

低温过热器受热面管的断裂由于应力腐蚀和疲劳共同作用导致，其中应力腐蚀为主要原因。受热面管焊接接头焊趾位置碱性腐蚀造成的内表面点蚀坑为裂纹源，运行过程中在结构应力、残余应力和腐蚀介质的共同作用下形成应力腐蚀开裂。

（1）建议在焊缝焊接过程中严格执行加热、保温、冷却工艺，保证焊缝质量，焊后热处理应在最低温度 593℃下保温至少 15min。

（2）控制介质酸碱度在一定范围内，降低蒸汽中的含盐量，避免发生点蚀现象。

二、锅炉空气预热器换热片碎裂失效

1. 情况简介

某电厂 1 号炉共设 A、B 两台容克式空气预热器，由上海锅炉厂有限责任公司设计制造，产品型号为 2-29VI(T)-2050(2083)SMRC，换热片材料为 SPCC-SD 钢板。锅炉投产使用时间约为 29 300h 时空气预热器发生异常，检查发现空气预热器内部换热片发生碎裂，如图 6-25 和图 6-26 所示。

图 6-25 空气预热器模块内换热片形貌

图 6-26 空气预热器模块外换热片形貌

2. 检查与测试

（1）宏观形貌。

宏观形貌观察如图 6-27 和图 6-28 所示，1 号炉空气预热器换热片材料为波形薄钢板，厚度为 0.6mm，在模块内部换热片碎裂成不同的小块，如图 6-29 和图 6-30 所示，波形薄钢板经人工压平后，可见裂纹开裂形貌。裂纹开裂无明显方向性，开裂形式基本呈 S 形或者树枝形。

图 6-27　波形换热片取样形貌

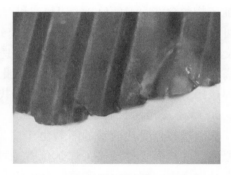

图 6-28　波形换热片碎裂后形貌

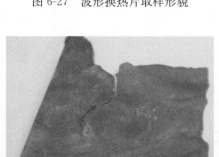

图 6-29　波形换热片压平后形貌

图 6-30　波形换热片压平后形貌

（2）化学成分分析。

SPCC-SD 钢板原是日本 JIS 标准中一般冷轧碳钢薄板，相当于我国 Q195～Q215A 钢板。经原子吸收光谱试验分析，换热片波形板取样材料为碳钢，钢板中并无 Cr、Ni、Cu 等合金元素。

（3）金相组织分析。

对 A、B 空气预热器换热片波形钢板切割取样进行压平，在板材裂纹开裂部位截取金相试样用低倍显微镜观察，如图 6-31～图 6-36 所示。A 空气预热器换热片波形钢板局部存在严重腐蚀坑，其他部位存在稀疏的点状白色腐蚀小坑，裂纹在表面腐蚀坑部位起始开裂，以一条主裂纹分叉出支裂纹方式扩展。B 空气预热器换热片波形钢板表面及边缘存

图 6-31　A 空气预热器波形换热片裂纹开裂形貌

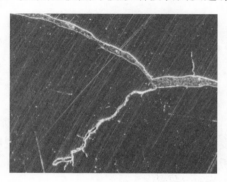

图 6-32　A 空气预热器波形换热片裂纹开裂形貌

在稀疏的腐蚀坑，腐蚀坑周围存在细小的裂纹，如图 6-37、图 6-38 所示。

图 6-33　A 空气预热器波形换热片
裂纹开裂起始部位形貌

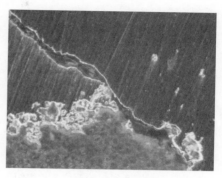

图 6-34　A 空气预热器波形换热片
裂纹开裂起始部位形貌

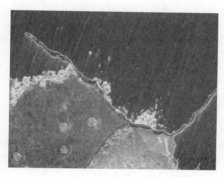

图 6-35　A 空气预热器波形换热片
裂纹开裂起始部位形貌

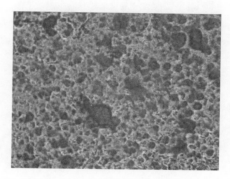

图 6-36　A 空气预热器波形换
热片腐蚀坑部位形貌

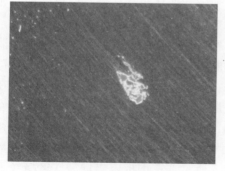

图 6-37　B 空气预热器波形换热片
表面局部腐蚀坑形貌

图 6-38　B 空气预热器波形换热
片边缘腐蚀坑形貌

　　通过金相显微镜观察分析，A 空气预热器换热片裂纹起始部位存在严重的腐蚀坑，如图 6-39、图 6-40 所示，裂纹以穿晶形式呈树枝状向内部扩展，如图 6-41 所示。金相组织是铁素体＋碳化物，如图 6-42 所示。B 空气预热器换热片表面局部存在腐蚀小坑，腐蚀坑边缘存在小裂纹，相对 A 空气预热器，B 空气预热器换热片波形钢板表面腐蚀及裂纹开裂程度相对较轻。

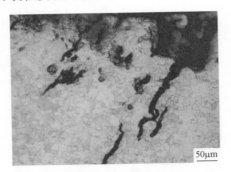

图 6-39　裂纹开裂起始部位金相组织

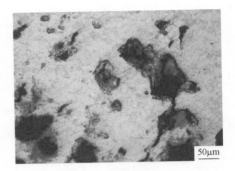

图 6-40　裂纹开裂起始部位腐蚀坑

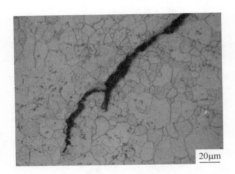

图 6-41　裂纹尖端部位金相组织

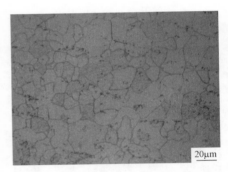

图 6-42　A 空气预热器换热片取样金相组织形貌

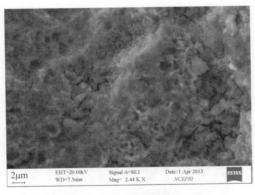

图 6-43　断口表面微观形貌

（4）扫描电镜及能谱分析。

通过扫描电镜对未清洗的薄钢板进行微观形貌观察，断口表面存在腐蚀产物，隐约可见裂纹，沿晶和穿晶混合形势发展，如图 6-43 所示。

在未清洗的断口表面、用无水乙醇清洗后的断口表面以及用人工失效后新断断口表面进行能谱分析。能谱分析结果显示，在未清洗断口表面存在 K、Na、Ca 等强碱元素及 Al、Si、S 等灰分元素，如图 6-44 所示。经无水乙醇清洗后，断口表面强碱元素减少，K 元素未出现，存在灰分元素成分，如图 6-45 所示。在钢板未出现裂纹区域经人工撕裂断裂后，通过能谱试验分析，未发现明显强碱元素及灰分元素成分，如图 6-46 所示。

3. 综合分析

化学成分分析显示，与材料牌号基本相符，为冷轧碳素钢板。

宏观形貌及金相组织特征表明，A、B 空气预热器波形钢板换热片表面局部存在腐蚀坑，树枝状裂纹从腐蚀坑周围起裂，以穿晶方式扩展，A 空气预热器换热片相对 B 空气预热器严重。

扫描电镜及能谱分析可知，断口表面存在沿晶和穿晶混合型裂纹，原始断口表面存在强碱元素及灰分元素成分，新断口表面未见强碱元素及灰分元素成分。

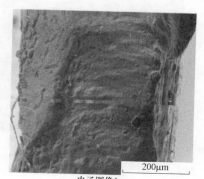

电子图像1

(a)

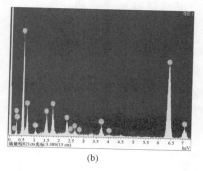

(b)

化学元素质量百分比(%)		
O K	32.85	32.68
Na K	2.47	1.71
Al K	0.81	0.48
Si K	1.46	0.83
S K	1.05	0.52
Cl K	1.36	0.61
K K	0.82	0.33
Ca K	0.58	0.23
Fe K	13.79	3.93
总量	100.00	100.00

图 6-44 未清洗断口表面能谱分析

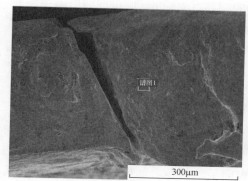

电子图像1

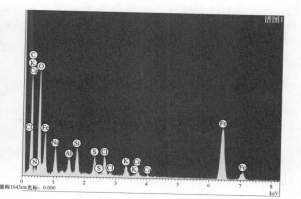

图 6-45 清洗后断口表面能谱分析

据电厂提供资料，1 号炉 A、B 两台空气预热器在投入使用中，A 空气预热器使用较为频繁，在锅炉脱硝程序中，空气预热器前要加氨，且存在氨逃逸现象发生。在空气预热器高温区、流道面积较窄、扇形模块与换热片结合应力较大部位，波形钢板换热片发生碎裂的情况严重。

综合上述分析，1 号炉在锅炉脱硝过程中，空气预热器内部形成碱性环境，A 空气预

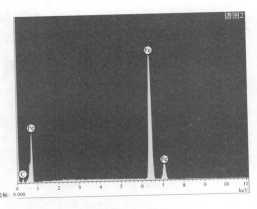

电子图像1

图 6-46 钢板无裂纹区域经人工撕裂后新断口表面能谱分析

热器在频繁使用过程中，换热片在应力较大部位形成强碱离子聚集，碳钢板材料发生碱脆所致。越是在空气预热器高温区、扇形模块与换热片应力结合较大部位，以及换热片流道面积较小区域，越易发生碱脆。

4. 预防性措施

改善空气预热器内壁的碱性环境，尽量避免氨逃逸现象发生，以降低空气预热器换热片高温区、应力大部位发生碱性腐蚀的可能性。

三、 水冷壁管泄漏失效分析

1. 情况简介

某公司两台生活用直流锅炉的炉膛先后发生漏水，经检查发现为水冷壁管开裂失效。锅炉燃料采用天然气，工作压力为 1.0MPa，投产时间超过 4000h，服役期间启停较频繁。水冷壁管材质为 304 不锈钢（06Cr19Ni10），规格为 $\phi27\times2.5mm$，介质温度为 175℃。给水为经 Na 型阳离子交换器处理的自来水，其中溶解氧含量为 10mg/L、氯离子含量为 20mg/L。

2. 检查与测试

（1）宏观形貌。

对泄漏水冷壁进行宏观形貌观察，整个管段无胀粗变形现象，向火侧可见两处横向裂纹，如图 6-47 所示，裂纹处外表面呈红褐色。将水冷壁管对半剖开，发现两条裂纹均已贯穿基体，内壁裂纹的张开宽度大于外壁，内表面呈红褐色，如图 6-48（a）、（b）所示。管段背火侧内外表面仍为灰色。

将裂纹打开对其断口进行观察，靠近内表面为红褐色，外表面为黑色，目视可见有明显分界线，如图 6-48（c）所示。断口较为平整，无明显塑性变形，表面粗糙呈颗粒状，呈现脆性断口典型特征。

用壁厚千分尺对水冷壁管的向火侧和背火侧进行测量。向火侧壁厚为 2.61～2.65mm，背火侧壁厚为 2.52～2.58mm。该管标称壁厚为 2.5mm，未见明显减薄。

（2）化学成分分析。

从水冷壁裂纹附近取样，采用直读型光谱仪进行化学成分分析，结果见表 6-2。根据

图 6-47 水冷壁管的横向裂纹

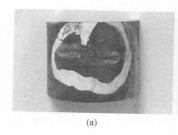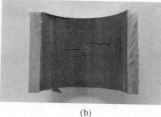

(a)　　　　　　　　　　　(b)　　　　　　　　　　　(c)

图 6-48 裂纹的宏观形貌

GB/T 222—2006《钢的成品化学成分允许偏差》中的规定,该水冷壁管的化学成分符合 GB 13296—2013《锅炉、热交换器用不锈钢无缝钢管》中对 304 不锈钢的要求。

表 6-2　　　　　　　　　　　　　　水冷壁管的化学成分　　　　　　　　　(质量分数,%)

元素	C	Si	Mn	P	S	Cr	Ni
实测值	0.032	0.37	0.88	0.036	0.0013	18.37	7.94
标准值 GB 13296—2013	≤0.08	≤1.00	≤2.00	≤0.035	≤0.030	17.00~19.00	8.00~10.00
GB/T 222—2006 允许偏差	—	—	—	上偏差 0.005	—	—	下偏差 0.1

(3)力学性能分析。

在水冷壁管向火侧和背火侧取样进行拉伸试验和硬度检验,结果表明,水冷壁管的拉伸性能和硬度均符合 GB 13296—2013 的要求,具体结果见表 6-3。

表 6-3　　　　　　　　　　　　拉伸试验及硬度检验结果

力学性能	规定塑性延伸强度（MPa）	抗拉强度（MPa）	断后伸长率（%）	洛氏硬度（HRB）
向火侧实测值	289	659	69.5	83.2
背火侧实测值	323	677	66	82.2
标准值	≥205	≥520	≥35	≤95

(4)金相组织分析。

在水冷壁管向火侧目视检查无裂纹处取纵截面试样,对其显微组织进行观察。该试样显微组织为等轴的奥氏体晶粒，晶粒均匀，晶粒度级别为 6.5 级，无明显老化现象。在向火侧内壁发现一条裂纹，长度为 0.42mm，沿晶界由内壁向外壁扩展；并且向火侧内壁其他部位也存在晶界腐蚀现象，晶界之间明显分离，已形成新的裂纹源，个别晶粒已脱落，如图 6-49 所示。

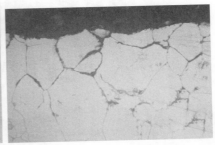

图 6-49　向火侧内壁的显微组织

（5）断口扫描电镜及能谱分析。

采用 SEM 对裂纹处断口进行微观形貌观察，断口表面靠近内壁有氧化产物覆盖，由内壁向心部逐渐减少，靠近外壁断口无覆盖物，如图 6-50 所示。断口呈冰糖状，均沿晶界开裂，呈典型脆性断裂特征。

对覆盖产物进行能谱分析（EDS），结果见表 6-4。结果显示，断口上的覆盖物中含 Ca、Mg、C、Si 和 O 等元素，其主要成分为 Ca、Mg 的碳酸盐和硅酸盐水垢。覆盖物中还发现存在 Cl 元素，其唯一来源为自来水中的氯离子。

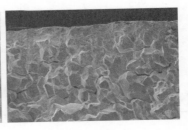

图 6-50　试样的断口形貌

表 6-4　　　　　　　　　　　　覆盖层的 EDS 分析结果　　　　　　　　（质量分数，%）

元素	C	O	Si	Cl	Mg	Ca	Cr	Fe
实测值	15.95	57.00	0.67	0.51	0.45	26.18	2.75	6.19

3. 综合分析

对水冷壁管进行拉伸试验、硬度检验和化学成分分析，均符合 GB 13296—2013 对 304 不锈钢的要求，说明失效不是由于材质问题引起。

由水冷壁管宏观形貌可知裂纹已裂透，开口程度内壁大于外壁，且内壁多处发现未贯穿裂纹。断口靠近内表面已被氧化为红褐色，外表面为黑色，均表明裂纹起源于水冷壁管向火侧内表面，逐渐向外表面扩展，具有多源性特征。

通过金相组织和 SEM 对裂纹形态、断口微观形貌观察结果表明，裂纹均沿晶界扩展，断口为冰糖状，呈典型脆性开裂特征。能谱分析结果显示断口覆盖物中含有氯离子，说明水冷壁管内壁在氯离子介质环境下运行。水冷壁管材质为 304 非稳态奥氏体型不锈热强钢，它在空气、中性介质中具有优良的耐蚀性和组织稳定性，但奥氏体不锈钢对氯离子极为敏感，几个 10^{-6} 含量的氯离子就会对其腐蚀行为造成影响。此外，水冷壁管在运行过程中内壁也承受着来自管系、热膨胀等因素引起的应力作用。综上所述，判断该锅炉水冷壁管发生了应力腐蚀开裂。

该锅炉水冷壁内介质为经 Na 型阳离子交换器处理后的自来水，溶解氧含量为 10mg/L、氯离子含量为 20mg/L。304 不锈钢在氯离子溶液中的应力腐蚀开裂机理为阳极溶解型，即氯离子和不锈钢钝化膜中的阳离子结合成可溶性的 $FeCl_3$，形成点蚀孔洞，伴随阳极溶解过程阳极钝化，在点蚀孔洞周围重新钝化；随后在应力作用下，点蚀坑底部的钝化膜破坏，形成新的活性阳极区，继续深入阳极溶解腐蚀，在应力和腐蚀的交互作用下导致裂纹萌生。对于奥氏体不锈钢来讲，在室温下较少有发生氯化物应力腐蚀开裂的危险性，容易发生开裂的温度是 50～200℃，这个温度范围内发生的断裂事故高达全部断裂事故的 50%，锅炉水冷壁内介质温度 175℃处在发生应力腐蚀的敏感温度范围内。而水中的溶解氧也是奥氏体不锈钢在高温环境下发生应力腐蚀的促进因素，在中性环境中溶解氧或有其他氧化剂的存在是引起应力腐蚀破裂的必要条件。溶液中溶解氧增加，应力腐蚀开裂就越容易，在充分脱氧的溶液中则几乎不引起应力腐蚀破裂。此外，运行过程中受到锅炉启停、燃烧不稳定等引起水冷壁管热胀冷缩产生的应力也加速了裂纹的扩展速度。

4. 结论及预防性措施

（1）水冷壁管开裂失效是由于 304 不锈钢在氯离子介质、溶解氧、工作应力共同作用引起的应力腐蚀引起。

（2）水冷壁管的工作压力为 1.0MPa，工作外壁温度为 230℃，根据 TSG 11—2020《锅炉安全技术规程》推荐工作压力≤1.6MPa、壁温≤350℃的受热面管子应使用制造标准为 GB/T 8163 的 10、20 碳素钢。因水冷壁内介质含有一定量的氯离子、溶解氧，更应该避免使用对氯离子应力腐蚀敏感性较高的奥氏体型不锈钢，应替换为碳素钢或低合金钢。

（3）严格控制锅炉给水品质，应对给水采取除氯、除氧、降低硬度等措施，有效控制腐蚀速度。

（4）尽量降低锅炉的启停频率，避免燃烧不稳定、过热、异常震动等现象。

四、 余热锅炉中温过热器管焊缝失效

1. 情况简介

某垃圾焚烧发电厂余热锅炉的最大连续蒸发量为 100.4t/h，额定过热蒸汽出口温度为 400℃，工作压力为 4MPa。该锅炉在安装煮炉后的试烧垃圾过程中发现中温过热器出口管段多处焊缝出现开裂现象，如图 6-51 所示。煮炉药液浓度为每吨水加 4kg 氢氧化钠与 4kg 磷酸三钠。中温过热器管材质为 12Cr1MoVG，规格为 $\phi 51 \times 5mm$。

2. 检查与测试

(1) 宏观形貌。

图 6-51 开裂管段的结构布置图

中温过热器管焊缝出现开裂的数量较多，裂纹的位置基本一致，均位于焊缝或熔合线附近，沿环向扩展，可初步认为该批管段开裂的时间、原因相同。选取两段裂纹较为明显的管段开展试验分析工作，两管段分别编号为 1 号和 2 号，为使裂纹显现更为清晰，将两管段纵向剖开并对裂纹附近进行着色渗透，裂纹宏观形貌如图 6-52 所示。两管段内外壁均存在明显裂纹，裂纹主要位于焊缝的熔合线位置，少量裂纹位于熔合线两侧的焊缝或母材热影响区上，且内壁裂纹的开口宽度大于外壁侧。由此可初步判断裂纹在中温过热器管内壁侧焊缝熔合线或热影响区形成，向外壁侧扩展，并最终穿透整个管段壁厚。

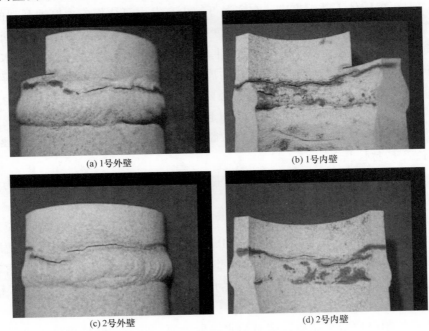

(a) 1号外壁   (b) 1号内壁

(c) 2号外壁   (d) 2号内壁

图 6-52 取样管表面裂纹宏观形貌

(2) 化学成分分析。

表 6-5 为 1、2 号管段焊缝两侧母材取样化学成分分析结果，失效管段母材化学成分均符合 GB/T 5310—2017 对 12Cr1MoVG 的技术要求。

(3) 硬度测试。

对 1、2 号开裂管焊接接头、热影响区及附近母材进行维氏硬度测试，并参考标准 GB/T 33362—2016《金属材料 硬度值的换算》中表 A.1 将所测维氏硬度转化为布氏硬度，具体测试结果见表 6-6。

1、2 号管段母材硬度值均符合 GB/T 5310—2017 对 12Cr1MoVG 的技术要求。

DL/T 869—2012 中规定"同种钢焊接接头热处理后焊缝的硬度，不超过母材布氏硬度值加 100HB，且不超过下列规定：合金总含量小于或等于 3%，布氏硬度值不大于 270HBW；合金总含量小于 10%，且不小于 3%，布氏硬度值不大于 300HB。"由测试及转化结果可知 1、2 号焊缝硬度值均高于 A 侧（开裂侧）母材硬度值加 100HB，超出了标准 DL/T 869—2012 的规定。

表 6-5 化学成分分析结果 （质量分数%）

编号	C	Si	Mn	P	S	Cr	Mo	V
1 号-A 侧	0.11	0.27	0.56	0.010	0.008	1.08	0.30	0.17
1 号-B 侧	0.12	0.27	0.56	0.010	0.007	1.10	0.29	0.17
2 号-A 侧	0.11	0.27	0.56	0.010	0.008	1.09	0.30	0.17
2 号-B 侧	0.11	0.26	0.55	0.010	0.007	1.07	0.29	0.16
GB/T 5310—2017	0.08～0.15	0.17～0.37	0.40～0.70	≤0.025	≤0.010	0.90～1.20	0.25～0.35	0.15～0.30

表 6-6 硬度测试结果 （HV/HB）

编号	A 侧母材		B 侧母材		A 侧热影响区		B 侧热影响区		焊缝	
1	162/154	162/154	194/184	193/183	262/247	242/230	219/208	229/218	266/253	273/260
2	159/151	165/156	195/185	192/182	252/240	266/253	254/241	233/222	279/265	282/268

（4）金相组织。

两管段焊缝两侧母材化学成分及硬度值无明显差异，且裂纹宏观形貌相似，截取 2 号管段制作金相试样进行观察分析。图 6-53 所示为焊接接头纵截面金相图片，A 侧母材显微组织为铁素体＋珠光体，B 侧显微组织为铁素体＋贝氏体，组织均匀正常，未见明显老化；焊缝显微组织为贝氏体＋少量铁素体；焊缝熔合线附近可见多条裂纹，裂纹呈树枝状，沿主裂纹扩展方向出现二次裂纹分叉，裂纹扩展方式以沿晶扩展为主，部分晶粒出现沿晶脱落现象，裂纹扩展形态符合碳钢和低合金钢应力腐蚀的典型特征。

图 6-54 所示为沿裂纹打开后的断口截面金相照片，靠近内壁侧的断口边缘也出现大量树枝状裂纹形态，根据主裂纹、二次裂纹方向可以判定，裂纹最初在内壁侧形成，并逐渐向外壁侧扩展。

（5）扫描电镜能谱分析。

对 2 号管内壁裂纹处腐蚀产物进行能谱分析，结果如图 6-55 所示。裂纹处腐蚀产物中含有少量的 Na 元素存在，说明在煮炉时工艺控制不当，导致碱液进入了过热器，并在过热器管内部发生聚集浓缩。其他少量 Cl、K、Ca、S 等元素应为管内介质中杂质元素。

3. 综合分析

中温过热器管开裂宏观形貌、裂纹扩展方式、腐蚀产物能谱分析结果均符合低合金钢碱性腐蚀的典型特征。碳钢和低合金钢的碱性腐蚀即苛性脆化，失效机理属于应力腐蚀。是碳钢和低合金钢处于较高浓度的碱性环境中，在一定应力下发生的应力腐蚀开裂。一定浓度的 NaOH 溶液、拉伸应力、较高温度是引起碳钢、低合金钢碱应力腐蚀开裂的必要条件。

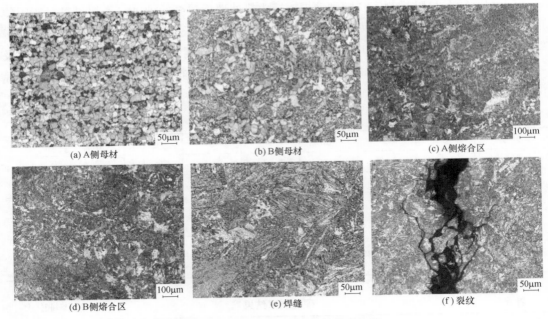

(a) A侧母材　　　　　　　　(b) B侧母材　　　　　　　　(c) A侧熔合区

(d) B侧熔合区　　　　　　　　(e) 焊缝　　　　　　　　(f) 裂纹

图 6-53　2 号管焊接接头取样微观组织

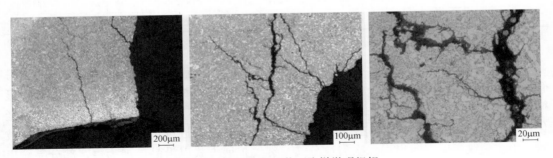

图 6-54　2 号管断口截面取样微观组织

对于碳钢低合金钢制造的水冷壁来说，当碱的浓度不高时，是一种缓蚀剂。它可以在钢的表面生成一种具有良好保护性的盐膜，使金属受到一定的保护。碳钢在金属温度小于 46℃时不会出现碱脆开裂，高于此温度时盐膜会转化成可溶的铁酸盐，使钢中的铁以铁酸盐的形式进入溶液，而使材料受到腐蚀。蒸汽中碱性物质会在焊缝内壁侧熔合线咬边类缺陷处发生聚集浓缩，使碱浓度提高，当浓度到达一定含量时，该部位就具备了发生碱性腐蚀的条件。

开裂管段均位于中温过热器出口集箱的直管座上，而在带弯头的管座位置未发现开裂。结合锅炉结构分析，中温过热器管受热膨胀变形时，直管段在轴向的伸缩变形受限，会导致焊缝接头位置产生较高的拘束应力。带弯头的管座由于有弯头处的热膨胀应力释放作用，相比直管座拘束应力要低得多。另外硬度测试结果显示焊缝与母材硬度相差较大，说明焊接接头内部残存较高的残余应力，容易在焊缝缺陷位置引起应力集中，导致焊缝开裂。轻微咬边等焊接缺陷也在一定程度上加速了裂纹的形成和扩展。

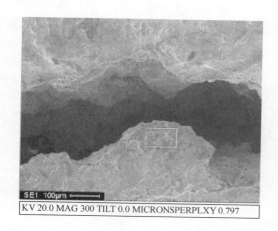
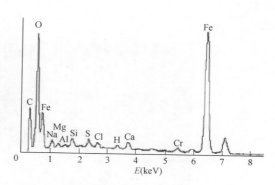

图 6-55 2 号管内壁侧裂纹处腐蚀产物能谱分析结果

4. 结论及预防性措施

（1）中温过热器管焊缝处开裂的原因是由于煮炉过程控制不当导致碱液进入了过热器管，并在焊缝处聚集浓缩，加之锅炉结构布置不合理在接头位置产生了较高的拘束应力，且焊接接头本身存在残余应力，最终在碱液、应力、温度的共同作用下引起了焊缝苛性脆化开裂。

（2）建议优化集箱下方中温过热器管及密封盒的结构布置，以降低该位置对管段热胀冷缩产生的拘束应力。

（3）焊接工艺过程严格按照标准规程执行，避免中温过热器管焊缝出现咬边、焊瘤等焊接缺陷，尽量降低接头位置残余焊接应力，保证焊缝的硬度不超过母材布氏硬度值加 100HB。

（4）煮炉期间加强对液位监控和汽水分离的控制，坚决避免碱液进入过热器的现象发生。

五、 辐射再热器泄漏失效

1. 情况简介

某电厂亚临界锅炉辐射再热器管发生泄漏，该锅炉为强迫循环、辐射中间再热、平衡通风、直流四角切圆燃烧燃煤汽包锅炉，最大连续蒸发量为 1100t/h，过热蒸汽压力为 17.4MPa，过热蒸汽温度为 540℃，再热蒸汽压力为 3.8MPa，再热蒸汽温度为 540℃。辐射再热器管左右墙各 88 根、前墙 212 根，其材质为 15CrMo，规格为 $\phi54×4.8mm$，运行时间为 112 747h。

2. 检查与测试

（1）宏观形貌。

发生泄漏的两根辐射再热器管编号分别为 107 号和 108 号，宏观形貌如图 6-56 所示。

将 107 号管沿纵向剖开后，发现管子向火侧内壁分布大量腐蚀坑，在个别腐蚀坑处存在裂纹，主裂纹有分枝。裂纹沿管子圆周方向分布，裂纹及腐蚀坑分布的宏观形貌如图 6-57 所示。图 6-58 所示为在 107 号管裂纹处纵向剖开后的剖面形貌，从图中可以看出，腐蚀坑底部形成裂纹源，裂纹由内壁向外壁垂直扩展，个别裂纹已经穿透管壁。

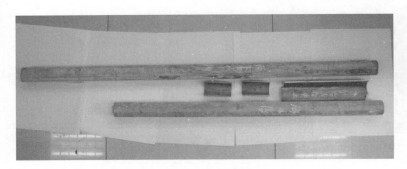

图 6-56　取样管宏观形貌

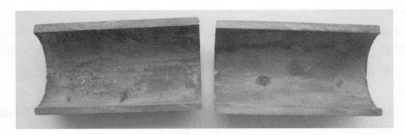

图 6-57　107 号管向火侧腐蚀坑与裂纹宏观形貌

图 6-58　107 号管裂纹处纵剖面宏观形貌

（2）金相组织。

对 107 号管裂纹纵剖面抛光并用 4％硝酸酒精腐蚀后，在金相显微镜下观察，再热器管母材金相组织为铁素体＋珠光体，组织均匀正常，未见明显老化现象，如图 6-59 所示。

裂纹及腐蚀坑的金相组织及形貌特征如图 6-60 所示，裂纹起始部位基本垂直于表面，扩展方向稍有偏离，裂纹主干与分支扩展方向成一定角度。从图 6-60 中可以看出，裂纹是由腐蚀坑处萌生，这一点与宏观形貌观察结果一致。图 6-61 所示为裂纹尖端的形貌特征，裂纹扩展形式为穿晶扩展。

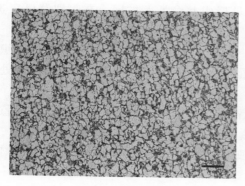

图 6-59　母材金相组织（200×）

图 6-60　裂纹及金相组织形貌特征（10×）

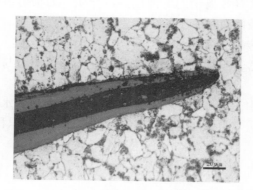

图 6-61　裂纹尖端金相组织及形貌特征（500×）

（3）扫描电镜能谱分析。

图 6-62 所示为取样部位腐蚀坑内腐蚀产物的扫描电镜能谱分析结果，可以看出腐蚀坑内的产物存在一定含量的 S、Cl、Ca 等腐蚀性元素。

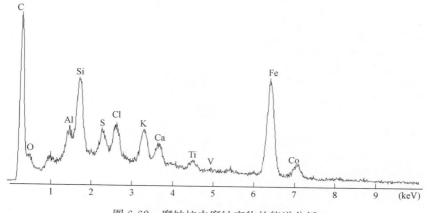

图 6-62　腐蚀坑内腐蚀产物的能谱分析

3. 综合分析

107 号、108 号管宏观形貌特征显示，管子内壁开裂处附近存在大量腐蚀坑，在个别腐蚀坑处存在沿周向分布的裂纹,裂纹在蚀坑处形成并向外壁扩展,有些裂纹已穿透管壁。

微观金相组织特征表明,15CrMoG辐射再热器管母材组织为铁素体+珠光体组织,金相组织正常,无明显老化现象。裂纹形态特征表明,管子开裂起源于内壁腐蚀坑处,由内壁向外壁扩展,裂纹扩展形式为穿晶型。

扫描电镜能谱分析显示,腐蚀产物中含有较高含量的S、Cl腐蚀性元素,说明运行过程中再热器管内壁处于含有S、Cl离子腐蚀性蒸汽介质中。15CrMoG属于低合金钢,应力腐蚀的敏感介质包括H_2S、硫酸水溶液等腐蚀性环境,与能谱分析中检测出的腐蚀性离子相一致。

综上所述,辐射再热器管内壁裂纹具有低合金钢应力腐蚀的特征。管子在运行过程中所承受的工作应力和含有S离子的腐蚀性蒸汽介质,为辐射再热器管发生应力腐蚀开裂提供了必需的拉应力条件和腐蚀性条件。

4. 结论及预防性措施

(1)本次辐射再热器管泄漏是由于蒸汽介质中含有S离子与工作应力共同作用下的应力腐蚀所导致。

(2)分析蒸汽介质中S、Cl腐蚀性元素来源,选择合理的水化学工况,保证蒸汽品质,消除给水、蒸汽介质中腐蚀性离子,减少再热器管局部沉积和浓缩。

第七章　水汽侧高温氧化

第一节　高温氧化的定义和发生部位

一、高温氧化的定义

高温氧化分为狭义高温氧化与广义高温氧化。在狭义表述下，高温氧化指在高温下金属与氧气反应生成金属氧化物的过程。可用下式表达：

$$\chi M + \frac{\gamma}{2} O_2 \longrightarrow M_\chi O_\gamma \tag{7-1}$$

这里 M 为金属，可以是纯金属、合金等；氧气可以为纯氧，或是含氧的干燥气体，如空气等。这是最简单、最基本的氧化过程，对揭示金属高温氧化的机理有十分重要的意义，它为研究更为复杂条件下金属材料高温氧化奠定了基础。

在广义表述下，高温氧化是指高温环境下构成物质的原子、原子团或离子因失去电子，使其本身价态升高的过程。可用下式表达：

$$M \longrightarrow M^{n+} + ne^- \tag{7-2}$$

$$M + X \longrightarrow M^{n+} X^{n-} \tag{7-3}$$

这里 M 为金属原子、原子团、离子；X 为反应性气体（或环境介质），可以是卤族元素、硫、碳、氮等单质气体，也可以是 CO_2、SO_2、H_2O 等非金属化合物。广义氧化反应生成的产物统称为氧化膜。

二、锅炉高温氧化的部位

在机组运行过程中，高温氧化现象主要存在于锅炉的过热器、再热器等高温受热面以及在过热蒸汽和再热蒸汽管道等部位。当高温氧化皮生长到一定厚度之后，就会面临脱落的风险，氧化皮剥落后会引起高温受热面管堵塞，造成局部超温，严重的导致锅炉爆管。

第二节　高温氧化的机理及研究进展

电站锅炉高温受热面所形成的氧化膜主要为铁的氧化物。关于氧化膜中氧的来源，是水中溶解氧还是水蒸气中的结合氧，国外的学者进行了大量的研究工作，1929 年 Schikorr 研究发现了无溶解氧的水中，铁和水反应生成 Fe_3O_4，并释放出氢的机制。20 世纪 70 年代德国科学家通过电子显微镜观察，又进一步确定了铁与水反应的氧化过程。以一台 600MW 机组锅炉化学清洗后，高温钝化造膜的现象为例，锅炉总受热面积为 45 887m^2。若认为金属内表面的氧化层是由于水汽中的溶解氧和铁表面化合形成的，则形成 0.001mm 厚的 Fe_3O_4 膜，便会有 238.6kg 的 Fe_3O_4，这需溶解氧 65.949kg 才能满足。若给水含氧量为 $10\mu g/L$，则需通过给水 6 594 900t，也就是锅炉需运行 4.5 个月的时间才能提供如此多的溶解氧。蒸汽含氢量的变化趋势表明，在进行十几到二十小时的热态造膜后，金属表面的氧化膜基本形成，这也说明金属表面的氧化膜并非由水汽中的溶解氧和铁反应形成，而是由水汽本身氧化表面的铁所形成的。

一、 高温氧化的机理

1. 金属与水蒸气高温氧化的热力学机理

金属在高温高压水蒸气中会发生严重的氧化，H_2O 与 O_2、H_2 存在如下平衡关系式：

$$H_2O \longrightarrow H_2 + \frac{1}{2}O_2 \tag{7-4}$$

因此，水蒸气氧化性的强弱取决于 $p(H_2)/p(H_2O)$ 的比值，比值越大，氧化性越弱，$p(H_2)/p(H_2O)$ 越低，氧化性越强。金属在高压水蒸气中的具体反应式可表示为：

$$M + H_2O \longrightarrow MO + H_2 \tag{7-5}$$

从图 7-1 所示的金属和合金的 Gibbs 自由能图可以看出，在 600℃下，与 FeO 平衡的 $p(H_2)/p(H_2O)$ 值约为 7，对应于平衡氧分压 $p_{O_2} = 10^{-26}$ atm（1atm＝101.325kPa）左右。在锅炉的实际工况下，水蒸气的流量很大，产生的氢很少，而且会随着水蒸气被带走，因此 $p(H_2)/p(H_2O)$ 要远远低于 7 的数值，促使反应向右进行，导致铁的氧化。

由图 7-1 可看出，铁氧化的 Gibbs 自由能是小于零的，因此铁的高温水蒸气氧化是自发过程，是不可避免的。

2. 高温金属氧化的过程分析

金属的高温氧化最初是通过化学反应进行的，即氧化还原反应是在反应离子相互作用瞬间于碰撞的那一个反应点上完成的。随后，膜的成长则通过电化学反应进行，即金属表面的介质已由气相改变为氧化膜。氧化膜是既能电子导电又能离子导电的半导体，如图 7-2 所示。

当金属的工作温度高于 570℃时，铁的氧化速率会大大增加。对于抗氧化性能良好的合金钢，由于铬、硅、铝等合金元素的离子更易氧化，会在管道表面形成结构致密的合金氧化膜并阻碍原子或离子的扩散，大大减缓氧化速率。不过，随着时间的推移，氧化层仍会逐渐增厚。当然，其氧化过程将按对数规律而逐步趋于收敛。对于同一种合金钢材，工质温度越高，对应的管道温度越高，蒸汽氧化作用就越强。另外，管道的传热强度越高，管道的平均温度越高，其蒸汽氧化作用也越强。当蒸汽侧氧化层出现后，相当于管内结垢，这提高了管壁的平均温度，从而加速了蒸汽氧化。

3. 水侧金属氧化的过程分析

同样的材质在不同的水工况下生成氧化膜的机理是不同的。在热力系统中，使金属表面生成钝化膜的钝化剂有 H_2O（汽态）、OH^-、O_2 等，影响钝化膜质量的因素主要有阴离子、温度、pH 值和流速等。而不同的水工况生成的钝化膜不一样，且质量也不一样。

在正常无氧条件下，如采用 AVT(R) 还原性水工况时，超临界机组热力系统铁氧化

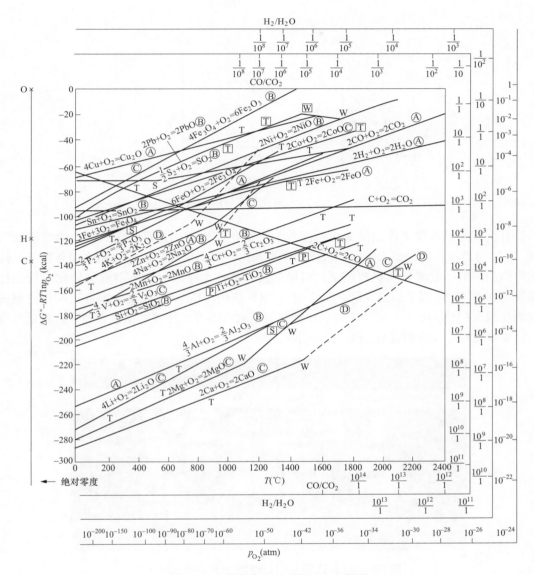

图 7-1 金属和合金的 Gibbs 自由能图

A—±1kcal；B—±5kcal；C—±10kcal；D—>±10kcal；T—熔点；W—沸点；

S—升华温度；P—同素相变温度（方括号内为氧化物，未加方括号者为元素相应的温度）

膜的形成分为以下三个步骤：

$$Fe + 2H_2O \longrightarrow Fe^{2+} + 2OH^- + H_2 \tag{7-6}$$

$$Fe^{2+} + 2OH^- \longrightarrow Fe(OH)_2 \tag{7-7}$$

$$3Fe(OH)_2 \longrightarrow Fe_3O_4 + 2H_2O + H_2 \tag{7-8}$$

从以上三个反应式可以看出，氧化膜的形成需要一定量的 Fe^{2+} 和 OH^-，且受反应式（7-8）的控制。根据反应式（7-6），提高溶液的 pH 值有利于 $Fe(OH)_2$ 的溶解，但 pH 值至少要提高到 9.4 以上。而反应式（7-8）的反应动力与温度密切相关。在 200℃ 以下，第三个反应较慢。这是因为在低温条件下，水作为氧化剂没有能量使 Fe^{2+} 氧化为

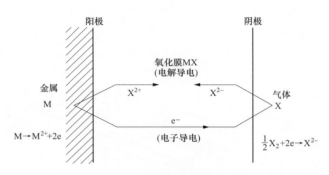

图 7-2　氧化膜半导体

Fe^{3+} 并沉积为具有保护作用的氧化物覆盖层，氧化膜处于活性状态。Fe_3O_4 的溶解度约在 150℃时最大，在凝结水管段、低压加热器和第一级高压加热器入口的水温条件下，纯水中铁的溶解一般都受到扩散控制。当局部流动条件恶化时，铁的溶解会转化为侵蚀性腐蚀。而在 200℃以上的温度区，反应式（7-8）较快，$Fe(OH)_2$ 发生缩合反应，使钢铁表面生成保护性 Fe_3O_4。如在末级高压加热器、省煤器和水冷壁的钢铁表面会自发地生成 Fe_3O_4 氧化膜。反应的过程如图 7-3 所示。

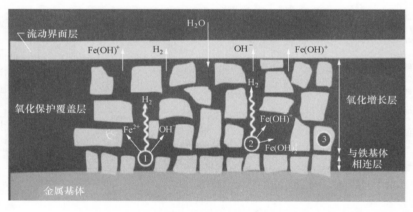

图 7-3　采用 AVT(R) 处理时的氧化膜结构示意图

给水采用加氧处理 OT 后，原有的内伸层 Fe_3O_4 颗粒空隙通道中扩散出的二价铁离子被水相中的溶氧氧化，生成 Fe_2O_3 的水合物（FeOOH）或三氧化二铁（Fe_2O_3），沉积在原有的 Fe_3O_4 外延层和 Fe_3O_4 颗粒的间隙中，封闭了 Fe_3O_4 表面的空隙和沟槽，在原有的 Fe_3O_4 和水相之间形成了一层新的 Fe_2O_3，Fe_2O_3 的溶解度远低于 Fe_3O_4，氧化铁水合物（FeOOH）保护层在流动给水中的溶解度明显低于磁性铁垢（至少要低 2 个数量级），从而改变了外层 Fe_3O_4 层孔隙率高、溶解度高、不耐流动加速腐蚀的性质，如图 7-4 所示。采用 OT 工况后，机组水汽中的含铁量一般小于 2 μg/L，也直接验证了金属表面形成的氧化膜更加致密，能够有效减缓水汽系统的腐蚀现象。

在 AVT（O）方式下，腐蚀产物主要是 α-Fe_2O_3 和 Fe_3O_4，虽然它们的溶解度较低，但由于给水中溶解氧含量较低（一般<10 μg/L），所生成的 α-Fe_2O_3 往往不足以充填和覆

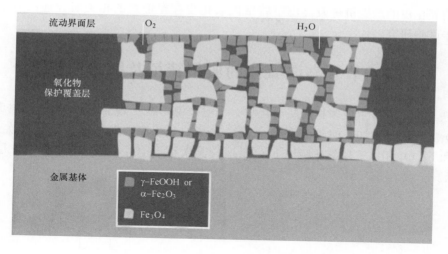

图 7-4 采用 OT 处理时氧化膜结构示意图

盖磁性铁氧化膜，因此其防腐效果处于 OT 和 AVT(R) 之间。

二、 加氧 OT 工况对高温氧化的影响研究进展

采用加氧 OT 工况使高温金属受热面形成 $Fe_2O_3 + Fe_3O_4$ 双层结构的保护膜，从而抑制给水系统碳钢设备的流动加速腐蚀问题。国内部分超临界机组由 AVT(R) 或 AVT(O) 工况转变为 OT 工况后发生爆管现象，导致外加溶氧是否对氧化皮的生长、剥落存在影响有很大争议。

美国 EPRI 在 1999 年发表的"蒸汽系统的损坏"中明确指出，蒸汽管道汽侧氧化物的生长、剥离与温度和材质有关，和机组的水工况无关。国内的主流学者完全接受和支持这种观点，并且给出了通俗的解释：假设 1kg 蒸汽的分压为 1Pa，由给水加氧处理所带入蒸汽中的氧气一般小于 150μg/kg，氧气的分压为 $10^{-8} \sim 10^{-7}$Pa，与高温蒸汽的氧化作用相比，如此微量氧气的氧化作用微乎其微。

但是，近年来氧化皮形成机理的最新研究，国际性权威研究机构均已不再坚持和重申氧气氧化机理可以忽略的传统观点。部分学者认为水中溶解氧含量的改变对于过热器氧化层的形貌、生长速度以及氧化层的剥落倾向等方面存在一定影响。例如美国 EPRI 在 2007 年的报告中首次明确了氧化皮生长的氧气氧化机理，提出了氧气氧化机理方程式，认为外加溶氧对于氧化皮的生长及剥落可能有影响。英国 NPL 机构于 2008 年在 Energy and Materials 期刊上发表文章中证实外加溶氧对氧化皮的生长及剥落有影响，特别是对奥氏体钢的影响更甚，美国橡树岭国家实验室也开始倾向于氧气氧化机理，认为外加氧对氧化皮生长、剥落可能有影响。国内学者提出环境破坏说，把引发双层氧化皮外层局部剥落与双层氧化皮界面空穴及界面铬流失联系起来，认为溶氧含量的增大促使具有挥发性的铬化合物 $CrO_2(OH)_2$ 的形成，因铬的化合物蒸发散逸造成氧化皮的结构破坏，形成孔洞结构，降低氧化皮防腐性能，加大了氧化皮剥落倾向，以崭新的视角诠释了双层氧化皮界面空穴的形成机理，进而说明给水加氧处理对高温蒸汽通道金属氧化皮剥落的影响。

目前氧化皮的产生机理及高温下管壁内氧化皮存在形式的相关研究还没有定论，有待进一步试验研究。

第三节　高温氧化的典型特征及影响因素

纯铁与氧反应可生成多相多层氧化膜。一般来说，温度低于 570℃时，只生成 Fe_3O_4 和 Fe_2O_3 相，高于 570℃时铁氧化形成三层连续的氧化膜，由基体表面起依次为 FeO、Fe_3O_4 和 Fe_2O_3 相。三层氧化膜以 FeO 最厚，其次是 Fe_3O_4，最薄的是 Fe_2O_3 层，如图 7-5 所示。

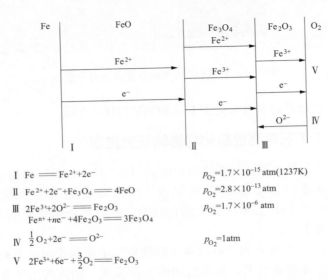

$$\text{I} \quad Fe = Fe^{2+}+2e^- \qquad\qquad p_{O_2}=1.7\times10^{-15}\,\text{atm}(1237\text{K})$$
$$\text{II} \quad Fe^{2+}+2e^-+Fe_3O_4 = 4FeO \qquad p_{O_2}=2.8\times10^{-13}\,\text{atm}$$
$$\text{III} \quad 2Fe^{3+}+2O^{2-} = Fe_2O_3 \qquad\qquad p_{O_2}=1.7\times10^{-6}\,\text{atm}$$
$$Fe^{n+}+ne^-+4Fe_2O_3 = 3Fe_3O_4$$
$$\text{IV} \quad \frac{1}{2}O_2+2e^- = O^{2-} \qquad\qquad p_{O_2}=1\text{atm}$$
$$\text{V} \quad 2Fe^{3+}+6e^-+\frac{3}{2}O_2 = Fe_2O_3$$

图 7-5　铁在 570℃以上氧化形成 FeO、Fe_3O_4、Fe_2O_3 三层氧化膜及其生长机制

其中，FeO 为金属不足的 p 型半导体，FeO 相结构疏松，晶格缺陷多，Fe^{2+} 的扩散速度大，保护效果较差，这种高温下形成的 FeO 在低于 570℃时，不稳定，会分解为 Fe_3O_4 和 Fe，很易造成氧化层的脱落，或在半脱落层部位下发生腐蚀。Fe_3O_4 为金属不足的 p 型半导体，结构致密，保护作用较好。Fe_2O_3 为氧不足 n 型半导体，在高温下为稳定的斜方面体 α-Fe_2O_3。该氧化层根据温度高低，向里或向外增长。

一、　蒸汽侧金属表面高温氧化的特征

蒸汽管道内壁在运行后所形成的氧化膜是由水蒸气和铁形成的双层氧化膜，内层膜为原生膜，外层为延伸膜。其氧化铁结构由钢表面起向外依次为 Fe_3O_4、Fe_3O_4 或 Fe_2O_3、Fe_2O_3，如图 7-6 所示。

从图 7-6 可看到，两层中间的结合面是原来金属未氧化前的金属表面，该结合面下层的氧化铁是就地氧化的产物，用电镜可看到有晶格的痕迹。这种氧化膜和金属的基体结合很牢固。这种双层膜的形成机制如图 7-7 所示。

大型电站锅炉受热面主要以奥氏体不锈钢和铁素体钢为主，因而在高温下生成的受

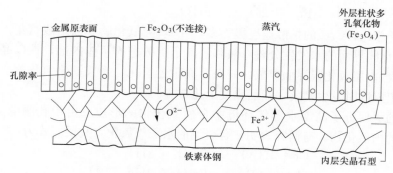

图 7-6　钢表面在蒸汽中氧化层的结构

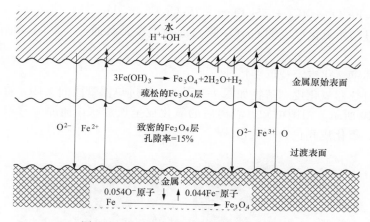

图 7-7　水汽中钢表面氧化层的形成机制

热面氧化皮可分为奥氏体钢氧化皮和铁素体钢氧化皮两种类型。

1. 奥氏体不锈钢的高温氧化

奥氏体不锈钢在高温蒸汽下被广泛的使用。对于常规的奥氏体 TP347H 钢，实践发现 600℃左右的某一温度下水蒸气氧化速度出现急剧增大，其机理依据 Fuji 等提出的水分解机理有如下解释：在高温 600℃时，水蒸气氧化奥氏体钢，Fe-Cr 耐热合金表面存在 Fe_3O_4 和（Fe，Cr）$_3O_4$ 两层结构，首先是氧化膜表面吸附态的水蒸气分子与来自内外层氧化界面的 Fe 离子反应，生成氧化亚铁和吸附态的氢。吸附的水蒸气也可分解得到 O^{2-} 和 H^+，铁离子空位、电子空穴及溶入氧化物中的氢穿过外氧化物层，在内氧化物/外氧化物界面聚集形成孔洞，并发生逆反应，氧化膜中氢、氧的梯度分布生成的氢气和水蒸气存留在孔洞中，如图 7-8 所示。

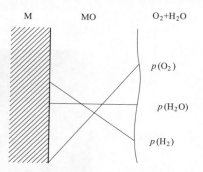

图 7-8　氧化膜中氢、氧的梯度分布

而在 600℃下，分解得到的 H^+ 以比 O^{2-} 快得多的速度渗入，反应式为：

$$(Fe,Cr)_3O_4 + 8H^+ \longrightarrow Fe^{3+} + Fe^{2+} + Cr^{3+} + 4H_2O \tag{7-9}$$

$$2Fe^{3+} + Fe^{2+} + 2O_2 \longrightarrow Fe_3O_4 \tag{7-10}$$

与铁离子相比，Cr^{3+} 的扩散速度慢得多，在基体/氧化膜界面形成富集。另外，扩散进入基体/氧化膜界面的水发生分解，氧和氢离子扩散进入基体内部，铁以晶内扩散方式向外层氧化膜/内层氧化膜界面扩散，并在界面附近氧化，形成铁铬氧化物。当外层氧化膜生长至一定厚度时发生剥落，然后重复上述过程。

水分解的氢促进了高温水蒸气环境中金属氧化物的形成。由于孔洞的大小不均匀，得到不规则的内氧化物。有研究表明，合金钢的水蒸气氧化，其反应式为：

$$Cr + 3H_2O \longrightarrow Cr_2O_3 + 3H_2 \tag{7-11}$$

$$3H_2O + 2Fe \longrightarrow Fe_2O_3 + 3H_2 \tag{7-12}$$

$$3H_2 + Cr_2O_3 \longrightarrow 2Cr + 3H_2O \tag{7-13}$$

$$Fe_2O_3 + 4Cr + 5H_2O \longrightarrow 2FeCr_2O_4 + 5H_2 \tag{7-14}$$

因此，一旦初始氧化形成的 Cr_2O_3 膜出现微裂纹、微通道等缺陷，钢的氧化反应将是自催化的。

（1）奥氏体钢氧化皮宏观形貌特征。

某电厂的过热器氧化皮剥落物如图 7-9 所示，某过热器管段向火侧、背火侧氧化皮剥落情形如图 7-10 所示。由图可知，剥离后的氧化皮呈现片状，而原始管段的内壁上有明显的剥离痕迹，氧化皮颜色为钢灰色。

(a)二级过热器剥落物　　　　　　　(b)三级过热器剥落物

图 7-9　某电厂氧化皮剥落物形貌图

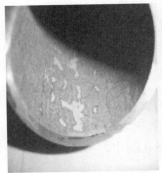 

(a)迎烟侧氧化皮剥落　　　　　　　(b)背烟侧氧化皮剥落

图 7-10　迎烟侧、背烟侧氧化皮剥落

（2）奥氏体钢氧化皮微观形貌特征。

1）18-8 系列粗晶奥氏体不锈钢。氧化皮有的为三层结构，有的为两层结构，但氧化皮剥落前都变为三层结构，TP347H 管蒸汽侧氧化皮为层状结构，按含氧量差异可分为三层，最外层以锥状特征的 Fe_2O_3 为主，中间层为疏松的粗大柱状结构的 Fe_3O_4，内层为致密的 $(Cr，Fe)_2O_4$、NiO 等非均质层复合氧化物。

粗晶奥氏体不锈钢由于晶粒粗大、晶界密度小，在氧化物前沿难以形成连续的沿晶分布的高 Cr 含量氧化物抑制层，故氧化物随运行时间的延续而持续生长。温度对于氧化速度起着决定性的作用，温度升高加快了氧化速度，而氧化皮的增厚又使管壁换热条件变差，管壁温度进一步升高，这两者相互影响，互为促进。TP347H 材质基体/内层氧化皮界面存在富铬、贫镍带，晶粒内氧化时，铬元素活性较强，扩散较快，选择性先氧化，使未氧化区存在严重贫铬；随着氧分压的增加，在内层/中间层氧化物界面离解出铁不足型氧化物，铁不足型氧化物通过中间层柱状组织间隙扩散，以柱状氧化物形核与向内扩散的氧反应生成层叠状的柱状组织；中间层/最外层氧化物界面铁离子与从外扩散或溶解的氧反应生成 Fe_2O_3。由于内层/中间柱状氧化层界面存在离解后的细小的氧化物颗粒，使界面黏附强度低，组织疏松，从而使中间柱状氧化层更易剥落。因此，在温度与压力变化时，剥落物主要是以外两层氧化皮为主。某再热器管内壁原生氧化皮及剥落部位继续运行一年后的氧化皮形貌特征如图 7-11 所示。

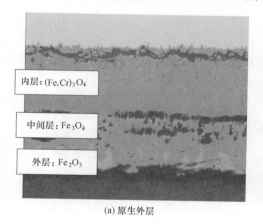

内层：$(Fe，Cr)_3O_4$

中间层：Fe_3O_4

外层：Fe_2O_3

中间层，Fe_3O_4

外层，Fe_2O_3

(a) 原生外层　　　　　　　　　　　　(b) 同一位置新的外层

图 7-11　某再热器管内壁氧化皮形貌特征

2）18-8 系列细晶粒奥氏体不锈钢（TP347HFG）。TP347HFG 是在 TP347H 的基础上发展起来的，通过特殊的热加工处理工艺使晶粒度细化，晶界密度增大，这样 TP347HFG 中的 Cr 容易通过晶界向氧化膜外层扩散以形成一层沿晶界分布的 Cr 含量非常高的 $(Cr，Fe)_2O_3$ 甚至 Cr_2O_3 致密氧化物，抗蒸汽氧化性能明显提高。故随着运行时间的延续，氧化物生长速度很慢。该不锈钢在 600～650℃ 范围使用时具有较好的抗蒸汽氧化性能，温度太低时 Cr 扩散速度慢，过高时容易析出 σ\Z、$M_{23}C_6$ 等碳化物相等，导致管材性能劣化。TP347HFG 的氧化物同样为三层结构，即 $(Ni，Fe)Cr_2O_3$、Fe_2O_3 和 Fe_3O_4。某管段的氧化皮微观形貌特征如图 7-12 所示。

2. 铁素体钢的高温氧化

T91 是铁素体钢中最常用的型号，也是现阶段锅炉高温受热面广泛采用的材质之一。

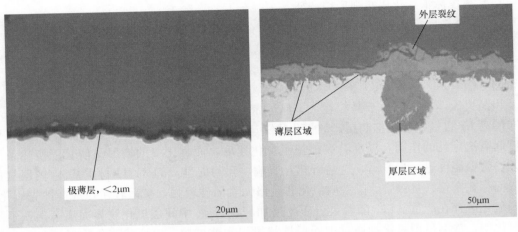

图 7-12   管样内表面处理后的微观形貌特征

高温水蒸气与铁素体钢氧化形成的氧化膜内层称为原生膜，外层称为延伸膜，是铁离子向外扩散、水的氧离子向里扩散而形成的。内层的原生膜是水中的氧对铁直接氧化的结果。其氧化铁结构由钢表面起向外依次为 FeO、Fe_3O_4、Fe_2O_3。内层为尖晶形细颗粒结构，氧化层外层为棒状形粗颗粒结构，并含一定量的空穴。随着时间的延长，最外层有少量不连续的 Fe_2O_3。

（1）铁素体钢氧化皮宏观形貌特征。

某电厂的采用 T91 钢管，内壁的氧化物剥落物如图 7-13 所示。

图 7-13   某电厂 T91 钢管内壁的氧化物剥落物

（2）铁素体钢氧化皮微观形貌特征。

外层为 Fe_3O_4 和少量 Fe_2O_3，内层为（Cr，Fe）$_3O_4$，对于铁素体钢来说，温度越高，氧化皮生长速度越快。具体微观形貌如图 7-14 所示。

二、 高温氧化的影响因素

高温氧化是水蒸气在高温条件下在金属表面上形成氧化物的过程，影响因素主要为金属材质、温度以及蒸汽与相关氧化物的平衡氧分压等。

1. 金属材质

为了适应机组参数越来越高的需求，就需要提高材料的高温性能。近 20 多年来美、

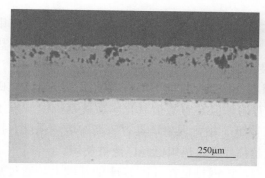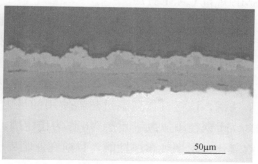

图 7-14 铁素体钢蒸汽侧氧化皮微观结构形貌

日、欧等国家在开发电站新材料方面进行了大量的试验研究，以进一步提高铁素体钢的高温蠕变断裂强度和提高奥氏体钢的高温强度、抗氧化抗腐蚀性、适用性和经济性等。利用多元复合强化原理，研究开发了一批性能优异的钢种，这些钢材主要分为铁素体锅炉用钢和奥氏体锅炉用钢两大类。铁素体锅炉用钢：主要分为 2％Cr、9％Cr、12％Cr 三大系列。2％Cr 系列型号主要有 2.25Cr-1Mo（T22/P22）、2.25Cr-1.6W-V-Cb（HCM2S 或 T23）；9％Cr 系列主要包括 T91/P91（9Cr1MoVNb）、9Cr-2W（NF616 或 T92/P92）、E911 钢（欧洲牌号，性能与成分 NF616 或 T92 相近）；12％ Cr 系列型号有 X20CrMoV121 和 X20CrMoWV121（HT91）、HCM12（12Cr1Mo1WVNb）、12Cr-2W（HCM12A 或 T122/P122）、TB12（12Cr0.5Mo1.8WVNb）以及 NF12 和 SAVE12。奥氏体锅炉用钢主要分 18％Cr、20％～25％Cr 两大系列。18％Cr 系列主要型号有 TP304H、TP321H、TP316H、TP347H、TP347HFG（18Cr-10Ni-Cb）、18Cr-9Ni-3Cu-Cb-N（Super304H）以及 TempaloyA-1（18Cr9NiCuNbN）。20％～25％Cr 系列主要型号有 25Cr-20Ni-Cb-N（HR3C 或 TP310CbN）、NF709（20Cr25NiMoNbTi）、TempaloyA-3（22Cr15NiNbN）、SAVE25（22.5Cr18.5NiWCuNiN）。

过热器和再热器都面临高温氧化腐蚀，是承压最大、温度最高的受热部位，对材料的要求也更高。国内亚临界、超临界机组过热器、再热器常用的耐高温材料主要有 T22、T23、T91、TP304H、TP347H、TP347HFG、Super304H 和 HR3C，这些材料抗氧化性能虽存在差异，但均发生过爆管事故。这些材质的主要性能及使用范围如下：T22 铁素体钢在 20 世纪 70 年代已得到了广泛的应用，在 T22 基础上，以 W、V、Nb 取代 Mo，并降低 C 含量而得到的 T23 钢种，已经列入 ASME 规范 CASE2199。T23 比 T22 具有较高的蠕变抗力和性价比，具有优良的焊接性能而无须焊前或焊后热处理，现一般用于超（超）临界锅炉的水冷壁等部件。

T91 钢具有较高的高温强度、良好的韧性、抗热疲劳性能和焊接工艺性能，在要求 620℃以下的过热器、再热器用钢，T91 在世界范围内已经得到广泛的应用。

20 世纪 90 年代初，日本进行了大量的试验研究工作，在 T91 的基础上加入 1.5％～2.0％的 W，降低了 Mo 含量，得到了 T92 钢，大大增强了固溶强化效能，该钢材具有更高的许用应力和使用温度，可用于 620℃以下的过热器、再热器等部件。T92 已经列入

ASME 规范 CASE2179。

新型钢种 T122 钢，其蠕变强度和抗氧化、抗腐蚀性能进一步提高，在 600℃时许用应力比 T91 提高约 25%，这种新型铁素体材料，特别适用于 620℃以下的过热器、再热器等部件的厚壁处，可使壁厚减薄，减少热疲劳影响。

当最高使用温度达到 650℃时，铁素体材料的抗氧化性能下降，需使用 TP304H 奥氏体不锈钢，该钢材在高温过热器使用的最为普遍，但其容易被氧化。在此基础上开发了 TP347H 钢经添加微量元素 Nb 作为稳定剂，降低了敏化现象，具有较高的蠕变强度、抗蒸汽氧化、耐烟气腐蚀性能，目前在亚临界-超临界发电机组已经广泛被使用。

当温度超过 650℃，可选用 TP347HFG 钢，该钢材是在 TP347H 的基础上，通过热处理使晶粒细化到 8 级以上，大大提高了抗氧化能力，具有极佳的抗氧化和抗腐蚀性，对提高过热器管的稳定性起到了重要的作用，在许多超临界/超超临界机组上得到了应用。已经列入 ASME 规范 CASE2159。

但温度提高到 700℃左右时，需选用 Super304H 奥氏体不锈钢，该钢材在 TP304H 基础上，通过 Cu、Ni、N 合金化而得到的一种新型经济型奥氏体不锈钢，已经列入 ASME 规范 CASE2328。其高温下的蠕变断裂强度高于 TP347H 约 20%。该钢由于细晶粒而抗氧化性能优异，组织稳定性好，可焊性优于 TP347H，并且经济性高。可用于 700～750℃过热器、再热器部件，是超（超）临界机组锅炉的主要候选材料。

超临界锅炉部件推荐选择使用的材料见表 7-1。

表 7-1   **超临界锅炉主要用材料选择**

类型	材料		过热器			再热器		省煤器	水冷壁	蒸汽管道			最高使用温度（℃）
	系列	牌号	低温	高温	屏式	低温	高温			过热蒸汽	热再热蒸汽	冷再热蒸汽	
碳钢	国产	20G						√					480
		25MnG						√	√				510
	ASME	SA106C						√	√				510
		SA210C						√					510
铁素体钢	2%Cr 国产	15Cr1Mo	√			√		√	√				560
		12Cr1MoV	√	√	√	√	√		√				580
	2%Cr ASME	T/P12	√					√	√				560
		T/P22	√	√		√			√				570
		T/P23（HCM2S）	√	√		√			√				580
	9%Cr ASME	T/P91	√		√	√				√	√	√	650
		T/P92（NF616）	√		√	√				√	√	√	648
	12% ASME	T/P122（HCM12A）	√		√					√	√	√	648

类型	材料		用途									最高使用温度（℃）
	系列	牌号	过热器			再热器		省煤器	水冷壁	蒸汽管道			
			低温	高温	屏式	低温	高温			过热蒸汽	热再热蒸汽	冷再热蒸汽	
奥氏体钢	18%Cr ASME	TP347H	√	√			√						815
		TP347HFG	√	√			√						732
		Super304H		√	√		√						815
	20%～25%Cr ASME	TP310HCbN（HR3C）	√	√			√						732

2. 温度

根据长期运行经验，氧化膜的生长遵循塔曼法则：

$$d^2 = Kt \tag{7-15}$$

式中　d——氧化膜的厚度，mm；

　　　K——与温度有关的塔曼系数；

　　　t——时间，min。

由式（7-15）可知，氧化膜的生长与温度和时间有关。在高温水蒸气条件下，温度越高，不锈钢氧化加快，在 $600 \sim 650℃$，不锈钢的氧化速度发生突跃。这个突变点表明，不锈钢在高温下氧化过程中随着温度的增加产生了新相。此时不锈钢的各氧化层会迅速增厚，最外层的 Fe_2O_3 形成连续致密氧化层，在短时间内使不锈钢的氧化层迅速达到或超过氧化层剥落的临界厚度。由此可见，温度是造成氧化膜增厚的主要原因。

在温度低于570℃时，水蒸气与铁发生氧化反应，生成的氧化膜由 Fe_2O_3 和 Fe_3O_4 组成，Fe_2O_3 和 Fe_3O_4 的结晶构造较为复杂，金属粒子在这两种氧化物构成的氧化层内扩散速度很慢，可以保护或减缓钢材的进一步氧化，而且总的氧化速度较慢。随着受热面温度的升高，氧化速度不断加快，当温度在580℃以上时，受热面金属氧化规律由抛物线转化为直线，生成的氧化膜则由 Fe_2O_3、Fe_3O_4、FeO 组成，其厚度比例为 $1:10:100$，最靠近金属基体的为低价氧化物 FeO，而最外层与介质直接接触的为高价氧化物 Fe_2O_3，由于 FeO 的晶格是可置换和不致密的，体积很小的金属离子很容易通过它向外扩散，破坏整个氧化膜的稳定性，所以其在高温下的抗氧化性能减弱，致使其形成的氧化膜易于脱落。

3. 蒸汽与相关氧化物的平衡氧分压

由图 7-15 可知，作为温度的函数，水在金属界面分解为氢气和氧气处于平衡状态。蒸汽压力从 340atm 降至 0.1atm，例如，在 700℃分压从 3.8×10^{-6} atm 降至 1.7×10^{-8} atm；但是这些氧分压仍然比最小稳定的铁氧化物 Fe_2O_3 分解压力约高 4 个数量级，因而可以预料在金属-氧化物表面蒸汽平衡时高压下生成的氧化层中含有相同的氧化物。

图 7-15 中的虚线表示水蒸气的压力，图中给出了水蒸气有效氧分压和氧化物的平衡氧分解压的关系，其前提是水在金属界面分解（作为温度的函数）通过 $H_2O \Longrightarrow H_2 + 1/2O_2$ 的反应，在金属-蒸汽界面达到平衡状态。从图中看出，蒸汽压力为 17.93 ～

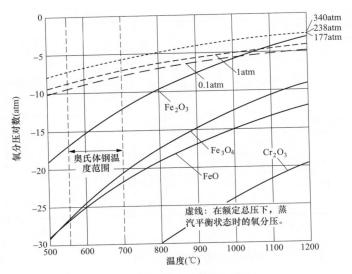

图 7-15 蒸汽与相关氧化物的平衡氧分压

34.44MPa，在 500～700℃时，蒸汽平衡氧分压在 $1\times10^{-7}\sim1\times10^{-9}$MPa 之间。

Fe$_3$O$_4$ 在图中所考虑的所有条件下都是稳定相。Fe$_2$O$_3$ 是强烈与温度相关的氧化物。在水蒸气体系中，金属表面生成一定厚度的 Fe$_2$O$_3$ 与时间长短和温度高低有关。在700℃水蒸气分压从 3.8×10^{-6}atm 降至 1.7×10^{-8}atm 时，其氧分压仍然比最小稳定的铁氧化物 Fe$_2$O$_3$ 分解压力约高 4 个数量级，因而可以预料在金属-氧化物界面蒸汽平衡时，极高压下生成的氧化层中也会含有相同的氧化物。但是在温度 1000℃ 以上时，Fe$_2$O$_3$ 变得不稳定。

加氧处理时，蒸汽中氧量最多为 100μg/kg，蒸汽中氧的分压为 3.12×10^{-6}atm，水蒸气的压力为 220atm，加氧条件下蒸汽中氧分压与蒸汽压力之比为 10^{-8}。

从图 7-15 中可知，在超临界蒸汽中，各种氧化物都比较稳定，其中以 Cr$_2$O$_3$ 最为稳定。即使蒸汽总压力为 0.1MPa 蒸汽分解的等效氧气分压也比形成最不稳定的 Fe$_2$O$_3$ 氧化物所需的离解氧气分压大几个数量级。因此，在图 7-15 所示各种蒸汽压力下，假定蒸汽在氧化反应区域分布均匀，并且蒸汽流动速率能够避免局部贫氧，那么在氧化皮生长过程中会形成相同种类的氧化物（Fe$_2$O$_3$、Fe$_3$O$_4$、FeO 和 Cr$_2$O$_3$）。值得注意的是，氧化反应动力学没有考虑热力学过程，因此稳定性高的氧化皮不一定意味具有很好抗氧化保护性。以 FeO 为例，它是最为稳定的 Fe 氧化物，但是它不具备抗氧化保护性，因为 FeO 的形成反应速率太快。

对于 18-8 型奥氏体不锈钢，温度范围是 550～650℃，在蒸汽压力为 245atm，蒸汽的平衡分解压力为 $6\times10^{-11}\sim3\times10^{-9}$atm；Fe$_2O_3$ 的平衡分解压力为 $1\times10^{-17}\sim4\times10^{-14}$atm。蒸汽的平衡分解压力比 Fe$_2O_3$ 的平衡分解压力约高 5 个数量级。

Fe$_2$O$_3$ 是强烈与温度相关的氧化物。Fe$_3$O$_4$ 在图中所考虑的所有条件下都是稳定相。在超超临界温度范围内，FeO 成为稳定相，因其含有大量的缺陷，支持相当快速的氧化速率。FeO 的稳定性也取决于 Cr 含量，Cr 含量太低，不能生成 FeO。

三、 高温氧化皮剥离的影响因素

大量的研究表明，原生氧化皮与金属基体之间的膨胀系数差异是氧化皮在金属壁温大幅度变化时容易脱落的根本原因。主蒸汽、再热蒸汽温变化时，由于金属管壁和氧化皮的膨胀系数不同，当氧化皮的线性膨胀应力大于氧化皮与金属基体结合力时，氧化皮就会脱落。

金属基体与氧化皮或氧化皮层之间的应力达到某一临界值时，氧化皮就会发生脱落，应力与温度变化率、线性膨胀系数相关。对于电站锅炉来说，主蒸汽、再热蒸汽温度变化频繁、范围大、速率快是造成应力发生变化的主要原因。而线性膨胀系数则与金属管材的性质有关，金属基体与氧化皮或氧化皮之间的线膨胀系数相差越大，氧化皮越易脱落。根据相关试验和相关文献得到不同材料与氧化皮的线性膨胀系数，见表7-2。

表 7-2　　　　　　　　　　不同材料与氧化皮的线性膨胀系数

材料	线性膨胀系数（10^{-6}/℃）						
	100℃	200℃	300℃	400℃	500℃	600℃	700℃
T22	9.36~10.80	10.25~12.35	11.00~13.35	11.38~13.60	12.45~14.15	12.80~14.60	12.90~14.86
T91	10.9	11.3	11.7	12.0	12.3	12.6	12.8
TP304	17.1	17.4	17.8	18.3	18.9	19.1	19.4
TP347H	17.3	17.5	17.7	18.2	18.6	18.9	19.3
Fe_3O_4					9.1		
Fe_2O_3					14.9		
FeO					12.2		

氧化皮的临界厚度与管材的材质、管壁温度、外壁热流密度、运行条件等因素有关。根据试验和相关文献得到氧化皮临界厚度与管内壁温度、管外壁热流密度的关系。氧化皮越厚，其脱落时所需的应力越小，管壁金属与氧化皮温差越大，氧化皮受到的应力越大。热负荷和蒸汽温度越高，导致金属超温运行的临界氧化皮厚度越小。

不同的管材氧化皮的临界厚度也不同，一般 TP347H 奥氏体不锈钢的氧化皮临界厚度为 0.05~0.1mm；12Cr1MoVG 和 T91 等铬钼钢氧化皮的临界厚度为 0.25~0.35mm。当氧化皮厚度达到或超过氧化皮的临界厚度时，机组启停过快是导致氧化皮大量集中脱落、引发炉管堵塞爆管的直接原因。理论上讲，几种高温受热面常用材质的抗氧化性能为 Super304H/HR3C > TP347H > T91 > T23。T91 材料在内壁氧化皮厚度不超过 0.15mm 时，其内壁氧化皮与钢管基体结合紧密，而多孔的外壁氧化皮厚度不高时是不易剥落的。TP347H 抗氧化性能虽然优于 T91，但其热膨胀系数要比 T91 大许多，在温度发生波动时其氧化皮要比 T91 易于剥落。

随着管壁温度从 600℃ 降低到 20℃ 的过程中，不同管材的管径逐渐减少，如图 7-16 所示。由于材料的热膨胀率和温度变化的作用，金属管径发生显著的改变，管内壁氧化皮将承受交变的拉压应力作用，这将对氧化皮的稳定性及剥落有重要的影响。T91 的管径变化明显小于 T22，T91 的氧化皮在温度降低过程中承受的应力比合金 T22 的氧化皮大，T91 的氧化皮更容易脱落。在温度降低过程中，T22 氧化皮中的 Fe_3O_4 层经历一个拉应力，而 300 系列不锈钢的氧化皮中 Fe_3O_4 层经历一个压应力。根据氧化皮分层生成机理，氧化皮蒸汽侧的 Fe_2O_3 层将比 Fe_3O_4 层承受更多的压应力，氧化皮外层的 Fe_2O_3 将对氧化皮主体的应力场产生重要的影响。

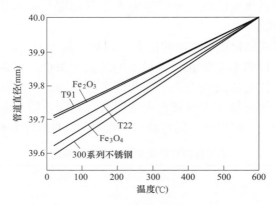

图 7-16　不同材料在冷却过程中管径的变化

第四节　高温氧化的危害及防治措施

一、　高温氧化的危害

国内发生过很多大参数、高容量机组过热器、再热器氧化皮剥落所导致的爆管、主蒸汽汽门卡涩以及汽轮机通流部位固体颗粒侵蚀的问题，出现问题的受热面的材质既有奥氏体不锈钢管，也有铁素体钢管，但 18-8 系列粗晶奥氏体不锈钢管最为突出。如氧化皮剥落堵塞造成过热器爆管如图 7-17 所示、汽轮机汽室部件遭受氧化皮剥落物等固体粒子侵蚀如图 7-18 所示。

图 7-17　氧化皮剥落堵塞造成过热器爆管

美国电力研究院研究表明，氧化膜的脱落主要是受锅炉的超温、炉温的波动以及金属材质的影响，炉水的特性所造成的影响较小。优化建议如下：

（1）优化锅炉的运行工况，减小负荷的变化，尤其是负荷的大幅度频繁变化，同时要避免超温。

（2）在金属表面镀铬。

（3）在易氧化的金属管段采用耐高温、耐腐蚀的材料。

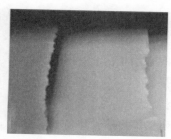

(a)汽轮机中压第一级静叶

(b)调节级喷嘴已残损　　　(c)调节级第一级动叶弧顶

图 7-18　汽轮机室部件遭受氧化皮侵蚀

二、　高温氧化的防治措施

目前，大多数过热器、再热器高温段管材选用奥氏体不锈钢，其在高温下发生氧化而产生氧化膜是无法避免的。防治高温氧化造成危害的关键点在于：减缓氧化膜的生长速率，并控制氧化膜的厚度在合理范围内。防止氧化皮脱落的主要思路为：减缓生成→控制剥落→加强检查→及时清理等。由于影响因素众多，防治高温氧化造成的危害往往需要综合考虑，主要措施如下：

1. 抑制受热面温度周期性波动和温度变化速率

在运行过程中，要加强受热面的热偏差监视和调整，以防范受热面局部超温现象的出现。适当增加壁温监测点，可依据受热面管壁温度高低相应增加测点，方便更好的监控各部分受热面，防止隐形超温；对于异常点要及时排查、及时处理，做好异常记录。

2. 机组启停的注意事项

机组启停过程中，如不严格控制温升温降速率，氧化皮会因为线性膨胀系数与管材存在差异而导致脱落。可采用以下措施：锅炉升温升压过程中，控制温升速率和蒸汽压力变化速率，严格控制主蒸汽升温率、升压速率，避免氧化皮短时间内过量剥落，堵塞受热面导致超温爆管；机组正常停机时，推荐采用滑停的方式进行，并按要求控制温降速率，滑停过程中严格控制屏式过热器、末级过热器蒸汽温降速率；优化节油助燃系统（小油枪或等离子）投退时机，为防止等离子装置点火启动初期温升难以控制，在启动时应投油助燃，避免启停过程中节油助燃系统的投退致使炉内热负荷大幅波动，引起管壁温度剧烈变化；机组冷态启动过程中严格按照机组升温控制曲线控制蒸汽温度，确保燃油燃烧完全，投粉均匀缓慢，蒸汽温度不发生突变；热态启动过程中严格按照不同热状态的升温控制曲线控制蒸汽温度。在热态启动过程中，为防止受热面金属温度降低，锅炉的烟风系统要与其他系统同步启动以及加强疏水的回收和排放管理，严格控制冷态冲洗和热态冲洗的水质，防止因不合格的疏水进入主系统和炉前系统产生的腐蚀产物进入高温受热面等措施。

3. 受热面材质优化

在表 7-1 中列举了目前常用的管材型号，在实际运行过程中，可根据不同受热面的温度高低进行选择。针对受热面容易超温的部位，可选择较高等级的管材进行优化处理。比如，T23 钢管最高耐受温度为 580℃，而 T91、TP347H 能达到 650℃，甚至在 800℃以上。此外，同样作为奥氏体钢材，细晶化的 TP347HFG 的抗蒸汽氧化性能要强于TP347H，在高温区域选用奥氏体钢材时，应充分考虑选择 TP347HFG，或者是经过良好喷丸处理的粗晶粒的 TP347H。

据不完全统计，高温氧化皮首次发生剥落前的运行时间统计数据如下：

（1）粗晶奥氏体不锈钢。设计出口温度为 540℃左右，运行时间大多为 30 000h 左右；设计出口温度为 570℃左右，运行时间大多为 10 000～15 000h。

（2）低合金铁素体钢。设计出口温度为 540℃左右，运行时间大多为 40 000～100 000h 左右；设计出口温度为 570℃左右，运行时间大多为 5000～12 000h。

4. 运行过程调整优化

（1）燃烧调整优化。运行过程中，通过壁温可以掌握所在区域的烟气温度，然后根据壁温的变化规律对燃烧器、燃尽风风门开度进行调节。通过对燃烧器和燃尽风风门开度进行调节，可以调节炉膛不同区域的火焰高度，消除烟温的不均匀分布，做到壁温分布的削峰填谷。例如，某电厂末级过热器屏间壁温值为明显的双驼峰，偏差达到 50℃左右，通过对锅炉的燃烧器进行调整，消除了两侧烟温偏差。

（2）加强炉膛吹灰。定期对炉膛的屏式过热器进行吹灰操作，以保持其清洁状态，可以增加炉膛和屏式过热器对热量的吸收，降低末级过热器的壁温。根据大量的实际运行数据，炉膛吹灰器投入后，过热器壁温相较于投入前可降低 5℃以上，减温水量可减少50%以上。

5. 加强监督检查和维护工作

首先，按照 DL/T 939《火力发电厂锅炉受热面管监督技术导则》规定做好定期检查、维护。除必要检查之外，对特殊结构部位、或之前经常发生事故部位要做到逢停必检；在机组的大、中、小修中，对过热器和再热器沿炉膛宽度和高度方向合理的安排测点，进行管壁金属厚度及内壁氧化层厚度的普查，定期对受热面部位割管检查，测定氧化膜的生长情况，做好周期记录。

第五节　典　型　案　例

一、某电厂过热器增容改造后泄漏失效

1. 机组概况

某电厂 5 号炉中温再热器管于 2016 年 2 月发生泄漏，泄漏管为左数第 17 屏入口第 2 根，爆口位于距下弯头 200mm 处，管子材质为 T91，规格为 $\phi 60 \times 4mm$。该过热器在 2014 年 10 月进行了增容改造，在中温再热器入口联箱处利用三通将第一排管屏分成两排，起到增加换热面积、减缓介质流速的作用，从而提升运行温度、改善换热效率。泄漏点位于中温过热器入口改造后的新增扩容管排上。

2. 检查与测试

（1）宏观形貌检查。

5 号炉泄漏中温再热器泄漏处宏观形貌如图 7-19 所示，泄漏管段长度约为 400mm，爆口呈纵向开口张开较小，爆口粗钝边缘几乎无减薄，该处管径略有胀粗现象。截取爆口处横截面试样对其形貌进行观察，如图 7-20 所示，爆口处内外壁氧化皮较厚，内壁氧化皮局部脱落，并呈现纵向平行裂纹。爆口处宏观形貌显示出典型长期过热的特征。

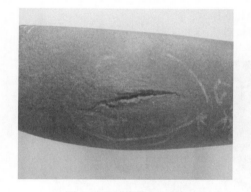
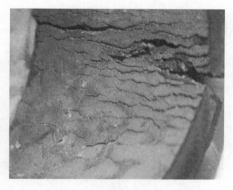

图 7-19　泄漏宏观形貌　　　　　　图 7-20　泄漏处内壁宏观形貌

（2）化学成分分析。

通过便携式光谱仪对 5 号炉泄漏的中温再热器进行化学成分分析，其中各元素含量均符合 GB 5310—2008《高压锅炉用无缝钢管》中对 T91 材质的规定值，具体化学成分见表 7-3。

表 7-3　　　　　　　　　　　　　　化学成分分析结果

合金元素	Cr	Mo	V	Mn	Nb	Si
标准规定值（%）	8.00～9.50	0.85～1.05	0.18～0.25	0.30～0.60	0.06～0.10	0.20～0.50
测试值（%）	8.55	0.88	0.18	0.49	0.07	0.49

（3）金相组织分析。

截取泄漏中温再热器不同位置横截面试样进行金相组织观察分析，具体截取试样如图 7-21 所示，分别标记为 1（爆口处）、2 和 3。

对试样 1 进行金相组织观察，爆口处马氏体位相完全分散，存在大量铁素体组织，碳

化物析出相呈球形分布，且尺寸粗化，并可见大量蠕变孔洞和裂纹，金相组织已老化严重，如图 7-22～图 7-26 所示。爆口处内外壁氧化皮较厚，具体情况如图 7-27 和图 7-28 所示，外壁氧化皮厚度约为 1.32mm，内壁氧化皮厚度约为 0.80mm。爆口对侧背火侧马氏体组织位相不明显，如图 7-29 和图 7-30 所示，晶界析出相较多局部呈链状分布，金相组织中度老化。爆口处对侧内外壁氧化皮如图 7-32 和图 7-33 所示，外壁氧化皮厚度约为 0.07mm，内壁氧化皮厚度约为 0.12mm。

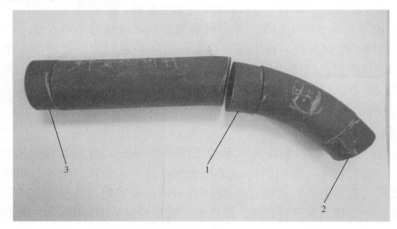

图 7-21　泄漏管段金相取样示意图

1，2，3—爆口处

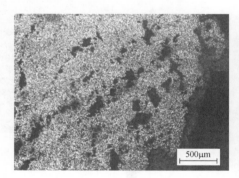

图 7-22　爆口处金相组织（50×）

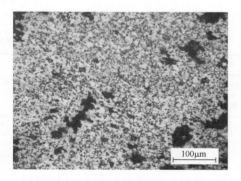

图 7-23　爆口处金相组织（50×）　　　图 7-24　爆口处金相组织（200×）

图 7-25 爆口处金相组织（200×）

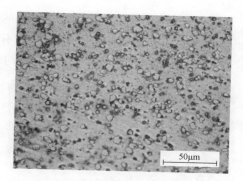

图 7-26 爆口处金相组织（500×）

图 7-27 爆口处外壁氧化皮（50×）

图 7-28 爆口处内壁氧化皮（50×）

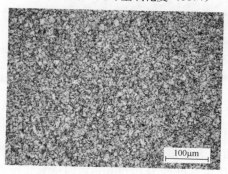

图 7-29 爆口对侧金相组织（200×）

图 7-30 爆口对侧金相组织（500×）

图 7-31 爆口对侧外壁氧化皮（100×）

图 7-32 爆口对侧内壁氧化皮（100×）

　　试样 2 弯头（距爆口约 16cm）横截面金相组织如图 7-33、图 7-34 所示，试样 2 内外壁氧化皮如图 7-35、图 7-36 所示。马氏体位相不明显，存在铁素体组织，碳化物开始在晶界析出聚集，金相组织中度老化。外壁氧化皮厚度约为 0.38mm，内壁氧化皮厚度约为 0.30mm。

图 7-33　试样 2 金相组织（200×）

图 7-34　试样 2 金相组织（500×）

图 7-35　试样 2 外壁氧化皮（100×）

图 7-36　试样 2 内壁氧化皮（100×）

　　试样 3 直管段（距爆口约 20cm）横截面金相组织如图 7-37、图 7-38 所示，试样 3 内外壁氧化皮如图 7-39、图 7-40 所示。马氏体位相显著分散，可见铁素体组织，碳化物开始在晶界析出聚集，金相组织中度老化。外壁氧化皮厚度约为 0.66mm，内壁氧化皮厚度约为 0.52mm。

图 7-37　试样 3 金相组织（200×）

图 7-38　试样 3 金相组织（500×）

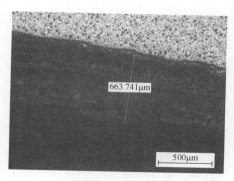

图 7-39 试样 3 外壁氧化皮（50×）

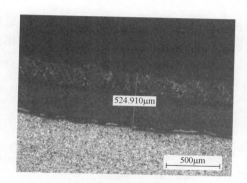

图 7-40 试样 3 内壁氧化皮（50×）

3. 结果分析

泄漏的中温再热器管化学元素成分符合标准 GB 5310—2008《高压锅炉用无缝钢管》对该材质的规定。通过对宏观形貌分析可知 5 号炉中温再热器爆口呈现出典型长期过热的特征。通过金相组织观察分析，爆口处金相组织严重老化，马氏体位相完全分散，可见大量蠕变孔洞和裂纹，内壁氧化皮厚度约为 0.80mm，外壁氧化皮最厚处达 1.32mm，内外壁氧化皮厚度均较厚，与宏观形貌分析结果吻合，爆口处背火侧内外壁氧化皮厚度均正常、马氏体组织位相不明显。距爆口一段距离的两管段金相组织呈中度老化，马氏体位相显著分散，内外壁氧化皮较厚，外壁氧化皮最厚处约为 0.66mm。说明泄漏中温再热器整个管段均存在长期过热现象，爆口处情况尤为严重。

综合分析认为，该锅炉过热器改造后换热面积增大，管道内介质流速减缓，在一定程度上改善换热效果，管壁温度显著提高。T91 钢管长期在超温的状况下运行，加剧材料老化过程，原有回火马氏体组织的各种强化机理失效，容易形成微裂纹或析出相与基体分离产生空位，增大 T91 钢管的蠕变速率。此外温度升高会导致氧化皮生成速度加快，氧化皮达到一定厚度后容易与基体脱离进入介质中，氧化皮一旦发生堵塞，过饱和蒸汽流通受阻会使管壁温度进一步升高，导致 T91 钢管道高温蠕变性能难以满足运行要求最终发生泄漏，因此本次爆管应为改造后管道长期过热，最终导致氧化皮增长速率过快，氧化皮剥落及管材性能下降难以满足运行要求最终发生泄漏。

二、 某超临界直流锅炉末级过热器泄漏

1. 机组概况

某电厂 2 号锅炉为哈尔滨锅炉厂有限责任公司与三井巴布科克公司合作设计、制造的 HG-1900/25.4-YM4 型超临界变压运行直流锅炉，2014 年 8 月该锅炉四管泄漏报警，停机后进入炉膛检查发现末级过热器泄漏，泄漏位置位于左侧第 8 屏入口侧前数第 12 根第 1 层夹持弯处，泄漏管道材质为 T91，规格 φ44.5×7.5mm。末级过热器位于折焰角上方，沿炉宽方向排列共 30 片管屏，管屏间距为 690mm，每片管组由 20 根管子绕制而成。机组自投运至此次爆管累计运行约 79 000h，该机组给水采用 OT 工况。

2. 检测与分析

（1）宏观形貌。

末级过热器管道爆口处宏观形貌如图 7-41 所示。爆口位于夹持弯处管道的向火侧，爆口较小呈鱼嘴型纵向开口，边缘轻度减薄，有明显的胀粗现象，其宏观形貌显示出典

型长期过热的特征，外壁结焦严重，打磨后仍可见较厚的暗红色结焦氧化层。爆口处内壁情况形貌如图 7-42 所示，内表面有较厚的氧化层，呈纵向平行裂纹特征。

图 7-41　末级过热器爆口宏观形貌

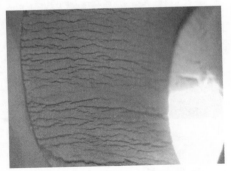

图 7-42　末级过热器爆口处内壁形貌

（2）金相组织分析。

爆口处横截面金相组织如图 7-43、图 7-44 所示，爆口处内壁氧化皮如图 7-45 所示，爆口处蠕变裂纹如图 7-46 所示。由于管道胀粗开裂存在一定程度的形变，马氏体组织位相已严重分散，碳化物发生聚集呈球形分布，且尺寸粗化，组织已严重老化。另外，爆口尖端处存在大量蠕变裂纹。爆口处内壁氧化皮厚度约为 0.25 μm。

爆口处背火侧金相组织具有明显的板条马氏体特征，析出的碳化物沿晶界、板条界分布较均匀，未出现明显老化现象，属 T91 钢正常组织。

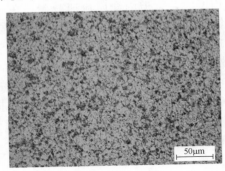

图 7-43　爆口处金相组织（500×）

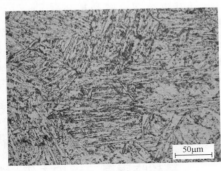

图 7-44　爆口背火侧金相组织（500×）

图 7-45　爆口处内壁氧化皮

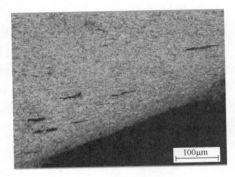

图 7-46　爆口处蠕变裂纹（200×）

（3）激光共聚焦显微分析。

爆口处向火侧与背火侧显微组织如图 7-47、图 7-48 所示。向火侧晶粒内沉淀相少但

图 7-47 爆口处向火侧金相组织（1000×）

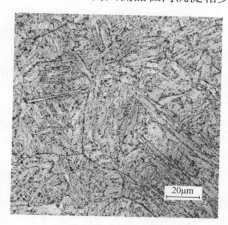

图 7-48 爆口处背火侧金相组织（500×）

颗粒尺寸粗大，晶粒内出现较大面积的碳化物稀少区。碳化物多集中分布在晶界处，聚集且粗化，原奥氏体晶界清晰并变宽。晶界碳化物粗化团聚严重处，由于应力集中作用形成了蠕变裂纹。背火侧显微组织中可见清晰的板条马氏体位相，碳化物均匀地分布在奥氏体晶界、板条界面以及晶粒内部，且析出相尺寸较小。

（4）化学成分分析。

通过便携式 X 射线光谱仪对泄漏末级过热器进行化学成分分析，其中主要合金元素含量符合 GB 5310《高压锅炉用无缝钢管》中对 T91 材质的规定值，具体合金元素化学成分见表 7-4。

表 7-4 合金元素化学成分分析结果

合金元素	Cr	Mo	V	Mn	Ni	Nb
标准规定值（%）	8.00～9.50	0.85～1.05	0.18～0.25	0.30～0.60	≤0.40	0.06～0.10
测试值（%）	8.22	0.970	0.233	0.501	0.117	0.081

3. 综合分析

泄漏末级过热器管样化学元素成分符合标准 GB 5310《高压锅炉用无缝钢管》对 T91 材质的规定。宏观形貌检查显示出该管段有典型长期过热的特征。

通过光学显微镜及激光共聚焦显微镜对末级过热器金相组织观察可知，爆口处金相组织马氏体位相显著分散，碳化物在晶界聚集呈球形分布，且尺寸粗化，爆口处可见大量蠕变裂纹，呈长期过热老化的微观组织形态，与宏观形貌分析结果吻合。T91 钢长期在接近其极限温度状态下运行，会在很大程度上加剧材料老化过程，碳化物的不断析出、长大并聚集在晶界处，板条马氏体形态消失，原有回火马氏体组织的各种强化机理失效，T91 钢的高温性能也随之大幅度下降。另外，由于析出相聚集长大处引起的应力集中，容易形成微裂纹或析出相与基体分离产生空位，增加 T91 钢的蠕变速率。综合其宏观形貌、化学元素及光学显微镜及激光共聚焦显微镜分析可以断定，该末级过热器管长期过热导致金属内壁氧化皮增厚，加剧了金属材料的老化，并最终导致爆管。

4. 结论

末级过热器夹持弯背弧爆口处外壁结焦严重，过厚的结焦层会使受热面换热效果下降，局部烟气温度过高，造成管壁超温，并且随着结焦层的逐步增厚超温现象也随之加剧。另外由于结焦层的影响管道处在高温状态下，水蒸气的氧化性增强，内壁氧化皮增长速率加快，内壁氧化皮和金属基体的膨胀系数存在差异，一旦氧化皮剥离，很容易堵塞在夹持弯处，造成过饱和蒸汽流通受阻，热交换效果下降，进一步导致此处管壁温度过高，最终导致过热器泄漏。

三、 某超超临界锅炉高温受热面爆管故障

1. 运行概况

某电厂 1 号机采用哈尔滨锅炉厂有限责任公司生产的超超临界变压直流炉，锅炉为Ⅱ型布置，采用单炉膛、墙式切圆燃烧方式，内置式启动系统带有循环泵。2010 年该锅炉高温受热面连续发生 3 次爆管事故，其中后屏过热器左向右第 25 排，外向内数第 8 圈后弯前水平段 400mm 处一次，末级过热器左数第 9 屏，炉前向炉后数第 8 根前弯头爆管一次，末级过热器左数第 27 屏，炉前向炉后数第 7 根弯头处爆管一次，材质均为 TP347H。

2. 检测与分析

（1）宏观形貌。

爆管的爆口位置均发生在在入口弯头处、爆口处的典型宏观形貌及管段的氧化皮如图 7-49、图 7-50 所示，爆口胀粗显著，边缘减薄明显，均有明显的短期超温迹象，除发生爆管的管屏外，其周围管屏并无明显的超温迹象。每次发生爆管故障后对高温受热面管屏下弯头检查，均发现氧化皮堆积现象。

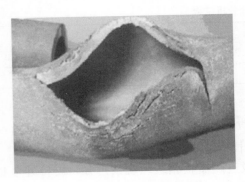

图 7-49　爆口处典型宏观形貌

图 7-50　下弯头发现的氧化皮

（2）射线检查。

对总计 12 000 多个未爆管弯头进行氧化皮专项检测，发现高达 37.5% 弯头存在超标问题。后屏过热器管屏下弯头超标，管内氧化皮为 60~100g；高温再热器入口管屏下弯头氧化皮偏多，厚度在 100μm 左右，称重一般在 100~600g。对部分高受热面管进行了射线复核抽查，发现部分管道氧化皮堵塞超过管径 1/3，射线检查如图 7-51 所示。

对爆管弯头和受热面管射线抽查的结果表明，锅炉连续超温爆管与氧化皮剥离堵塞

管道有直接关系。当高温受热面管内壁化皮脱落，聚集在U形弯管的底部，堵塞量达到一定程度后，引发受热面超温爆管。

（3）运行控制。

1）该机组自投产以来，一直采用加氧工况，加氧量控制在 $30\sim70\mu g/L$，符合 GB/T 12145—2016《火力发电机组及蒸汽动力设备水汽质量标准》控制要求。由于粗晶 TP347H 管材抗氧化能力较弱，加氧后氧化皮的热膨胀系

图 7-51　射线检查

数与金属基体加大，增大了氧化皮剥离的倾向。采用给水加氧处理后要控制氧化皮的脱落，主要应控制机组启停时的温度变化速率。

2）氧化皮的生长速度与工质温度有着密切的关系，温度越高，氧化皮生长速度越快。图 7-52～图 7-54 所示为该锅炉高温受热面温度分布。

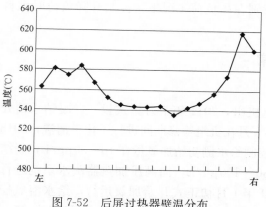

图 7-52　后屏过热器壁温分布

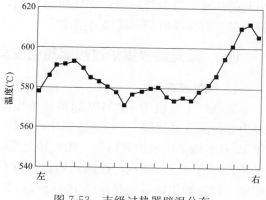

图 7-53　末级过热器壁温分布

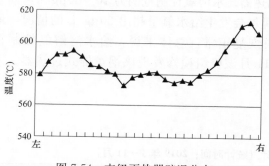

图 7-54　末级再热器壁温分布

沿水平烟道宽度方向，各受热面内蒸汽温度分布存在较大偏差：中间低，两侧高，且右侧偏高明显，最大偏差约为 50℃。由于汽温自动控制以主、再热器管道混合后温度为调节对象，加之原设计壁温测点有限，因此存在部分无法监测到的局部管道超温现象。

3. 综合分析

虽然该机组加氧量处于合格范围内，但由于粗晶 TP347H 管材抗氧化能力较弱，加氧促进了氧化膜的生长速率，造成氧化皮的热膨胀系数与金属基体差值加大，加剧了剥离的可能性。且在锅炉实际运行中，受燃烧火焰中心偏斜、四角切圆燃烧残余旋转、不同管屏蒸汽流速不均等影响，同一受热面不同位置可能存在吸热、换热不均的现象，高温受热面温度分布的差异性，也直接证明了存在局部超温现象，进一步增大了氧化皮的生成。该锅炉的爆管时间均发生在机组检

修后冷态启动并网 1～5 天的时间内，这也说明温度变化速率、升降负荷速率直接影响了氧化皮的剥离。

4. 结论及建议

（1）该厂锅炉受热面不同部位壁温分布不均，各段高温受热面中的 TP347H 材料在高温状态下形成氧化皮，在锅炉启停过程中氧化皮剥落堵塞管道，导致冷态启动后短时间内部分高温受热面超温爆管。

（2）建议加强运行监督，并根据受热面管壁温度高低适当增加测点，及时发现并减少锅炉受热面的超温现象。

（3）加强锅炉启停过程中蒸汽压力和温度变化速率控制，严格控制主蒸汽升温率不超过 1.5℃/min，升压率不超过 0.1MPa/min，避免氧化皮短时间内过量剥落，堵塞受热面导致超温爆管。

（4）对锅炉进行系统的燃烧调整试验。主要包括优化二次风配风，降低水平烟道两侧烟温偏差；对磨煤机四角煤粉管道进行细致的阻力调平，减少由于燃烧火焰中心偏斜引起的烟温、汽温等偏差；优化协调控制，特别在高负荷工况下，控制升降负荷时燃料投减量，避免瞬时局部超温等措施。

四、 某超临界锅炉过热器氧化皮异常

1. 机组概况

某电厂 1 号机为 660MW 超临界燃煤发电机组，2011 年 7 月正式投产，凝结水精处理为 2 台前置过滤器＋3 台高速混床，2016 年 6 月在机组检修期间进行了化学清洗，2018 年 12 月实施了给水加氧转化，加氧转化期间控制给水侧初始加氧量在 10～30μg/L，凝结水精处理出口进行加氧，控制初始加氧量在 30～100μg/L，向高压加热器疏水系统进行加氧，控制初始加氧量在 30～100μg/L。2019 年 1 月初正式开始加氧运行，给水溶氧控制范围为 10～30μg/L，期望范围为 10～20μg/L；除氧器入口溶氧控制范围为 30～100μg/L，期望范围为 30～80μg/L；高压加热器疏水溶氧控制范围为 10～80μg/L，期望范围为 10～50μg/L。在机组深度调峰时，偶尔会发生给水氧量超出 30μg/L 的情况，最大到 80μg/L，持续时间为十几分钟，很快恢复正常，总体来说，给水溶解氧控制在 15μg/L 左右，自动调节跟踪较好。2019 年 11 月该机组检修发现该锅炉屏式过热器、末级过热器氧化皮异常。

2. 机组水汽品质情况

机组水汽品质见表 7-5。

表 7-5　　加氧后至机组检修水汽品质统计（统计时间：2019 年 1—11 月）

序号	水样类别	监督项目	单位	控制指标	最大值	最小值	平均值
1	凝结水	氢电导率（25℃）	μS/cm	≤0.20	0.081	0.068	0.075
		电导率（25℃）	μS/cm	—	3.45	1.90	2.50
		溶解氧	μg/L	≤20	36.0	8.8	17.2
		二氧化硅	μg/L	—	8.90	0.50	2.15
		铁	μg/L	≤10	9.44	2.24	4.77

续表

序号	水样类别	监督项目	单位	控制指标	最大值	最小值	平均值
2	凝结水精处理出水母管	pH（25℃）	—	6.5～7.5	7.14	6.50	6.76
		电导率（25℃）	μS/cm	≤0.10	0.100	0.070	0.085
		二氧化硅	μg/L	≤10.00	4.2	0.2	1.88
		铁	μg/L	≤5	3.42	0.32	1.38
3	除氧器进水	电导率（25℃）	μS/cm	1.8～3.5	2.80	2.12	2.40
		溶解氧	μg/L	30～100	70	22	42
		铁	μg/L	≤3	2.92	0.32	1.98
4	给水	溶解氧	μg/L	10～30	80	1.35	14.30
		pH（25℃）	—	8.8～9.1	9.10	8.78	8.95
		氢电导率（25℃）	μS/cm	≤0.10	0.066	0.056	0.059
		电导率（25℃）	μS/cm	1.8～3.5	3.02	2.10	2.46
		二氧化硅	μg/L	≤10.00	3.5	0.2	1.98
		铁	μg/L	≤3	4.16	0.32	1.93
5	主蒸汽	氢电导率（25℃）	μS/cm	≤0.10	0.070	0.058	0.061
		电导率（25℃）	μS/cm	—	2.89	1.84	2.49
		溶解氧	μg/L	—	4.80	1.0	2.25
		二氧化硅	μg/kg	≤10.00	4.50	0.40	1.92
		铁	μg/kg	≤5	4.64	0.32	2.75
6	再热蒸汽	氢电导率（25℃）	μS/cm	≤0.10	0.088	0.066	0.076
		二氧化硅	μg/kg	≤10.00	4.2	0.4	1.8
		铁	μg/kg	≤5	4.92	0.32	3.48
7	高压加热器疏水	电导率（25℃）	μS/cm	—	2.79	1.71	2.23
		溶解氧	μg/L	10～150	98.00	19.90	37.52
		铁	μg/L	≤10	4.92	0.32	2.61

机组加氧期间水汽品质良好，给水溶氧控制在均值为 14.30μg/L，主蒸汽溶氧均值为 2.25μg/kg。

3. 氧化皮情况

2018 年 4 月，该锅炉进行了末级过热器管材改造，由 TP347H 升级为抗氧化性更强的 TP347HFG；末级再热器未升级管材，氧化皮壁厚 2018 年处于 41.7μm 至 145.8μm 范围内，加氧近一年后氧化皮厚度处于 122μm 至 300μm 范围内，增长很快。对屏式过热器、末级过热器及末级再热器进行射线检查发现共 216 根高温受热面管需要进行割管清理，而投产以来检修时发现最多的一次需割管清理氧化皮的高温受热面管为 51 根，需割管清理数量较给水加氧处理前大幅增加。

4. 结论

（1）该锅炉燃烧方式与加氧前没有明显改变，屏式过热器、末级过热器以及再热器管没有发生过长期超温现象。此次屏式过热器和末级过热器氧化皮异常脱落，很有可能为给水加氧后所致，但不排除屏式过热器氧化皮正好到了大量脱落的周期。

（2）加氧前末级过热器管材升级，锅炉主蒸汽平均温度由大修前 549℃提升至 562℃，主汽温度升高也很可能是导致本次检修集中脱落的一个原因之一。

（3）从统计的水质情况看，加氧期间给水、主蒸汽的各项指标均满足加氧要求，给水平均溶氧量为 14.3μg/L，没有出现主蒸汽的溶解氧大于 10μg/kg 情况，主蒸汽的溶解氧始终在 1～5μg/kg 范围内，平均值为 2.25μg/kg，而实际氧化皮增长速率明显加快，"给水加氧控制在 10～30μg/L，主蒸汽基本无氧，能够有效防止高温受热面氧化皮生成"这种加氧思路有待进一步商榷。

五、 其他类似案例

1. 某亚临界机组超低排放改造后末级过热器管材连续爆管

某电厂 2×330MW 热电工程锅炉为上海锅炉厂有限责任公司生产的亚临界压力中间一次再热控制循环汽包炉，锅炉型号为 SG-1113/17.50-M887，末级过热器布置在后烟井延伸水平烟道内，共 81 片，每片由 4 根并联蛇形套管组成，管排呈 W 形，顺流布置。末级过热器管子外径为 51mm，横向节距为 171mm，不同部位使用的材质为 12Cr1MoVG、T23 和 T91 三种。机组于 2012 年 12 月投产，2016 年 9 月该机组完成低氮燃烧器改造工作。2016 年 12 月—2017 年 3 月，该锅炉连续发生 3 次爆管事故，发生爆管的管子材质均为 T23。对爆口附近管段进行了氧化皮检查、内窥镜检查、力学性能试验及老化性能试验发现，使用 T23 的末级过热器管内部明显氧化皮沉积量，剥离及老化情况严重。

Cr 是提高钢抗蒸汽氧化性能的重要元素。Cr 含量更高的 T91 钢抗蒸汽氧化性能优于 T23 钢。锅炉改造燃烧器掺烧劣质煤后，水平烟道烟温升高约 20℃，进一步恶化了受热面环境。爆管管段力学性能及老化等级显示，T23 管在烟温升高后，由于抗氧化裕度偏低，出现了氧化皮生成加速的现象。在机组负荷变化期间出现局部脱落，脱落的氧化皮在管道弯头处聚集，降低蒸汽流通面积，减弱蒸汽冷却效果，使 T23 管处于长期超温状态，加速了氧化皮的生成和金属基体的老化，在外界温度场的扰动下，发生了大面积氧化皮剥落，堵塞管道，引起爆管。

2. 某超超临界机组低温再热器管氧化皮堆积

某超超临界 1000MW 燃煤电站采用东方锅炉集团股份有限公司生产的超超临界直流锅炉，型号为 DG3002/29.3/623℃/605℃-Ⅱ1。低温再热器布置于尾部前烟道，沿炉宽方向布置，一共分为四级管组，其中三级管组采用 T91，设计壁温为 579℃，四级管组即垂直管段采用 TP347H，设计壁温为 612℃，内壁未喷丸处理。累计运行约 14 000h，低温再热器四级管组下弯头存在较严重的氧化皮堆积现象，部分垂直管段下弯头氧化皮堆积量已超过 2/3。且随着机组运行，氧化皮生长速度有明显加快趋势，割管检测发现，垂直段 TP347H 管内壁氧化皮平均厚度达 227μm，内壁氧化膜成长速率明显较快。

通过分析长期运行数据发现该锅炉低温再热器设计蒸汽温升为 180℃，THA 运行工况下蒸汽温升最高达 203℃，高于设计值 23℃；负荷 800MW 以上时蒸汽平均温升约 191.76℃，高于设计值 11.76℃，存在明显蒸汽温升速度偏高的问题。该锅炉低温再热器垂直管材质为 TP347H，设计温度为 630℃。国内大量超临界机组的运行经验表明，TP347H 氧化皮脱落现象尤为明显，由于低温再热器存在烟温较高情况，TP347H 的抗氧化能力与壁温不匹配,低温再热器垂直管段奥氏体钢内壁氧化皮很快达到剥落的临界厚度,严重威胁锅炉运行安全。

3. 某 600MW 超临界褐煤锅炉末级过热器爆管

某 600MW 机组锅炉为 1930/25.4-HM2 型锅炉,一次中间再热、超临界压力变压直流锅炉,2018 年 5 月该锅炉末级过热器左往右数第 15 屏,前半屏下部夹屏管区域,内往外数第 3 根直管爆管,材质为 T91,规格 $\phi44.5 \times 8.5$ mm。爆口呈开口状,边缘尖锐,壁厚减薄明显,呈明显过热特征;微观上,爆口边缘晶粒塑性变形明显,马氏体位相已经完全消失,同样呈现短时过热爆管特征。爆口处内壁氧化皮已经出现不均匀脱落现象,内窥镜检查附近管段发现有严重的氧化皮脱落现象,多处位置氧化皮脱落超过 80%,且氧化皮较厚。综合分析认为氧化皮剥离后局部堆积引起过热、材料老化等问题,最终导致锅炉爆管。

对机组长时间运行参数分析发现,末级过热蒸汽温度频繁出现超温现象,最高点为 576.1℃,不符合规程中"最大连续运行工况主蒸汽温度不超过 571℃"的要求,温度较高导致氧化皮生长速率加快,且受电网因素影响,机组运行中经常出现负荷大幅变化现象,促进了氧化皮的剥离,超温和机组负荷大幅度波动是促使末级过热器氧化皮生成和剥离的主要因素。

第八章　电偶腐蚀

第一节　电偶腐蚀的概念、机理及常见形式

一、概念

电偶腐蚀（galvanic corrosion）又称接触腐蚀或双金属腐蚀，是指当两种或两种以上异种金属在同一导电介质中接触或通过其他导体连通时，由于腐蚀电位不同造成的异种金属间局部腐蚀。

二、机理

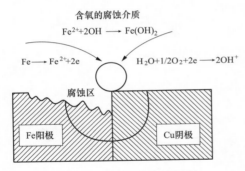

含氧的腐蚀介质

$Fe^{2+}+2OH \longrightarrow Fe(OH)_2$

$Fe \longrightarrow Fe^{2+}+2e$ 　　$H_2O+1/2O_2+2e \longrightarrow 2OH^+$

腐蚀区

Fe阳极　　　　Cu阴极

图 8-1　铜铁电偶腐蚀原理

电偶腐蚀过程中因各自电极电位不同而构成腐蚀原电池，属于电化学腐蚀的一种形式。电位较正的金属为阴极，发生阴极反应，导致腐蚀过程受到抑制；而电位较负的金属为阳极，发生阳极反应，导致腐蚀过程加速，图 8-1 所示为铜和铁之间的电偶腐蚀原理。电偶腐蚀可以发生在是金属与金属之间，也可以发生在金属与导电非金属材料（如石墨纤维环氧树脂复合材料）之间。

偶合后金属的电位差是电偶腐蚀的推动力，电位差越大，电偶腐蚀的推动力越大，腐蚀越严重。电偶腐蚀速率的大小与电偶电流成正比，可用式（8-1）表示：

$$I=\frac{E_c-E_a}{(P_c/S_c+P_a/S_a)+R} \tag{8-1}$$

式中　I——电偶电流；

E_c、E_a——阴、阳极金属偶合前的稳定电位；

P_c、P_a——阴、阳金属的极化率；

S_c、S_a——阴、阳极面积；

　　R——欧姆电阻（包括溶液电阻和接触电阻）

由式（8-1）可知，偶合电流随稳定电位差的增大、极化率和欧姆电阻的减少而增大，导致阳极的腐蚀加速、阴极腐蚀速率降低。

三、常见形式

电偶腐蚀是一种危害极为广泛、可能产生严重损失的腐蚀形式，常见于供用水设备、

消防水系统、船舶、油气、航空、建筑工业和医疗器械中，如图 8-2 所示。它会造成热交换器、船体推进器、阀门、冷凝器及医学植入件等部件的腐蚀失效。在实际工程中不同金属的组合是不可避免的，大量的机器、设备和金属结构件都是由不同的金属材料部件组合而成，所以这种腐蚀现象非常普遍。电偶腐蚀往往会诱发和加速应力腐蚀、点蚀、缝隙腐蚀、氢脆等其他各种类型的局部腐蚀，从而加速设备的破坏。

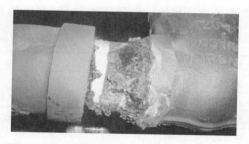

图 8-2　碳钢管和黄铜阀相连位置的电偶腐蚀

第二节　电偶腐蚀的影响因素

由于装置、设备往往由多种材料构成，因此应慎重考虑异种金属相接触时引起的电偶腐蚀问题。判断电偶腐蚀的倾向，主要依据异种金属材料在电解质中的电位差。一般的专业书中只列出了常用材料在海水中的电偶序，对于其他环境，应对所选用材料在介质中的电位进行实际测量，以判断电偶腐蚀发生的严重程度。

同种金属材料所制造的管道在生产、加工、安装过程中会造成金相组织的改变，在一些极端的环境下也会发生电偶腐蚀，如焊缝腐蚀。焊缝是铸态组织，晶粒较粗大，存在残余应力，有时还会有第二相析出等，它的电位负于母材，作为阳极会首先被腐蚀，并且焊缝的表面积远小于母材，又构成了大阴极小阳极的不利状态。这种焊缝腐蚀对压力管道危害很大，防腐蚀的措施是选用较母材耐蚀性高的焊条，使焊缝比母材更耐蚀。这样虽然焊缝作为阴极会造成母材阳极的腐蚀，但由于是小阴极大阳极，腐蚀电流分散在大的阳极表面上，电流密度小，壁厚减薄很少，不影响使用。

常见易形成电偶腐蚀的电偶对见表 8-1。

表 8-1　　　　　　　　　　　　常见易形成电偶腐蚀的电偶对

电偶对	阳极	阴极
Zn 对 Fe	Zn	Fe
Fe 对 Cu	Fe	Cu
珠光体组织	铁素体（α-Fe）	渗碳体（Fe_3C）
晶界对晶粒	晶界	晶粒
晶粒大小	细晶粒	粗晶粒
残余应力区	冷加工区（残余应力区）	退火部位
热应力	热响应区	非热响应区
应力腐蚀断裂	应力区	非应力区
电解质	稀薄溶液	浓厚溶液
氧化剂	低 O_2	高 O_2
尘埃、水垢	被覆盖区	清洁区

一、　电偶间的电极电位差

电偶腐蚀速度在量上符合法拉第电解定律。两金属之间的电极电位差越大、电流越大，则腐蚀速度越快。部分金属的活动顺序见表 8-2，也给出了相对于标准氢电极的电极电位。

表 8-2 金属活动顺序表

金属原子	Li	Cs	Rb	K	Ba	Ca	Na	Mg	Al	Mn	Zn	Cr
金属离子	Li^+	Cs^+	Rb^+	K^+	Ba^{2+}	Ca^{2+}	Na^+	Mg^{2+}	Al^{3+}	Mn^{2+}	Zn^{2+}	Cr^{3+}
E^0 (V)	−3.024	−3.02	−2.92	−2.92	−2.90	−2.87	−2.71	−2.37	−1.66	−1.18	−0.76	−0.71
金属原子	Fe	Cd	Co	Ni	Sn	Pb	H_2	Cu	Hg	Ag	Pt	Au
金属离子	Fe^{2+}	Cd^{2+}	Co^{2+}	Ni^{2+}	Sn^{2+}	Pb^{2+}	H^+	Cu^{2+}	Hg^{2+}	Ag^+	Pt^{2+}	Au^{3+}
E^0 (V)	−0.44	−0.40	−0.28	−0.23	−0.14	−0.13	0	+0.34	+0.796	+0.799	+1.2	+1.42

在腐蚀电化学中，把各种金属放在同一腐蚀介质中所测得的腐蚀电位，由低到高排列起来，形成一个电位顺序，即金属腐蚀电偶序，见表 8-3 和表 8-4。电偶序常用于判断不同金属材料接触后的电偶腐蚀倾向，在电偶腐蚀中电位差的影响是首要的，电位差越大腐蚀倾向越大。两种金属的自腐蚀电位相差越大，其中电位低的金属作为阳极越容易被腐蚀，而电位高的金属作为阴极则易受到保护。在常温常压环境下，通常当腐蚀电位差大于 0.25V 时，产生的电偶腐蚀较严重，阳极金属的腐蚀损失增大，而阴极金属腐蚀损失减小。

表 8-3 金属和合金在海水中的电偶序

金属或合金	活性顺序由强到弱
镁（Mg）和镁合金	↓
锌（Zn）	↓
1100 工业纯铝	↓
镉（Cd）	↓
2024 铝合金	↓
铁和碳钢	↓
铸铁	↓
TP304 不锈钢（活化）	↓
TP316、TP317 不锈钢（活化）	↓
铅（Pb）	↓
锡（Sn）	↓
海军黄铜	↓
Ni（活化）	↓
黄铜	↓
铜（Cu）	↓
青铜	↓
B30 白铜（Cu70Ni30）	↓
Ni（钝化）	↓
430 不锈钢（钝化）	↓
TP304 不锈钢（钝化）	↓
TP316、TP317 不锈钢（钝化）	↓
锆（Zr）	↓
银（Ag）	↓
钛（Ti）	↓
石墨	↓
黄金（Au）	↓
铂（Pt）	↓

表 8-4 金属材料在长江水中的腐蚀电偶序

金属或合金	活性顺序由强到弱
AZ31 镁合金	↓
锌（Zn）	↓
1100 工业纯铝	↓
QT500 球墨铸铁	↓
超细晶 2 硬质合金	↓
微合金化钢	↓
D36 高强度船用钢材	↓
HT200 灰铸铁	↓
X70 管线钢	↓
Q450NQR1 耐候钢	↓
6061 铝合金	↓
Q345 低合金钢	↓
Q235 碳素结构钢	↓
X80 管线钢	↓
镍铝青铜	↓
B10 白铜、铜镍合金	↓
H68 黄铜	↓
T2 纯铜	↓
HAl77-2 铝黄铜	↓
444 不锈钢	↓
430 不锈钢	↓
TP304 不锈钢	↓
TP316L 不锈钢	↓

二、 腐蚀介质的特性

1. 介质的温度

温度对电偶腐蚀的影响比较复杂，从动力学方面考虑，温度升高，会加速热活化过程，从而加速电化学反应速度，使得电流密度增大。因此高温条件下金属电偶腐蚀带来的破坏力更大。

2. 介质的氧含量

氧含量随环境条件的差异会有较大幅度的波动。如对于开放体系，空气进入的量相应多些，因此氧含量要相应高些，而对于静态深海或封闭体系，氧含量相应会减小。通常氧是电偶腐蚀的主要去极化剂，含量不同会对腐蚀有很大影响。对于不同种类的金属，氧在腐蚀过程中的作用是不同的，如在海水介质中，对于碳钢、低合金钢和铸铁等不发生钝化的金属，氧含量增加会加速阴极去极化过程，使金属腐蚀速度增加，但对于铝和不锈钢等易钝化金属，氧含量增加有利于钝化膜的形成和修补，增强其稳定性，减小点蚀和缝蚀的倾向性。例如，在高温高压下运行锅炉的炉管内壁，基本处在极低氧含量的环境下，但机组停运检修、锅炉化学清洗等操作均会造成空气进入系统，这使得炉管内部由低氧环境变成了高氧环境，造成原本稳定的氧化膜因破坏而受到腐蚀。

3. 介质的导电性

由于金属是导体，而介质较金属具有更大的电阻，局部腐蚀电流通过介质便产生电位降，形成电场分布。因此，介质的导电性是电偶腐蚀行为的最主要影响因素之一。

通常阳极金属表面腐蚀电流的分布是不均匀的，由于溶液电阻的影响，距离偶合处越远，腐蚀电流越小，即：溶液电阻影响有效距离，电阻越大则有效距离越小。例如，在海水中，由于电导率高，两极间溶液的电阻小，所以溶液的欧姆压降可以忽略，电流的有效距离可达几十厘米，电偶电流可分散到离接触点较远的阳极表面，阳极所受的腐蚀较均匀，如海船青铜螺旋桨可引起数十米远处的钢质船体发生电偶腐蚀。如果这一电偶对发生在天然水或者普通软化水，由于介质的电导率低，两极间引起的欧姆压降大，腐蚀便会集中在离接触点较近的阳极表面上进行，结果相当于把阳极的有效面积缩小了，使阳极表面的某些局部位置溶解速度增大，这也是阴、阳极界面附近区域往往成为腐蚀萌生区域的原因，如果检查检修不及时易造成事故。

4. 介质的 pH 值

在一般环境中，例如溶液 pH 值小于 4 时，酸性越强，腐蚀速度越大；当 pH 值在 4~9 之间时，与 pH 值几乎无关；当 pH 在 9~14 之间时，腐蚀速度大幅度降低。

5. 介质的流速

介质流动造成的湍流、搅拌作用会造成金属表面极化特性的变化，从而改变腐蚀速度甚至引起电偶极性的逆转。如不锈钢/铜电偶对在流动性差的海水中由于氧含量不足，不锈钢处于活化状态而成为阳极，但在快速流动的海水中不锈钢会处于钝化状态而成为阴极。

三、 金属表面极化特性

腐蚀电流的大小不仅由热力学意义的推动力来决定，还需要考虑极化行为等动力学因素。例如，海水中不锈钢/铝偶对和铜/铝偶对，两者电位差接近，阴极反应均是溶解氧还原反应，而实际过程中铜/铝偶对的电偶腐蚀较不锈钢/铝偶对严重得多，这是因为不锈钢有较大的极化率，阴极反应速度很小；而铜的极化率小，阴极反应速度更大。钛具有很强的稳定的钝化行为，在非氧化性酸环境中与铂偶接时，其腐蚀由阴极氢离子还原所控制，钛此时处于活化腐蚀状态，其电偶电位较自腐蚀电位升高，使得钛的电偶腐蚀速率则较自腐蚀速率降低。

因此，电偶对的阴极和阳极的腐蚀电位差只是产生电偶腐蚀的必要条件，并不能决定电偶腐蚀的实际速率，分析电偶腐蚀速率时还需了解偶对电极的极化特性。

四、 电偶间的空间布置（几何因素）

1. 阴、阳极面积比

通常阴阳极面积比对电偶腐蚀行为具有较大影响。在一般情况下，当阳极面积不变时，随着阴极面积的增大，阴极电流增加，阳极金属的腐蚀速度会加快，如图 8-3 所示。

对于氢去极化来说，阴极上的氢过电位与电流密度有关。当阴极面积增大，相应地阴极电流密度减小，氢过电位也随之减小，氢去极化阻力减小，阴极总电流增加，导致阳极电流和腐蚀速度增加；对于氧去极化来说，若腐蚀是受氧离子化过程控制，同样会由于阴极面积增加导致离子化电位降低，使腐蚀速度增加；如果腐蚀过程受氧的扩散控制，阴极面积增加意味着可接受更多的氧发生还原反应，同样也导致电偶腐蚀速度增加。对于扩散控制的腐蚀类型（如钢/铜，钢/锌等），电偶腐蚀与阴阳极面积比的关系遵循集氧面积原理，但对于活化-钝化控制的腐蚀类型（如钛/不锈钢）则不存在这种关系，因为它的腐蚀损害还取决于金属表面膜的损坏，而且易造成严重的局部腐蚀。

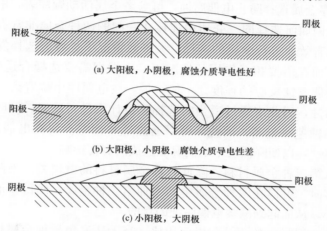

图 8-3 介质电导和阴阳极面积比对电偶腐蚀影响示意图

常压且温度较低时，阳极金属表面上的去极化剂阴极还原反应的速度小到可以忽略，而在阴极表面上则主要进行去极化剂的阴极还原反应，它的阳极溶解反应速度小到可以忽略不计，根据电化学原理，此时应满足关系式（8-2）：

$$\ln\nu = \frac{E_{k2} - E_{k1}}{\beta_{a1} + \beta_{c2}} + \frac{\beta_{c2}}{\beta_{a1} + \beta_{c2}} \ln \frac{I_{k2}}{I_{k1}} + \frac{\beta_{c2}}{\beta_{a1} + \beta_{c2}} \ln \frac{A_2}{A_1} \tag{8-2}$$

式中　　ν——阳极腐蚀速度；

E_{k1}、E_{k2}——阳极和阴极腐蚀电位；

I_{k1}、I_{k2}——阳极和阴极腐蚀电流密度；

A_1、A_2——阳极和阴极表面积；

β_{a1}、β_{c2}——阳极和阴极塔菲尔常数。

从式（8-2）中可以看出，因 $E_{k1} < E_{k2}$，当它们互相接触就组成了一个腐蚀原电池，阴阳极面积比越大，阳极腐蚀速度越大，常温下腐蚀速率的对数与阴阳极面积比的对数呈线性关系。但腐蚀速率的对数和面积比对数并不都是呈线性关系，可能会有极值存在。如电位差为 10mV 和 20mV 的偶对，阳极的腐蚀速度分别在阴/阳极面积比为 5 和 20 时达到极值，而偶对的电位差较大时，要在阴阳极面积比很大时，阳极的腐蚀速度才能达到极限值。

2. 电偶对间距

电偶对之间的距离对电偶对的腐蚀行为也有重要的影响。根据腐蚀电化学原理，增大电偶对间距就是增大了带电离子的扩散距离，相当于增大溶液电阻，使电解液中的传质过程受到阻碍。在给定阴阳极面积比的条件下，电偶对间距越大，则电偶电流密度越小。

第三节　主要防止措施及测试方法

一、　电偶腐蚀的防止措施

（1）选择在工作环境下电极电位尽量接近的金属作为相接触的电偶对，最好不超过50mV。通过电偶序金属选择防止电偶腐蚀，可参考金属活动顺序表。电偶序中金属之间的关系对于指导我们如何选择同一介质中连接在一起的两种金属非常有帮助。根据电偶序提供的数据，可有效地进行金属的选择，大多数情况下尽可能选择发生电偶腐蚀倾向最小的材料组合；而在需要相互作用的情况下，则根据需要选择合适的金属进行保护，以降低所发生的电偶腐蚀反应的程度。一般来说，在电偶序中位置离的越远的金属之间越容易发生电偶腐蚀，因此应通过适当的选择和设计来进行防腐。同时，距离越远的金属相互结合时其腐蚀速率越高。因此，可以通过了解相关金属在电偶序中的位置关系，来确定电化学相容性，以便降低发生电偶腐蚀造成的有害影响。

（2）采用加入第三种金属材料，降低异种金属材料的电位差。当两种电位差较大的金属需要紧密连接时，可以在两种金属中间增加第三种金属，使得新形成的两组接触金属间的电位差减小，从而起到减缓电偶腐蚀的目的。

（3）改变异种金属材料的阴、阳极面积比。当无法避免异种金属材料直接或间接接触时，应尽量避免大阴极小阳极的组合，尽可能形成大阳极小阴极的状况，以尽可能减缓阳极金属材料的腐蚀速度。

（4）改善腐蚀环境，添加缓蚀剂，以减轻介质对金属的腐蚀。缓蚀剂是指那些用在金属表面起防护作用的物质，加入微量或少量这类化学物质可使金属材料在该介质中的腐蚀速度明显降低。同时还能保持金属材料原来的物理性能、力学性能不变。合理使用缓蚀剂是防止金属及其合金在环境介质中发生腐蚀的有效方法。

阳极型缓蚀剂多为无机强氧化剂，如铬酸盐、钼酸盐、钨酸盐、钒酸盐、亚硝酸盐、硼酸盐等。它们的作用是在金属表面阳极区与金属离子作用，生成氧化物或氢氧化物氧化膜覆盖在阳极上形成保护膜。这样就抑制了金属向水中溶解。阳极反应被控制，阳极被钝化。硅酸盐也可归到此类，也是通过抑制腐蚀反应的阳极过程来达到缓蚀目的。阳极型缓蚀剂要求有较高的浓度，以使全部阳极都被钝化，一旦剂量不足，将在未被钝化的部位造成点蚀。

抑制电化学阴极反应的化学药剂，称为阴极型缓蚀剂。锌的碳酸盐、磷酸盐和氢氧化物，钙的碳酸盐和磷酸盐为阴极型缓蚀剂。阴极型缓蚀剂能与水中金属表面的阴极区反应，其反应产物在阴极沉积成膜，随着膜的增厚，阴极释放电子的反应被阻挡。在实际应用中，由于钙离子、碳酸根离子和氢氧根离子在水中是天然存在的，所以只需向水中加入可溶性锌盐或可溶性磷酸盐。

某些含氮、含硫或羟基的、具有表面活性的有机缓蚀剂，其分子中有两种性质相反的极性基团，能吸附在清洁的金属表面形成单分子膜，它们既能在阳极成膜，也能在阴极成膜。阻止水与水中溶解氧向金属表面的扩散，起了缓蚀作用，疏基苯并噻唑、苯并三唑、十八烷胺等属于此类缓蚀剂。

（5）采取绝缘措施，防止金属直接接触。在必须采用不同金属管道组合的情况下，应将异种金属相互隔开，防止金属直接接触。例如，可在设计中采取绝缘措施，如图 8-4 所示。

（6）用防腐有机涂层覆盖接触区及其周围，涂覆后由于电流路径加长，电阻增大，导致电偶腐蚀速率显著降低。

（7）阴极保护是电化学保护技术的一种，其原理

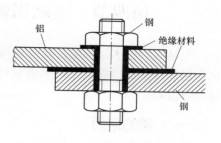

图 8-4　防接触绝缘

是向被腐蚀金属结构物表面施加一个外加电流，被保护结构物成为阴极，从而使得金属腐蚀发生的电子迁移得到抑制，避免或减弱腐蚀的发生。常用的阴极保护法有两种：外加电流阴极保护和牺牲阳极保护。

1）牺牲阳极阴极保护是将电位更负的金属与被保护金属连接，并处于同一电解质中，该金属上的电子转移到被保护金属上去，使整个被保护金属处于一个较负的相同的电位下。该方式简便易行，不需要外加电源，很少产生腐蚀干扰。

2）外加电流阴极保护是通过外加直流电源以及辅助阳极，给金属补充大量的电子，使被保护金属整体处于电子过剩的状态，金属表面各点达到同一负电位，使被保护金属结构电位低于周围环境。

二、 电偶腐蚀的测试方法

常利用浸泡试验法和电化学方法来评价异种金属发生电偶腐蚀的可能性、极性、影响因素、腐蚀速率等。

1. 浸泡试验法

化学浸泡试验法是将异种金属按实际面积比制成片状试样，叠加在一起固定紧，在腐蚀介质中浸泡一定的时间，与每种金属在同样试验条件下的腐蚀结果比较，确定电偶腐蚀速率的大小。为解决偶对面积比较大或防止缝隙腐蚀的发生，可将偶对金属设计成端面心部以螺纹连接的圆柱状试样或面积较大金属制成中心开小孔的片状，而面积较小的试样设计为螺栓（螺母）固定在小孔中。

2. 电化学方法

根据电化学试验中测试参数的不同，可以分为以下几种：

（1）极化曲线测量。

该方法是先测定每种金属单独在腐蚀介质中的开路电位和阳极极化曲线，然后测定它们按实际面积偶合后的混合电位，该混合电位下对应的每种金属阳极极化曲线上的电流密度即为金属偶接后的新的腐蚀电流密度，据此可判断两种金属偶接后的腐蚀趋势和腐蚀速率。

（2）电偶电流的测量。

处在电解质中的异种金属偶接后，只要两种金属的电位存在差别，就能够有电流从电位校正的金属流向电位校负的金属，该电流即为电偶电流。使用合适的仪器（如零电

阻电流计等）便可测量电偶电流的大小，据此判断出电偶腐蚀极性、腐蚀速率等。

第四节　电站锅炉汽水系统中的电偶腐蚀现象

电站锅炉汽水系统中存在电偶腐蚀现象，其中以铜铁在高温环境下的电偶腐蚀为主，也有因焊接质量问题产生的电偶腐蚀，其原理如前文所述，主因是铜和铁以及焊接部位存在电位差。

一、铜的来源

电站锅炉汽水系统的铜铁电偶腐蚀的发生，一般与长期汽水品质不佳、炉管垢量偏高、系统中含有铜部件有关系。其主要来源有：

（1）含铜的设备或部件，如铜管换热器、超临界机组给水管道（普遍采用 WB36 材质）、铜管凝汽器，阀门门芯，热控测量元件。管材中含的微量铜元素，有以正常成分存在的，也有以杂质存在的，这也是电站锅炉铜元素最主要的来源。

（2）锅炉补给水中带入的微量铜元素，其他含铜离子或铜化合物的水泄漏进汽水系统。

（3）异物，如检修遗落的铜扳手等。

二、电站锅炉电偶腐蚀的助力因素

根据电偶腐蚀发生的条件，在仅有镀铜现象或汽水系统中铜离子偏高的情况下，也不一定会出现明显的电偶腐蚀。就锅炉汽水系统各部件结构来看，若要在锅炉内壁发生电偶腐蚀（包括疑似的电偶腐蚀现象），仍然需要很多条件作为助力，使得电偶腐蚀联合其他种类腐蚀共同出现，如：①在垢下环境中，有害离子富集不易流动，冲刷作用小；②向火侧，热量高，升腾作用强，有利于浓缩，介质电导高；③暴露在高氧、高湿度环境中，如化学清洗后至启动前这段时间或机组停运初期。

若没有以上助力，则铜的最终去向应该是汽包和汽轮机，在那里因为流动性差、热负荷和能量降低，易于与铁发生反应而镀在金属表面或沉积在金属表面，因此就出现了金灿灿的汽包和汽轮机叶片上的铜垢。在汽包和汽轮机的本体环境下，单纯的电偶腐蚀会很缓慢发展，造成危害也较为有限。

电偶腐蚀在锅炉汽水系统内壁通常会和其他形式的腐蚀联合发生，共同作用。它的隐蔽性很强，通常都发生在垢下，因此不易被察觉，受关注度不高。当一个炉管失效事故发生后，大家往往最关注的是什么原因导致了失效爆管，这就使得过热、氢脆、酸腐蚀、碱腐蚀成了较为普遍认可的直接原因。如果有腐蚀发生，分析是什么原因导致的腐蚀时就要对腐蚀产物和垢下金属进行分析，此时才能大致判断出腐蚀类型，也才能判断是否存在电偶腐蚀。如果真的发生了铜铁电偶腐蚀，就要分析铜的来源，根据上文阐述的汽水系统中铜元素的主要来源，扩大检查范围和追溯时间。

三、电站锅炉电偶腐蚀的典型形式

1. 铜元素导致的电偶腐蚀

虽然电偶腐蚀的发生条件很苛刻，但还是存在发生的可能性。最典型的就是在需要锅炉除铜垢化学清洗时，局部除垢、除铜失败，且已经发生了镀铜，之后长时间暴露在有氧环境下，启动时汽水品质控制较差，长时间不能好转，此时在热负荷较高的管壁内侧的残留垢下就比较容易发生快速的电偶腐蚀。对于含铜机组或者垢样中有明显的铜元素，若不重视水质控制和清洗除铜工作，那么电偶腐蚀将会成为威胁机组安全稳定运行的重要隐患。

也有个别案例是机组运行过程中铜元素在垢下缓慢积累，逐渐发展成明显的电偶腐蚀，造成管道失效泄漏。这种情况大多是因为在割管检查时未割取到有代表性的管样，造成对炉内环境的误判，使得垢量不断积累。未割取到有代表性的管样也会误导化学清洗方案的制定，造成清洗效果不良，残余垢较多，从而形成更严重的垢下腐蚀。

2. 焊接部位电偶腐蚀

设备制造、安装过程中如果存在质量问题，如焊接材料中夹杂杂质、焊接过程不规范，这种情况下也会造成电偶腐蚀。焊接形成缺陷会导致焊接部位出现应力集中和焊接接头抗拉强度下降，使得焊口处成为薄弱部位，进而导致焊接接头失效开裂，乃至接头断裂。选用焊条不合理，焊接工艺的人为因素，焊渣清理迟缓等都会导致缺陷的产生。由于焊接所用工具以及焊接工艺的不同，产生的缺陷也大不相同。常见的缺陷有满溢、焊瘤、未焊透、夹渣、气孔、裂缝。焊缝及其附近位置本身就容易存在电偶腐蚀现象，正常情况下，在焊接时都会考虑材质之间电位差的问题，尽量选择电位接近的材质，但只要存在电位差，在条件具备的情况下，电偶腐蚀还是会发生的。

第五节　典型案例

一、电偶腐蚀主导的水冷壁腐蚀

1. 机组概况/事件经过

某火电厂两台 125MW 机组分别于 2003 年 5 月和 2003 年 10 月投运，其锅炉型号为 SG-435/13.7-M766，过热器出口压力为 13.7MPa，过热器温度为 540℃，再热器出口压力为 2.46MPa，再热器温度为 540℃。水冷壁管材质为 SA210 C，规格为 $\phi60\times6mm$。

2014 年下半年 1、2 号机组先后 3 次发生水冷壁爆管泄漏，第 2 次和第 3 次爆管的间隔仅仅只有两周，其爆管位置均在标高 14m 附近的位置，在爆管位置发现有黑色、红棕色固体物，通过电感耦合等离子体（ICP）检测分析其成分主要为铁、铜元素。对原始水冷壁管样与运行后的水冷壁管样分别进行观察，发现原始管样的内壁也有腐蚀现象。

2. 检查与测试

爆口长达 25cm，爆管处有明显的断裂层，爆口附近存在黑色、红棕色的硬物，如图 8-5～图 8-7 所示。

表 8-5 为 1、2 号机组垢样主要成分分析，可以看出垢中所含主要金属成分为铁、铜。

3. 结果分析

这种以铜铁为主的垢样的成因主要是给水、凝结水中含有较多的铜离子造成的。1、2 号机组原来使用的凝汽器管为铜管，加之补给水水质指标控制得不好，凝结水处理不当等因素，含有铜离子和其他杂质的给水、炉水在炉内急剧浓缩，特别是在锅炉高温部位

图 8-5 1 号机水冷壁爆口表面

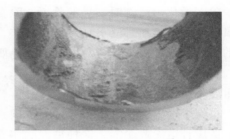

图 8-6 1 号机水冷壁管样内表面

图 8-7 2 号机水冷壁内侧

向火侧，离子浓度会成百倍的增加。炉水中的铜离子易与单质铁发生电化学反应：

$$Cu^{2+} + Fe \longrightarrow Fe^{2+} + Cu \qquad (8-3)$$

在这种环境下，随着水冷壁内壁铜和铜的氧化物越来越多，就会形成铜为阴极、铁为阳极比较典型的电偶腐蚀现象，并进一步使得以铜铁氧化物为主的腐蚀产物快速堆积。在腐蚀产物和金属管壁之间，更易积聚热量、杂质离子浓缩，造成恶性循环。

表 8-5   1、2 号机组垢样主要成分分析

指标名称	单位	1 号机组检测值	2 号机组检测值
Fe_2O_3	％	30.12	70.48
CuO	％	81.81	35.06
Ni_2O_3	％	0.08	—
CrO_3	％	0.43	—
ZnO	％	3.27	0.39
Al_2O_3	％	0.09	0.22
MnO_2	％	0.24	0.54
CaO	％	—	0.12
MgO	％	—	0.11
P_2O_5	％	—	0.32
SO_3	％	—	0.85
Na_2O	％	—	0.08
灼烧减量 450℃	％	−5.03	−3.02
灼烧减量 900℃	％	−10.29	−6.17

虽然 1、2 号机组的凝汽器在 2010 年全部更换为 316L 不锈钢管。汽水系统已经改成无铜系统，但是系统的阀门等有仍含有少量铜质材料。而且在汽水系统管道内壁残存的单质铜和含铜的氧化物，不经过有效的化学清洗无法彻底去除。

在发生电偶腐蚀的位置，伴随着腐蚀产物的积累、凝结水处理不当、汽水杂质离子

较多等因素，会出现多种性质的腐蚀，如氧腐蚀、酸腐蚀等，最终发展到炉管失效泄漏爆管。

4. 原因分析及防止措施

（1）平时对于化学监督重视程度不足，水汽品质长期不合格。

（2）机组大小修化学监督未及时发现铜垢等隐患。

（3）锅炉化学清洗过程中应有有效的除铜措施，在机组重新启动后尽快建立良好的汽水环境。

（4）在机组检修时应严格按照相关要求进行，尤其是紧急抢修时更需要注意更换部件的清理工作，防止遗留异物、腐蚀产物、焊渣等影响汽水流通。

二、 铜铁电偶腐蚀为主导的腐蚀

1. 事件经过

某电厂2号机组锅炉为三菱亚临界中间再热强制循环汽包炉，四角切圆燃烧，锅炉最大连续蒸发量为1150t/h，主蒸汽出口设计压力和温度分别为17.25MPa和541℃。2005年4～6月2号机组进行了A级大修，低压加热器的铜管全部换成钢管。在检修后期选用柠檬酸作为主清洗介质进行了锅炉化学清洗，化学清洗范围包括炉本体及高压加热器。

2005年5月28日开机，7月31日发生水冷壁爆管，爆漏点位于水冷壁B侧墙前往后数第2根管（以下简称B2管）上，破口标高约＋19.5m（1号角B、C层燃烧器之间），宏观形貌如图8-8所示。爆管处的水冷壁管为内螺纹管，管子材质为SA-210 C，规格为$\phi45\times5.2$mm。

图8-8　B2管爆口宏观形貌

2. 检查与测试

将爆管B2管样在鳍片处纵向剖开，向火侧内壁垢层纵向开裂，外层垢不同程度脱落，局部表面有砖红色氧化铁垢，向火侧内壁垢宏观形态呈树皮状，如图8-9和图8-10所示。

图8-9　B2爆口向火侧内壁

图8-10　B2管内壁形态

对泄漏管向火侧和背火侧采用酸溶法测定垢量，发现B2管向火侧垢量是电力行业标准允许最高限量的10倍以上，向火侧为4049.4g/m²，背火侧为266.8g/m²。割取泄漏点附近5个管样，发现向火侧内壁垢的最外层呈黑色疏松状态，易呈粉末状脱落，黑色疏松垢中混有铜颗粒。

从 5 个管样取纵向和环向样品，制作含内壁垢在内的金相试样，观察垢的微观形态，分析垢的结构，发现有如下特征：

（1）多数未泄漏管样向火侧内壁垢的微观形态类同，垢层疏松多孔，垢层里侧存在橘红色的铜颗粒，铜颗粒较多且密集。

（2）泄漏管样和临近未泄漏管样向火侧内壁垢层疏松多孔，垢层外侧存在橘红色的铜颗粒，里侧垢为致密的垢下酸腐蚀产物氧化铁垢（Fe_3O_4）。

综上所述，5 个管样的向火侧内壁垢的微观形态分为两类：

（1）存在垢下酸腐蚀的垢分为三层，里层为垢下酸腐蚀产物氧化铁垢（Fe_3O_4），中间层是锅炉化学清洗过程中未能有效去除的垢，外层是化学清洗后运行中沉积的黑色疏松垢。

（2）不存在垢下酸腐蚀的垢分为两层，里层是锅炉化学清洗过程未能有效去除的残留垢，外层是化学清洗后运行中沉积的黑色疏松垢。

对垢的不同层面进行 X 射线能谱分析，其中泄漏管样向火侧内壁垢的 C 含量达 10.6%，Cu 含量达 15.1%。

3. **试验结果分析**

（1）在高温高压的运行条件下，锅炉化学清洗残留的柠檬酸发生碳化，也可能是其他带入系统中的有机物分解造成碳化，运行中碳化粉末、氧化铁和铜粉末在向火侧内壁垢外表面沉积，形成向火侧内壁最外层黑色疏松垢。

（2）垢中 Cu 含量达 15.1%，可以表明在垢下应存在明显的铜铁之间的电偶腐蚀。铜元素来源的大致过程可如下描述：锅炉化学清洗未能有效清除锅内垢，极有可能在化学清洗时发生了镀铜，在随后的运行中，汽水流速高的位置残存的铜元素会随汽水循环向热负荷高、流速慢的位置富集，如铜元素会往向火侧内壁沉积，尤其是在残存垢与管壁之间的位置。之后铜元素与管壁发生电偶腐蚀作用，在垢下快速形成蚀坑，由于腐蚀产物的覆盖，使得垢下有害离子更易富集，pH 逐渐降低、热量传送不畅，最终发展成为酸腐蚀。

（3）泄漏口周围没有明显的宏观塑性变形，断口呈脆性开裂特征。管样向火面内壁垢由多层组成，里层垢厚而坚硬，垢下管材表面呈现银灰色或蓝色金属光泽，并留有纵横格状腐蚀沟槽，具有酸腐蚀的特征。

（4）管样向火侧近表面内壁产生大量成纵向分布的沿晶裂纹，大部分沿晶裂纹是封闭的，不与管内介质连通，且存在脱碳现象。

4. **结论及防范措施**

该电厂 2 号炉在 2005 年 5 月采用柠檬酸化学清洗时，未能有效去除水冷壁管内壁垢层，在管样向火侧内壁存在残留垢，残留的垢层疏松多孔，并极有可能在此次化学清洗时发生了清洗镀铜现象。多孔的垢层加上铜颗粒的积累使得电偶腐蚀作用明显加强。因此此阶段腐蚀应是以电偶腐蚀为主导，垢下酸腐蚀、氢损伤为辅助的多种性质的腐蚀。最终由于氢损伤速度加快，晶界微裂纹不断增长并连接起来，形成宏观裂纹，最后造成管子脆性断裂而爆管。

发生事故之后，电厂对 2 号炉水冷壁管进行了全面割管检测，并采用加入除铜工艺的羟基乙酸＋甲酸进行化学清洗。化学清洗后割管验证水冷壁管内壁垢被完全去除。之后，2号炉水冷壁管运行正常，短期内未再出现因垢下腐蚀和氢损伤造成的换热管失效事故。

三、 碱腐蚀过程中伴随的铜铁电偶腐蚀

1. 概况

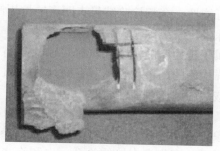

某电厂4号锅炉为哈尔滨锅炉厂有限责任公司生产的 HG-410/100 型高压汽包锅炉，饱和蒸汽压力为 10.78MPa，于20世纪70年代初投产。2000年1月水冷壁先后发生4次爆管，爆管部位金属壁厚明显减薄，爆破口周围可见层状腐蚀产物，外观为典型的凿槽型金属腐蚀。4号锅炉水冷壁管发生碱腐蚀的部位有些在冷灰斗与垂直炉管的连接处（既是炉管的方向骤变处，也是焊接接口附近），有的在喷燃器附近，有的在折焰角附近，爆口外观如图 8-11 所示。

图 8-11 爆口外观

2. 检查测试

水冷壁乙→甲第60根（标高8m）经金相检验，金相组织为铁素体＋珠光体，珠光体球化三级。管子内壁腐蚀坑凹凸不平，坑上覆盖有叠片状腐蚀产物。坑下金属的金相组织无脱碳现象。

垢样测定结果为水冷壁爆破口周围结垢量达 $630g/m^2$ 左右。腐蚀产物呈磁铁状，较疏松。目视可见垢样不均匀性，将垢样依外状分成三份，成分见表8-6。垢样中氧化铁成分主要以 Fe_3O_4 形式存在，Fe_2O_3 含量较少。

表 8-6   失效管垢样组分分析结果   （%）

物相成分	粉末样	块状样1	块状样2
FeO	84.35	33.04	59.10
CuO	3.56	2.00	26.07
SiO$_2$	6.15	42.10	2.07
Al$_2$O$_3$	2.86	11.85	1.96
MnO	1.58	0.73	1.24
CaO	0.45	—	1.82
Na$_2$O	—	6.91	—
K$_2$O	—	3.37	—
ZnO	—	—	2.55
P$_2$O$_5$	1.05	—	2.45
SO$_3$	—	—	2.74

3. 分析

从电厂 4 号锅炉水冷壁管爆破部位的宏观形貌、金相组织及垢样检测结果判断，符合碱腐蚀的基本特征。第一，水冷壁管爆破口呈凿槽型，是碱性腐蚀的典型形状。第二，从爆破口周围金相检验及附着腐蚀产物的显微检测结果可以初步排除酸式磷酸盐腐蚀的可能性。金相检验结果表明腐蚀坑周围金相组织属中度球化，因垢下金属轻微过热引起，除发生三级球化外，并无腐蚀裂纹，显然腐蚀坑下金属的力学性能没有发生明显变化，属于延性腐蚀。第三，酸式磷酸盐腐蚀的特征腐蚀产物主要是磷酸亚铁钠，而对三份垢样检测的结果均表明不存在这种物质。从长期的炉水水质统计结果可以彻底排除酸式磷酸盐腐蚀的可能性。

在碱腐蚀的表象下，从其垢中局部含铜 26% 的情况来看，在垢下应存在电偶腐蚀现象。易发生碱性腐蚀的部位同时也是易于发生电偶腐蚀的部位，电偶腐蚀的发生和铜在垢下的富集有直接的关系，也和汽水系统中铜含量有很大关系。电偶腐蚀在偏酸性和偏碱性环境下均会发生，而最终都会加速腐蚀的发展，碱性腐蚀、酸性腐蚀使裸露的铁基体更容易和铜形成电偶对，使得腐蚀产物增多、蚀坑加深，也就是说，电偶腐蚀在此次事故中起到了显著的助推作用。

4. 防范措施

（1）应注意根据小型试验结果增加除铜工艺，并要防止化学清洗镀铜的发生。

（2）提高锅炉汽水品质，尤其是对于铜含量的控制。

（3）在检修时应根据曾经爆管、腐蚀、积垢的情况，选取适合电厂自身的有代表性的的管样进行垢量分析，以正确判断炉内情况。

四、 酸洗镀铜造成的电偶腐蚀

1. 概述

某发电公司 2 号超高压锅炉是哈尔滨锅炉厂有限责任公司生产的 HG-670/140-YM 14 型自然循环单鼓、单段蒸发、汽包炉，主蒸汽压力为 13.7MPa、温度为 540℃，炉膛呈倒 "U" 形布置，其四周布满膜式水冷壁。汽包材质为 BHW35，水冷壁系统的材质为 20G。

2 号机组于 1996 年投入商业运行，在 2002 年 7 月 12 日大修期间，某化学清洗公司使用盐酸介质进行过化学清洗，机组大修结束后启动运行 5 个月后，于 2003 年 2 月 17 日发生水冷壁大面积爆管。

清洗剂为 5.12% 盐酸 + 0.3% 盐酸缓蚀剂，清洗温度为 50～60℃，化学清洗时间为 6h，清洗终点残余盐酸浓度为 1.7%；化学清洗后冲洗至全铁 45mg/L；漂洗剂为 0.15% 柠檬酸盐酸 + 0.1% 盐酸缓蚀剂、漂洗 pH 值为 3.5～4.0，漂洗温度为 75℃，漂洗时间为 2h；钝化剂采用 300mg/L 联氨、pH=9.5、钝化温度为 85℃、钝化时间为 24h。清洗前垢量及成分见表 8-7。

2. 检查分析

经过对爆管水冷壁管样向火侧垢样表层、中间层、底层进行元素分析，主要以铁的氧化物为主，同时发现表层含铜高达 9.8%、含硅达 6.3%。

同时采用酸溶法测定了其他管样的垢量，结果如下：

（1）1 号角爆破口下管样背火侧为 217.6g/m²，基体表面无宏观裂纹。

表 8-7 　　　　　　　　　　　　　　**2 号锅炉水冷壁垢量及成分分析结果**

项目	单位	分析结果			
		甲侧墙	乙侧墙	前墙	后墙
三氧化二铁	%	85.58	90.87	87.50	87.87
氧化镁	%	—	—	—	—
氧化钙	%	—	—	—	—
氧化铜	%	2.20	2.41	—	—
五氧化二磷	%	7.19	5.46	7.19	5.46
硫酸酐	%	—	—	—	—
二氧化硅	%	1.89	1.36	—	—
灼烧减量	%	2.44	3.94	3.45	4.03
结垢量（向火侧）	g/m²	446.74	407.17	372.77	382.09
结垢量（背火侧）	g/m²	295.19	269.34	252.00	283.18

（2）1 号角爆破口下管样向火侧为 223.5g/m²，基体表面有大量金黄色垢量。

（3）1 号角爆破口上管样背火侧为 213.2g/m²，基体表面无宏观裂纹。

（4）1 号角爆破口上管样向火侧为 267.2g/m²，基体表面有大量金黄色垢量。

（5）2 号角前管样背火侧为 248.5g/m²，基体表面无宏观裂纹。

（6）2 号角前管样向火侧为 238.1g/m²，清洗后基体表面无宏观裂纹。

通过以上试验发现，并考虑到化学清洗后机组仅运行半年，向火侧和背火侧的结垢量均较多，正常运行时结垢速率不可能如此高。追踪化学清洗工艺和实施过程记录，得出以下初步分析意见。

水冷壁管结垢量异常高的主要来源可能有：

（1）在化学清洗过程控制效果不好，清洗下来的残留物产生二次沉积，在点炉前锅炉水冲洗没有按照要求进行，运行期间中产生了沉积及垢下浓缩腐蚀。

（2）原来的垢没有清洗干净，发生大面积水冷壁镀铜现象。

（3）在锅炉运行过程中发生了垢下腐蚀，产生大量的腐蚀产物。

（4）由于残余垢、镀铜现象的存在以及垢的二次沉积，引起清洗过程中的化学物质在垢下的残留，在高热负荷区的炉管产生浓缩、垢下腐蚀、电偶腐蚀，以致产生氢脆。

（5）1 号角水冷壁管样向火侧积累了大量的氧化铁垢和单质铜，造成局部过热、电偶腐蚀、腐蚀沉积加速的恶性循环。

（6）爆口处结垢量大，从运行汽水品质来看启动阶段汽水品质较差。

判定结垢速率远大于正常结垢速率的原因是发生镀铜现象及残余垢量大，导致运行中垢下等敏感部位介质浓缩、腐蚀产物不断沉积、发生垢下的电偶腐蚀，从而进一步影响传热，产生恶性循环，最终导致水冷壁失效爆管事故。

3. 事故结论

（1）清洗前样管垢成分分析及化学清洗小型试验工作存在问题，铜量、硅量均较大，但均未分析出来，因此采用盐酸进行化学清洗时未加入除铜剂，不能对硅垢、铜垢进行有效去除，清洗过程中硅垢、铜垢阻碍了铁垢的不断溶出，因此即使盐酸剩余浓度为1.7%，铁垢残余量仍较大。

（2）清洗过程中把关不严，如此大量的铜应该在监视管段上可以被肉眼识别，可以采取氨洗补救措施。因是运行锅炉，考虑到垢量较大，垢又比较致密，可以推断即使采用合适的清洗剂时，初始盐酸浓度为 5.1%，要把垢量绝大部分清洗下来，清洗后残余盐酸浓度仍会较低。

（3）水冷壁中铜垢较多，未采用除铜措施，当清洗液酸度、铜离子浓度达到一定程度并且与铁基体接触时，铜离子被还原成单质铜，沉积到铁基体表面，形成薄薄一层红色的单质铜（镀铜现象），化学清洗液中的腐蚀产物在残余垢和单质铜的阻碍下，从而在流速低的部位沉积。

（4）机组在启动前没有按照冷、热态水冲洗的要求进行冲洗，导致化学清洗后大量单质铜、腐蚀产物在水冷壁沉积。

4. 防范措施

（1）化学清洗前，应对水冷壁进行严格化学清洗的小型试验。在需要除铜垢的化学清洗时，必须严格按《火力发电厂锅炉化学清洗导则》的要求进行化学清洗。

（2）电偶腐蚀通常和其他种类的腐蚀并存发生，且电偶腐蚀需要成分分析才能被观察和确认，而酸性腐蚀、氢脆可以解释很多炉管失效事故。要注意铜垢和单质铜的存在，并做仔细分类。

（3）对水冷壁管进行全面无损检查，确定氢损伤和腐蚀管的范围。将已经出现氢脆裂纹和腐蚀结垢严重的水冷壁管进行更换。

五、 铜铁电偶腐蚀参与的多种腐蚀

1. 概况

某电厂锅炉是杭州锅炉厂生产的 NG410/9.8-M6 型超高压自然循环固态排渣煤粉锅炉，锅炉额定蒸发量为 410t/h；过热蒸汽压力为 9.81MPa；过热蒸汽温度为 540℃；汽包压力为 11.28MPa。2009 年发生水冷壁管泄漏，紧急停炉后发现安装 10 号吹灰器处后墙乙数第 37 根水冷壁管有一个爆口，爆口标高约 15m，截取爆口及其以上约 1m 的弯管以及与之并排焊接的后墙乙数第 36 根水冷壁管进行失效分析。水冷壁管材质为 20G，规格为 $\phi 60 \times 5mm$。

2. 检验及检测

（1）宏观检验。

进行宏观检验，可见爆口部位管径胀粗，如图 8-12 和图 8-13 所示。

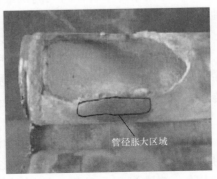

管径胀大区域

图 8-12　第 37 根管失效部位 1　　　　图 8-13　第 37 根管失效部位 2

爆口径向最大宽度为 50mm，轴向最大长度为 110mm，位于水冷壁炉管的向火面，为开天窗式的爆破，断口粗糙，局部存在分层和疏松导致的壁厚增大。水冷壁内壁在向火侧上下两道焊缝附近均存在溃疡状腐蚀产物，腐蚀产物呈棕色及黑色，爆口附近管段内壁也显示溃疡状腐蚀。两根水冷壁管从外壁可见溃疡即将由内溃透至外表面，如图 8-14 和图 8-15 所示。

水冷壁管内壁均存在大量颗粒状物质沉积，溃疡分布的具体位置如图 8-16 所示。对两根水冷壁管进行壁厚检测，溃疡部位数值在 3.1～6.5mm 范围内，存在壁厚明显减薄和胀粗增厚；正常部位壁厚在 4.5～4.9mm 范围，无明显减薄。

图 8-14　第 37 根管失效部位内壁　　　图 8-15　第 36 根管失效部位内壁

（2）横截面金相检验。

在两根水冷壁管的向火面和背火面选取 4 个部位取样进行横截面金相检验，其中失效水冷壁管的向火面取样部位靠近爆口。失效水冷壁管向火面的试样在未侵蚀时发现有网状沿晶裂纹，分别从内、外壁向基体扩展，内壁裂纹如图 8-17（a）所示，外壁裂纹如图 8-17（b）所示。

两根水冷壁管内外壁均存在脱碳，尤其爆口附近内壁脱碳最严重，脱碳层约占整个壁厚的 2/3，如图 8-18（a）所示，脱碳层内可见网状裂纹，如图 8-18（b）所示。

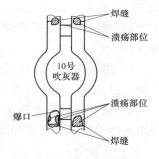

图 8-16　溃疡部位分布

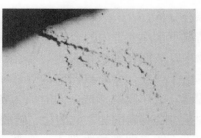

(a) 内壁裂纹　　　　　　　　(b) 外壁裂纹

图 8-17　内外壁裂纹

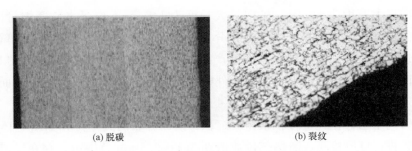

(a) 脱碳　　　　　　　　　　(b) 裂纹

图 8-18　脱碳及裂纹

（3）腐蚀产物检测。

对两根水冷壁管的向火面及背火面内壁取腐蚀产物进行电镜能谱分析，结果 4 个检测部位中均发现含量异常的 C、O、Cu、Zn、Ca、P、Si 等元素。尤其 Cu 含量最高达 41.95%，Zn 含量最高达 18.56%。

对两根水冷壁管的向火面进一步进行 X 射线光谱检测，发现向火面完整膜区 Cu 含量高，最高 Cu 含量达 61.6%。颗粒状物质区是 Fe、Cu 等膜的沉积。Zn 含量一般低于 10%，最高 Zn 含量达 15%。

（4）水质分析。

发现失效前一年中有 5 个月该炉给水中 Cu 含量大多超标，最高时达 46.5μg/L，接近标准量的 10 倍。

3. 结论与分析

（1）根据检验结果逐项分析。

1）腐蚀发生在焊缝附近，说明与焊缝有关。腐蚀形貌呈局部溃疡，说明存在活性腐蚀区。

2）爆破失效断口粗糙、局部存在分层和疏松导致的壁厚增大；内外壁都发现向基体扩展的沿晶裂纹，裂纹所经处严重脱碳，说明存在氢腐蚀造成的材质劣化。

3）从外壁可见溃疡由内表面溃透至外表面、壁厚测定显示溃疡处有明显减薄现象，说明水冷壁管是在因腐蚀减薄、材质劣化至材质强度不够时才发生的开裂。

4）水质分析给水 Cu 含量超标以及电镜能谱、光谱检测出大量 Cu、Zn 元素，说明凝汽器的铜管（材质为黄铜）出现腐蚀，较多的 Cu 进入汽水系统，在爆口附近存在电偶腐蚀。

（2）综合分析。

正常情况下水冷壁管内的合格炉水与钢在高温下发生反应生成的氢因无阻挡而进入汽水混合物中，被循环的炉水带走，不会渗入钢中。而当运行工况出现异常时，情况会发生变化。由于焊接，突兀或凹陷的焊缝使平滑的炉管表面出现几何形状不连续，水在此处发生湍流，破坏膜的形成，同时成为各种盐、垢等固体物质的沉积场所，能谱分析表明炉水中至少含有碳酸盐、硅酸盐、磷酸盐、铜垢、Fe_3O_4 等。积垢使反应生成的氢被阻挡，氢原子不能立即被炉水带走，一部分氢扩散到水冷壁内，在高温高压下氢原子与钢材的碳化物发生反应使钢材脱碳，并产生甲烷气体，甲烷气体在钢材内部产生极大的内应力而使钢材产生裂纹。

同时较多的 Cu 进入汽水系统中，大多数沉积在水冷壁的高热负荷区，并在垢下富集、浓缩、反应、析出，形成了明显的电偶腐蚀，加速了垢下水冷壁管的腐蚀，最终在多种腐蚀联合作用下，造成了水冷壁管在焊缝附近腐蚀泄漏。

4. 防止措施

（1）控制凝汽器黄铜管的腐蚀，确保给水 Cu 含量满足相关的标准要求。

（2）停炉时对高热负荷区所有焊缝附近进行宏观检验、壁厚测定及射线检测，及早发现萌生缺陷。

（3）维修改造时尽量将焊缝布置在远离高温区。

六、碱腐蚀、氧腐蚀、电偶腐蚀等多种形式并存

1. 概况

某厂 6 号锅炉为动力锅炉，于 2000 年投产运行，锅炉型号为 NU-410/9.8/M6，水冷壁结构为焊制曲片管模式水冷壁，材质为 20G，规格为 $\phi60\times5mm$。2007 年神华煤改造时，对 6 号锅炉的燃烧器及与之相连的水冷壁管进行了改造，更换了 80 根水冷壁炉管，并于同年 11 月 29 日投入运行。2012 年 12 月 22 日 6 号锅炉发生了爆管事故，紧急停炉检查水冷壁后墙甲数第 6 根炉管发生爆管，爆口位于标高为 18m。

2. 检验及检测

（1）宏观检验。

对失效的水冷壁炉管进行宏观检查，发生爆管的炉管为 2007 年改造更换的新炉管（以下简称新管），爆口位于炉管的向火面，爆口上边缘靠近新旧炉管的对接焊缝，如图 8-19 所示。无明显鼓胀变形，断口较粗糙，有脆性断裂特征，炉管内壁向火面有大量腐蚀坑。断口边缘发现一处宏观裂纹，从内壁向外壁开裂，如图 8-20 所示。

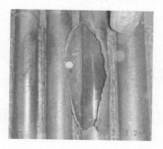

图 8-19　爆管宏观整体状况

图 8-20　断口边缘裂纹状况

炉管剖开后进行宏观检查发现后墙甲数第 7 根炉管内壁的向火面存在大量腐蚀垢，内壁向火面及背火面均有点状腐蚀坑存在，如图 8-21 所示。前墙甲数第 7 根炉管（新管）靠焊缝侧存在一腐蚀坑，直径为 12mm，深约 2mm，如图 8-22 所示。前墙甲数第 6 根炉管向火侧的内壁有轻微点状腐蚀坑、背火侧则较为光滑。

（2）壁厚测定。

对爆口边缘进行壁厚检测，实测壁厚为 4.2～5.2mm，与炉管原始规格 $\phi60\times5mm$ 相比，壁厚未见严重减薄。

（3）化学成分分析。

图 8-21　后墙甲数第 7 根炉管腐蚀状况

图 8-22　前墙甲数第 7 根炉管腐蚀状况

对新旧段分别进行化学成分分析，结果表明炉管的化学成分符合 GB/T 5310《高压锅炉用无缝钢管》中对 20G 的要求。

（4）金相组织检验。

1）爆口横截面金相检验。试样在未侵蚀情况可见由内壁开始扩展的裂纹，如图 8-23 所示（图片上部为内壁）。

2）对试样侵蚀后发现内壁组织有脱碳现象，脱碳层约占整个壁厚的 1/3，如图 8-24 所示（图片右侧为内壁）。

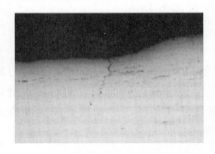

图 8-23　爆口处内壁裂纹状况

图 8-24　爆口附近从内壁到外壁脱碳情况

（5）硬度检测。

对水冷壁炉管爆口外表面及端面分别进行了硬度检测，未见明显异常。

（6）水质分析。

对给水 Cu 含量分析结果见表 8-8，可见大多高于标准规定，最高值已达到 28.81μg/L。

表 8-8　　　　　　　　　　　　给水中的 Cu 含量

日期	结果（μg/L）	日期	结果（μg/L）
2012-04-26	21.75	2012-10-11	8.03
2012-05-08	20.62	2012-10-18	8.82
2012-05-15	19.57	2012-10-24	15.77
2012-05-22	12.36	2012-11-06	25.92
2012-05-29	28.81	2012-11-13	18.46
2012-06-06	25.36	2012-11-20	7.54
2012-06-15	21.79	2012-11-27	17.22
2012-06-19	8.46	2012-12-04	4.13
2012-08-08	8.84	2012-12-11	12.55
2012-08-15	2.73	2012-12-19	19.55

从 2012 年 1～12 月的给水氧含量监测数据发现有 1312 次监测数据中溶解氧的含量高于标准值 $7\mu g/L$，并多次达到 $100\mu g/L$。

（7）扫描电镜分析。

对爆口边缘取样进行内壁的扫描电镜分析，检测部位中均存在一定量的 C、Cu 等元素，结果见表 8-9 和表 8-10。

表 8-9 扫描电镜分析结果（部位 1）

元素	质量百分比（%）	原子百分比（%）	扫描电镜图样
C	5.52	14.70	
O	21.63	43.30	
Si	0.41	0.50	
S	0.61	0.61	
Mn	0.51	0.30	
Fe	68.19	39.10	
Co	0.17	0.09	
Cu	2.22	2.12	
Br	0.72	0.29	
总量	100		

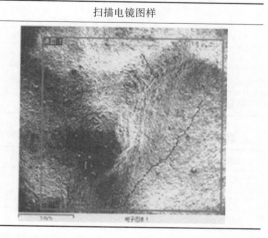

表 8-10 扫描电镜分析结果（部位 2）

元素	质量百分比（%）	原子百分比（%）	扫描电镜图样
C	5.02	13.70	
O	19.97	10.88	
Si	1.82	2.13	
P	1.04	1.10	
S	0.63	0.61	
Fe	67.06	39.33	
Cu	3.78	1.95	
Br	0.68	0.28	
总量	100		

对前墙甲数第 7 根炉管（新管）靠焊缝侧腐蚀坑（图 8-22 所示蚀坑）取样进行内部扫描电镜分析，结果见表 8-11 和表 8-12。对后墙甲数第 7 根上的垢取样进行分析，结果见表 8-13。

水冷壁管内壁腐蚀产物中含有一定量的 Cu，与锅炉给水中 Cu 的含量超标相关，锅炉运行过程中 Cu 会在炉水循环中被带到水冷壁处，并且在此处发生沉积。

3. 结论分析

（1）根据检验结果逐项分析。

1）保护膜不完整或存在微裂纹，均可能出现在腐蚀坑孔的地方，并将显著提高水冷壁在工作压力下的腐蚀倾向。

表 8-11　　　　　　　　　　扫描电镜分析结果（凹坑内）

元素	质量百分比（%）	原子百分比（%）	扫描电镜图样
O	22.18	46.15	
Mg	5.15	7.09	
P	6.76	7.31	
Ca	6.96	5.82	
Mn	0.87	0.53	
Fe	31.65	18.99	
Cu	16.93	8.93	
Zn	9.5	4.87	
总量	100		

表 8-12　　　　　　　　　　扫描电镜分析结果（凹坑外）

元素	质量百分比（%）	原子百分比（%）	扫描电镜图样
C	9.83	25.99	
O	16.35	32.45	
Mg	1.56	2.04	
P	1.67	1.72	
Ca	1.46	1.16	
Fe	31.41	17.86	
Cu	32.50	16.25	
Zn	5.22	2.54	
总量	100		

表 8-13　　　　　　　　后墙甲数第 7 根上垢样分析结果

元素	质量百分比（%）	原子百分比（%）	扫描电镜图样
C	8.99	22.51	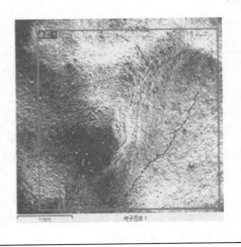
O	21.65	40.69	
Si	0.59	0.63	
P	0.58	0.56	
S	0.32	0.30	
Ca	0.56	0.42	
Mn	0.47	0.26	
Fe	50.36	27.12	
Cu	8.91	4.21	
Zn	5.32	2.45	
Br	2.25	0.84	
总量	100		

2）由于高热负荷区的管壁温度较其他地方高，炉水经过蒸发浓缩，盐分含量较高，致使该区域发生腐蚀的概率最高。

3）腐蚀通常发生在焊缝附近，当炉水流动到焊缝时，由于受内壁焊缝余高（1～1.5mm）的影响，使得炉水流动速度变慢，炉水中的杂质在炉管内壁焊缝附近沉积并结垢，导致运行过程中此处炉管壁温上升。

4）爆管断口粗糙，爆口内壁向火侧有成片溃疡状腐蚀，管径无明显胀粗，管段无明显塑性变形，管内、外壁均无冲刷减薄现象，爆口具有脆性断裂特征。向火面内壁均存在较为严重的结垢和成片的腐蚀坑，背火面内壁光滑且保护膜较完整。

5）失效炉管内壁发现由内壁向基体扩展的沿晶裂纹，内壁出现脱碳现象，说明存在氢腐蚀造成的材质劣化。未失效炉管的腐蚀坑附近也发现由内壁向基体扩展的沿晶裂纹，内壁出现脱碳现象，也说明存在氢腐蚀造成的材质劣化。

6）电镜分析结果显示炉管内表面存在较高的氧、铜、钠、碳元素。

7）给水中溶解氧、铜离子含量长期超标。Cu 与 Fe 可发生电偶腐蚀，加速了水冷壁管的腐蚀泄漏。

（2）综合分析。

在炉管焊缝环附近更容易成为水中各种盐、垢等固体物质的沉积场所，由于炉水中存在的杂质以及铜离子含量长期超标，在游离铜离子与炉管内壁的金属铁易发生氧化还原反应，而使得铜被镀在炉管表面。垢中含有的 Cu 产生的电偶腐蚀大大地推动碱腐蚀、氧腐蚀的进程，最终在电偶腐蚀的助力下，在向火侧内壁形成大量腐蚀垢和腐蚀坑。由于碱腐蚀和高温水腐蚀产生大量的氢，在垢下聚集并向腐蚀坑周围管壁中渗透，使腐蚀坑周围管壁金属中珠光体脱碳，产生沿晶界及渗碳体边界的微裂纹，发生氢脆爆管。

4. 防止措施

（1）加强锅炉汽水品质控制，确保满足相关标准的要求。

（2）缩短定期排污周期。

（3）优化化学清洗方案，确保管内壁垢能被彻底去除，避免产生镀铜。

（4）尽快对所有水冷壁管进行检测，根据检测结果确定换管数量。

七、 电偶腐蚀主导水冷壁泄漏

1. 概况

某热电厂 4 号炉水冷壁管材质为 20G，规格为 $\phi60\times5mm$。2009 年 8 月后墙第 105 根管子发生泄漏，该管段运行时间达到 10 年以上，工作人员在发现该管段泄漏后曾试图对其补焊但未成功，如图 8-25 所示可见补焊痕迹，随后对泄漏管段进行更换。水冷壁管内壁如图 8-26 所示。

另具资料表明与 4 号炉相接的 2 号机组的凝汽器铜管在服役运行过程中出现过不止一次的泄漏现象，凝汽器冷却水取自河水。

2. 检验与检测

（1）宏观检验。

图 8-25　水冷壁管泄漏处形貌

图 8-26　水冷壁管内壁

水冷壁管泄漏处管壁存在一定的减薄，对泄漏处的横截面进行壁厚测量，每隔 90°取点，其中 b 点为爆口边缘测点，其壁厚见表 8-14。

表 8-14　　　　　　　　　　　　　　　　壁厚测量

取点	a	b	c	d
壁厚（mm）	3.09	2.08	4.87	4.64

（2）微观检查。

1）金相检查。在泄漏处和远端分别截取金相试样，其组织如图 8-27 和图 8-28 所示，均为铁素体＋珠光体，组织合格。

在水冷壁管内壁发现存在许多宏观可见的点状的小蚀坑，如图 8-26 所示，其分布较分散，不均，有规律形，其孔径在 0.1～0.5mm 之间。在蚀坑附近分别截取横向和纵向的试样，其腐蚀前和腐蚀后的形貌如图 8-29～图 8-32 所示。可以明显观察到水冷壁管内壁的小蚀坑呈现杯形、袋形、水平扩展等多种形状典型的点腐蚀形貌。

图 8-27　泄漏附近处管段取样金相组织

图 8-28　远端管段取样金相组织

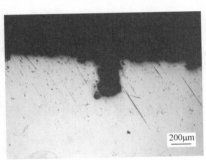

图 8-29　横截面未腐蚀

图 8-30　管横截面组织

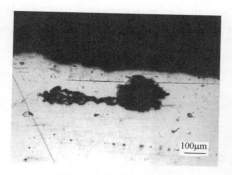

图 8-31 纵截面未腐蚀

图 8-32 管纵截面组织

2）能谱分析。对泄漏处附近的管段内壁进行能谱分析，如图 8-33 和图 8-34 所示。发现内壁表面的附着物中含有较高的 Cu 元素，而管材本身不可能含有这种元素，因此应为外来元素。

图 8-33 点扫描能谱选区

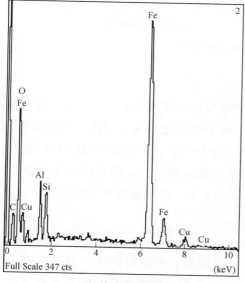

(a) 选区1能谱分析

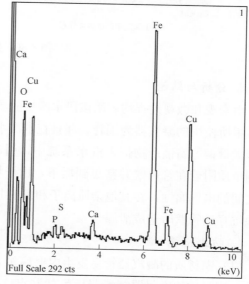

(b) 选区2能谱分析

图 8-34 分析结果

为了得到水冷壁管内壁元素的分布情况，随之对水冷壁管内壁随机选定不同的区域进行面扫描，其结果如图 8-35 和图 8-36 所示，结果证明水冷壁管内壁较普遍地存在 Cu 元素。

图 8-35　面扫描能谱选区

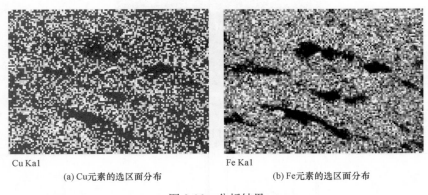

(a) Cu元素的选区面分布　　　　　　　(b) Fe元素的选区面分布

图 8-36　分析结果

3. 分析与结论

由宏观和微观检查均表明该段水冷壁的具有明显的点腐蚀特征。与 4 号炉相连接的 2 号机组所使用的凝汽器为铜管，并且在本次水冷壁管泄漏之前发生多次的凝汽器管泄漏，含有大量铜的腐蚀产物带入汽水系统中，引起了管子内壁表面的损伤和附着积垢。产生的铜单质附着在管内壁并富集到垢下，由于垢下介质流动性差，因此易发生明显的铜和铁之间的电偶腐蚀，在其他杂质离子和氧的共同助力下，电偶腐蚀在蚀坑内部迅速发展，当蚀坑穿透管壁时造成泄漏。

4. 防止措施

（1）铜材质的凝汽器管易发生内壁腐蚀，一旦泄漏含有铜的腐蚀产物就会进入汽水系统。铜材质的冷凝器管泄漏后虽然漏点已经得到处理，但杂质离子仍然还有残存，此时更要严格执行机组启动前冷热态冲洗，更要关注机组启动初期的汽水品质。

（2）铜材质的凝汽器管应考虑是否存在长时间的微漏。

八、 石墨与不锈钢间的电偶腐蚀

1. 概况

某热电厂有两台 200MW 的进口双抽汽机组、4 台 410t/h 锅炉，1999 年底竣工投产。2007 年 4 月 2 号机组检修发现电动给水泵门杆发生了严重的腐蚀，其部位在门杆与盘根接触的部位，如图 8-37 所示。

图 8-37　腐蚀门杆宏观形貌

2. 分析

该机组电动给水泵仅在机组启动时运行，等正常运行以后电动给水泵是处于停运状态，阀门是处于全关闭状态，而汽动给水泵及阀门处于经常活动的状态。该门杆的材质为 1Cr12MoV，在一般的介质、环境中是耐腐蚀的，但在一些特殊条件下依然可能会出现腐蚀现象。与此阀门门杆接触最多最紧密的部件为阀门的盘根，盘根为阀门门杆的密封填料，盘根填料为高碳纤维编织浸上特殊乳浊液和石墨粉，高碳纤维一般不会发生腐蚀，特殊乳液为缓蚀剂。

石墨是导电的，通常可以按导电金属看待。加石墨粉主要是增加密封填料的柔性。但是作为"异金属"接触，在电解质的作用下容易产生电偶腐蚀，这里电解质为乳浊液。

3. 结论

（1）盘根填料中的石墨因电极电位高为阴极，盘根填料中的乳浊液电解质，对石墨和不锈钢门杆起连通作用，不锈钢门杆因电位低为阳极，加之此阀门长时间处于关闭状态，因此易在盘根与不锈钢门杆接触的部位发生缓慢的电偶腐蚀。

（2）有电解质存在的工作环境下，由于金属和非金属之间存在非常狭窄的隙缝，有关物质的移动受到了阻碍，形成了浓差电池，进而在门杆上形成局部点状腐蚀。不锈钢的点腐蚀是一种常见的局部腐蚀，会给生产设备的运行造成严重障碍，有的甚至可能出现破坏性事故。特别是含有氯离子和硫离子时，通常发生在一些电解质溶液停滞的缝隙或屏蔽的表面下面，呈现出有一定形状的溃疡般沟槽或似点腐蚀连成的片状腐蚀。

参 考 文 献

[1] 钟鹏群，赵子华. 断口学 [M]. 北京：高等教育出版社，2014.

[2] 何业东，齐慧滨. 材料腐蚀与防护概论 [M]. 北京：机械工业出版社，2011.

[3] 廖景娱. 金属构件失效分析 [M]. 北京：化学工业出版社，2003.

[4] 梁成浩. 现代腐蚀科学与防护技术 [M]. 上海：华东理工大学出版社，2007.

[5] 谢学军，龚洵洁. 热力设备的腐蚀与防护 [M]. 北京：中国电力出版社，2011.

[6] 蔡文河，严苏星. 电站重要金属部件的失效及其监督 [M]. 北京：中国电力出版社，2011.

[7] 考核委员会. 电力系统水分析事故案例分析（电力系统水处理和水分析人员资格考试）[M]. 北京：
中国电力出版社，2013.

[8] 祝新伟. 压力管道腐蚀与防护 [M]. 上海：华东理工大学出版社，2015.

[9] 郭国才. 电镀电化学基础 [M]. 上海：华东理工大学出版社，2016.

[10] 傅玉华. 石油化工设备腐蚀与防治 [M]. 北京：机械工业出版社，1997.

[11] 中国腐蚀与防护学会. 电力工业的腐蚀与防护 [M]. 北京：化学工业出版社，1995.

[12] 谢学军. 电力设备的腐蚀与防护 [M]. 北京：科学出版社，2019.

[13] 于萍. 电厂化学 [M]. 武汉：武汉大学出版社，2009.

[14] 窦照英. 动力设备的腐蚀与防护 [M]. 北京：华北电力试验研究所，1982.

[15] 丁桓如. 水中有机物及吸附处理 [M]. 北京：清华大学出版社，2016.

[16] 中华人民共和国国家发展和改革委员会. DL/T 912—2005 超临界火力发电机组水汽质量标准 [S].
北京：中国标准出版社，2005.

[17] 国家能源局. DL/T 1717—2017 燃气-蒸汽联合循环发电厂化学监督技术导则 [S]. 北京：中国电
力出版社，2018.

[18] 国家能源局. DL/T 1924—2018 燃气-蒸汽联合循环机组余热锅炉水汽质量控制标准 [S]. 北京：
中国电力出版社，2019.

[19] 国家能源局. DL/T 561—2013 火力发电厂水汽化学监督导则 [S]. 北京：中国电力出版社，2014.

[20] 中华人民共和国国家质量监督检验检疫总局　中国国家标准化管理委员会. GB/T 12145—2016 火
力发电机组及蒸汽动力设备水汽质量 [S]. 北京：中国标准出版社，2016.

[21] 国家能源局. DL/T 1115—2019 火力发电厂机组大修化学检查导则 [S]. 北京：中国电力出版
社，2020.

[22] 国家能源局. DL/T 805.1—2011 火电厂汽水化学导则　第 1 部分：锅炉给水加氧处理导则 [S].
北京：中国电力出版社，2012.

[23] 国家能源局. DL/T 805.2—2016 火电厂汽水化学导则　第 2 部分：锅炉炉水磷酸盐处理 [S]. 北
京：中国电力出版社，2016.

[24] 国家能源局. DL/T 805.3—2013 火电厂汽水化学导则　第 3 部分：汽包锅炉炉水氢氧化钠处理
[S]. 北京：中国电力出版社，2020.

[25] 国家能源局. DL/T 805.4—2016 火电厂汽水化学导则　第 4 部分：锅炉给水处理 [S]. 北京：中
国电力出版社，2016.

[26] 国家能源局. DL/T 805.5—2013 火电厂汽水化学导则　第 5 部分：汽包锅炉炉水全挥发处理 [S].
北京：中国电力出版社，2014.

[27] 国家能源局. DL/T 956—2017 火力发电厂停（备）用热力设备防锈蚀导则 [S]. 北京：中国电力

出版社，2018.

[28] K. Shields，Cycle Chemistry Guidelines for Shutdown，Layup and Startup of Combined Cycle Units with Heat Recovery Steam Generators，EPRI，March 2006.

[29] R. B. Dooley，Guidelines for Controlling Flow-Accelerated Corrosion in Fossil and Combined Cycle Plants，EPRI，March 2005.

[30] 蒋东方，张冕，王超，等 . 电站低温给水系统腐蚀产物生成过程研究 [J]. 中国电力，2018，51（5）：118-122.

[31] 林彤，周克毅，司晓东 . 电厂机组流动加速腐蚀研究进展及防护措施 [J]. 腐蚀科学与防护技术，2018，30（05）：543-551.

[32] 陈艳慧，彭志珍，尹芹 . Davis-Besse 核电厂流动加速腐蚀失效事件反馈及共模特性分析 [J]. 全面腐蚀控制，2016，30（12）：57-60.

[33] 陆晓峰，朱晓磊，凌祥 . 一种预测异径管流动加速腐蚀速率的新模型 [J]. 中国腐蚀与防护学报，2011，31（006）：431-435.

[34] 王柱，韩会娟，李鹏，等 . 压水堆核电机组二回路流动加速腐蚀的原因及处理措施 [J]. 黑龙江电力，2015，37（006）：551-553.

[35] 张贤，邵杰 . 低温环境下的流动加速腐蚀 [J]. 电力与能源，2015，036（004）：603-606.

[36] 王静，孙雪平，柏乐 . 压水堆核电厂二回路水质泥渣沉积分析与控制优化 [J]. 核科学与工程，2016，36（006）：858-864.

[37] 葛红花，周国定 . 电厂热力设备防腐蚀技术研究进展 [J]. 腐蚀与防护，2009，30（009）：611-619.

[38] 刘萍萍，郗海英 . 大亚湾核电站风险指引型在役检查分析 [J]. 核动力工程，2016，37（5）：89-92.

[39] 黄兴德，游喆，赵泓，等 . 超（超）临界锅炉给水疏水系统流动加速腐蚀特征和风险辨识 [J]. 中国电力，2011，44（2）：37-42.

[40] 张凌翔，周克毅，徐奇，等 . 90°弯管流动加速腐蚀的实验和数值模拟 [J]. 化工学报，2018，69（12）：254-262.

[41] 苏猛业，金万里 . 超（超）临界机组锅炉氧化皮监控及综合治理技术 [J]. 电力建设，2012（11）：49-53.

[42] 肖卓楠，白冬晓，王超，等 . 超临界机组流动加速腐蚀边界层流动模拟与分析 [J]. 动力工程学报，2019，039（001）：13-16.

[43] 蒋东方，白杨，朱忠亮，等 . 超临界机组汽水系统腐蚀产物迁徙过程研究 [J]. 中国腐蚀与防护学报，2016（4）：343-348.

[44] 钟志民，张维，汪明辉 . 超声衍射时差法检测汽水管道环焊缝根部腐蚀减薄 [J]. 全面腐蚀控制，2016，30（01）：57-61.

[45] 曹松彦，王今芳，孙本达，等 . 采用乙醇胺抑制核电站二回路系统的流动加速腐蚀 [J]. 热力发电，2011，40（001）：73-75.

[46] 徐奇，徐璐琪，姚余善，等 . 电化学测量在电站流动加速腐蚀研究中的应用 [J]. 发电设备，2015，29（06）：5-8.

[47] 钟志民，郑会，李杰 . 核电厂二回路汽水管道局部减薄管理的挑战和应对 [J]. 腐蚀与防护，2020，41（9）：39-44.

[48] 张兴田 . 核电厂设备典型腐蚀损伤及其防护技术 [J]. 腐蚀与防护，2016，37（7）：527-533.

[49] 于洋，康艳昌，周洋 . 直流炉发电机组中流动加速腐蚀机理及抑制方法 [J]. 发电设备，2020（2）：87-91.

[50] 邱武斌，郝党强，王克涛．优化中全铁系统给水含铁量变化机理［J］．华北电力技术，2003（11）：29-31.

[51] 朱志平，陆海伟，汤雪颖，等．不同水工况下超临界机组水冷壁管材料的腐蚀特性研究［J］．中国腐蚀与防护学报，2014，34（3）：243-248..

[52] 周年光，张玉福．超临界机组化学专业技术特点［J］．湖南电力，2005（2）：60-64.

[53] 徐洪，超临界火电机组的金属腐蚀特点和沉积规律［J］．动力工程学报，2009，29（3）：210-217.

[54] 朱大锋，何雁飞．余热锅炉技术的发展［J］．东方电气评论，2011（02）：68-73.

[55] 冯礼奎，钱洲亥，周臣．直流锅炉给水低氧量处理的试验研究［J］．中国电力，2013（4）：21-24.

[56] 刘高勇，郝毅．核电厂典型腐蚀探讨［J］．全面腐蚀控制，2013（07）：7-13.

[57] 施少波，张维，栾兴峰，等．核电厂二回路管道 FAC 壁厚减薄强度评定方法［J］．核技术，2013（04）：291-295.

[58] 邓宏伟．核电厂二回路管道应对流动加速腐蚀机理研究［J］．南方能源建设，2015，002（001）：51-54.

[59] 赖平，张乐福，潘向烽，等．在线测试碳钢流动加速腐蚀减薄速率的直流电压法［J］．理化检验—物理分册，2019，53（1）：17-21.

[60] 阳永娟．超临界机组的腐蚀与防护［J］．化学世界，2016，57（9）：590-595.

[61] 黄杰．低压蒸发器换热管泄漏原因分析及处理措施［J］．广东电力，2013，26（005）：107-110.

[62] 张小霓，吴文龙，李长鸣，等．超临界直流炉首次检修化学检查共性问题及对策［J］．河南电力技术，2010，31（008）：71-74.

[63] 肖卓楠，白冬晓，王超，等．超临界机组疏水系统发生流动加速腐蚀的影响因素以及预防［J］．工业安全与环保，2019，045（001）：70-73.

[64] 陈志刚，郭新良．超临界机组化学监督［J］．云南电力技术，2013，41（002）：89-92.

[65] 詹约章，余建飞．超临界机组腐蚀、结垢和积盐分析及处理对策［J］．工业水处理，2012（06）：94-97.

[66] 罗以勇．S109FA 机组余热锅炉低压系统泄漏分析与处理［J］．重庆电力高等专科学校学报，2014（4）：45-49.

[67] 马双忱，于燕飞，徐涛，等．ORP 在水环境污染防控方面的应用［J］．工业水处理，2020，40（02）：14-18，27.

[68] 仝利霞．300MW 机组高加疏水调节门堵塞原因分析及措施［J］．电力技术，2009（08）：60-62＋72.

[69] 邵天佑，刘金生，庞胜林．超超临界锅炉磁性氧化铁沉积分析与对策［J］．电力技术，2009（05）：33-36.

[70] 肖卓楠，白冬晓，徐鸿，等．超临界机组给水加氧处理对流动加速腐蚀影响的研究［J］．动力工程学报，2018，38（011）：880-885.

[71] 艾志虎，刘定平．超临界锅炉给水加氧的关键问题［J］．中国电力，2011，44（03）：52-55.

[72] 宋全轩．超临界锅炉奥氏体钢管氧化研究与预防［J］．热能动力工程，2016，31（008）：115-119.

[73] 邱元刚，丁翠兰．超超临界直流锅炉给水加氧处理技术研究及应用［J］．山东电力技术，2016，43（01）：62-66.

[74] 黄校春，徐洪，赵益民．超超临界机组实施给水加氧处理的可行性［J］．中国电力，2011，44（012）：51-54.

[75] 何磊，刘志杰，宁献武．超超临界 1000MW 机组给水加氧处理探讨［J］．东北电力技术，2012（1）：17-21.

[76] 杨俊，倪瑞涛，邓宇强，等．采用乙醇胺抑制直接空冷凝汽器运行腐蚀的研究［J］．腐蚀与防护，

2014, 35 (008): 789-791.

[77] 查方林, 刘凯, 杨漫兮, 等. SA-210C 和 15CrMoG 在给水加氧处理工况下的氧化特性研究 [J]. 表面技术, 2018, 47 (011): 181-188.

[78] 施国忠, 刘春红. 1000MW 机组精确控制加氧处理技术的应用 [J]. 浙江电力, 2014 (11): 55-57.

[79] 陈裕忠, 黄万启, 卢怀钿, 等. 1000MW 超超临界机组长周期给水加氧实践效果分析与评价 [J]. 中国电力, 2013 (12): 43-47.

[80] 卫翔, 任全在, 卫大为, 等. 660MW 超超临界直流锅炉给水全保护加氧处理技术的应用 [J]. 电力科学与工程, 2020, 36 (6): 62-67.

[81] 茅玉林, 黄万启, 张洪博, 等. 660MW 超超临界机组给水低氧处理实践与效果评价 [J]. 腐蚀科学与防护技术, 2014, 026 (003): 285-288.

[82] 张小霓, 李长鸣, 谢慧. 600MW 超临界直流炉机组首次检修化学检查共性问题及对策分析 [J]. 河南电力, 2010 (04): 25-28.

[83] 楼新明, 刘舟平, 关玉芳. 600MW 超临界机组直流炉给水处理方式探讨 [J]. 浙江电力, 2011, 30 (2): 42-45.

[84] 郭锦龙. 直接空冷机组炉内水处理方式的研究 [J]. 山西电力, 2007 (5): 1-3.

[85] 曹洪宇. 潮州电厂 600MW 机组给水加氧处理应用情况 [J]. 广东电力, 2011 (03): 56-60.

[86] 陈戎, 沈保中. 超临界机组汽水优化控制 [J]. 电力设备, 2006, 7 (004): 20-25.

[87] 顾庆华. 超临界 600MW 机组直流锅炉给水 AVT (O) 处理的探索 [J]. 热力发电, 2007, 36 (11): 74-76.

[88] 邵天佑, 闻国华. 超超临界直流锅炉氧化铁沉积分析及对策 [J]. 浙江电力, 2009, 28 (3): 48-50.

[89] 徐洪. 超超临界压力直流锅炉垂直管屏水冷壁的失效分析及防爆策略 [J]. 动力工程学报, 2010, 30 (005): 329-335.

[90] 庞胜林, 柯文石, 曹士海, 等. 超超临界燃煤发电机组汽水品质优化的实践及思考 [J]. 电力与能源, 2011, 32 (005): 370-373.

[91] 刘绍强, 叶如祥. 630MW 超临界机组给水系统 FAC 的控制与研究 [J]. 安徽电力, 2011 (01): 33-36.

[92] 胡振华, 陈志刚. 300MW 汽包锅炉给水分配管腐蚀原因分析 [J]. 陕西电力, 2013 (09): 85-88.

[93] 周可师, 黄兴德, 曹恩楚, 等. 300MW 机组给水 AVT (O) 处理技术试验研究 [J]. 华东电力, 2009, 37 (004): 672-675.

[94] 边春华, 卢祺, 刘洪群, 等. 核电厂汽水分离再热器流动加速腐蚀原因分析及控制措施 [J]. 中国核电, 2020, 13 (04): 481-486.

[95] 赵志祥, 薛巍. 联合循环机组低压汽包内折流挡板流动加速腐蚀分析 [J]. 发电设备, 2012, 26 (1): 20-22.

[96] 龚嶷, 徐雪莲. 压水堆核电厂蒸汽发生器老化机理及其影响因素 [J]. 腐蚀与防护, 2014, 35 (2): 163-168.

[97] 张尧, 苏德林, 李光耀, 等. 一起蒸发器爆管事故的原因分析及预防措施 [J]. 发电设备, 2017, 31 (3): 219-222.

[98] 关小川. 余热锅炉流动加速腐蚀的原因和防护措施 [J]. 化工设计通讯, 2018, 44 (09): 81.

[99] 张好峰. 余热锅炉模拟给水水质对碳素钢材料的影响 [J]. 东北电力技术, 2017, 38 (12): 42-44.

[100] 马光耀, 陈青. 余热锅炉受热面管道内壁的氧化膜腐蚀 [J]. 材料科学与工程学报, 2016, 34 (6): 1015-1019.

[101] 李志刚, 田泽中, 黄万启. 直接空冷 300MW 机组凝汽器流动加速腐蚀研究 [J]. 热力发电,

2011, 40 (012)：34-37.

[102] 肖剑峰，朱志平，乔越，等．直接空冷凝汽器 20 钢与 3004 铝合金管材的模拟腐蚀实验研究 [J].
腐蚀科学与防护技术，2018, 30 (001)：41-48.

[103] 孟龙，杨静，孙本达，等．直接空冷凝汽器流动加速腐蚀的影响因素 [J]．热力发电，2014,
43 (12)：118-122.

[104] 黄万启，田泽中，胡振华，等．直接空冷系统金属部件的腐蚀与防护 [J]．热力发电，2014 (9)：
113-116.

[105] 赵亮，罗坤杰，李光福．核电厂二回路管道腐蚀降级特征分析与敏感点识别 [J]．腐蚀与防护，
2016, 37 (7)：579.

[106] 李俊菀，曹杰玉，刘玮，等．改进型低氧处理精确加氧技术在超超临界机组的应用 [J]．中国电
力，2016, 49 (011)：149-152.

[107] 李红军，王建，杨彪，等．核电厂汽水分离再热器壳体减薄原因分析及处理 [J]．核动力工程，
2017, 38 (S2)：124-127.

[108] 徐雪莲，龚巍，刘晓强，等．压水堆核电厂结构材料腐蚀防护设计与老化管理 [J]．腐蚀与防护，
2016, 37 (7)：534-543.

[109] 翟方杰．关于电厂热力设备腐蚀的探讨 [J]．山东电力高等专科学校学报，2006 (04)：68-70.

[110] 霍金仙，楼台芳，吴玲．锅炉水冷壁介质浓缩腐蚀研究 [J]．材料保护，2001, 34 (4)：13-14..

[111] 于惠君，刘长远，张昊，等．余热发电锅炉蒸发器损坏事故分析 [J]．中国锅炉压力容器安全，
2003, 19 (6)：49-52.

[112] 徐长虹，曹丰银，王子兵．浅析一起 SZL10-1.25-AⅢ锅炉的爆管事故 [J]．锅炉制造，2006,
000 (004)：40-42.

[113] 李福松，张生凯，杜允跃，等．锅炉省煤器管泄漏原因分析与对策 [J]．中国设备工程，2007,
25 (005)：44-45.

[114] 王玉琴．汽包锅炉省煤器管腐蚀程度大于水冷壁管的原因探讨 [J]．价值工程，2019, 38 (33)：
60-62.

[115] 刘世念，陈文中，葛春鹏．离子交换树脂漏入炉内引起炉管结垢腐蚀的研究 [J]．西北电力技术，
2004 (06)：99-102, 6.

[116] 朱新强．降低火电厂热力设备结垢率的措施 [J]．浙江电力，2000, 19 (003)：38-40.

[117] 范圣平，韩倩倩，曹顺安．火电厂热力设备结垢，积盐与腐蚀现状及防治对策 [J]．工业用水与
废水，2010, 41 (5)：9-14.

[118] 朱永满，叶致富．锅炉水汽系统金属腐蚀及控制方法 [J]．化学工程与装备，2019 (08)：
197-199.

[119] 霍金仙，楼台芳，吴玲．锅炉水冷壁介质浓缩腐蚀研究 [J]．材料保护，2001, 34 (4)：13-14.

[120] 祁利明，柴世丰，孙启宇．HG-1020/18.58-YM22 型锅炉爆管事故分析 [J]．内蒙古电力技术，
2008, 26 (6)：21-24.

[121] 阚柏平．浅谈水质不良对工业锅炉的危害及对策 [J]．中国设备工程，2017 (12)：153-154.

[122] 程明．工业锅炉介质浓缩腐蚀的影响因素分析 [J]．广东化工，2019, 46 (09)：198-199.

[123] 徐洪．高压汽包锅炉水冷壁管爆管分析 [J]．理化检验：物理分册，2002, 38 (10)：445-447.

[124] 李茂东，赵军明，杜玉辉．高参数锅炉的腐蚀与预防 [J]．中国锅炉压力容器安全，2004,
20 (4)：55-57.

[125] 李贵海，刘国强，侯亚琴，等．锅炉水冷壁爆管泄漏事故分析 [J]．山东电力技术，2016 (3期)：
45-47.

[126] 黄瑾，陈吉刚．华能福州电厂锅炉水冷壁氢损伤爆管分析 [J]．热力发电，2006, 35 (011)：

68-71.

[127] 孙春生，野颖．超高压电站锅炉水冷壁管失效分析 [J]．金属热处理，2011 (S1)：286-290.

[128] 陈兴伟，吴建华，王佳，等．电偶腐蚀影响因素研究进展 [J]．腐蚀科学与防护技术，2010 (4)：363-366.

[129] 王杜娟，蒋仕良．热电部 6 号锅炉水冷壁炉管开裂原因分析 [J]．石油化工设备技术，2014，000 (001)：40-44.

[130] 朱衍勇，董毅，司红，等．高温再热器管失效分析 [J]．电子显微学报，2005，24 (004)：304-304.

[131] 江国栋，卢建湘．高温再热器管失效研究与对策 [J]．热加工工艺，2016 (8)：250-252.

[132] 邓宇强，叶智，张小平，等．过热器氧化物溶解过程中金属材料局部腐蚀机理研究 [J]．华电技术，2017，39 (010)：10-13.

[133] 董登超，张珂，洪慧敏，等．某电厂锅炉用 12Cr1MoVG 钢过热器管爆管的原因 [J]．机械工程材料，2016 (7 期)：114-118.

[134] 于学斌，贺桂林，王海鸥，等．超临界机组加氧处理对氧化皮生成和剥离的影响 [J]．热力发电，2010 (07)：87-89.

[135] 张波，金用强，王育翔．加氧运行对超临界锅炉再热器 TP347H 钢管内壁氧化皮增厚速度和剥落的影响 [J]．锅炉技术，2011 (06)：45-48.

[136] 肖国振，尹成武，朱平，等．超临界锅炉末级过热器 T23 管性能状态评估及监督管理 [J]．锅炉技术，2013，044 (001)：63-66.

[137] 赵慧传，贾建民，陈吉刚，等．超临界锅炉末级过热器爆管原因的分析 [J]．动力工程学报，2011，31 (001)：69-74.

[138] 苏猛业，金万里．超（超）临界机组锅炉氧化皮监控及综合治理技术 [J]．电力建设，2012 (11)：49-53.

[139] 葛成巍，郑建林．1000MW 超超临界机组氧化皮控制策略与加氧运行处理技术 [J]．电源技术与应用，2012 (09)：20-21.

[140] 马元坤．超超临界锅炉末级过热器 T92 钢管爆管原因分析 [J]．理化检验（物理分册），2013，49 (12)：834-837.

[141] 贾建民．超超临界机组锅炉用不锈钢管表面冷作硬化处理对其抗蒸汽氧化性能的影响 [J]．热力发电，2009，38 (006)：32-37.

[142] 李英，高增，侯君明．超临界锅炉过热器氧化皮形成和剥落机理分析及预防措施 [J]．热力发电，2007 (11)：82-85, 88.

[143] 车畅，钱公，窦文宇，等．超临界锅炉过（再）热器氧化皮剥落分析 [J]．中国特种设备安全，2013，000 (011)：46-50.

[144] 余勋，尹雪刚．超临界锅炉高温受热面氧化皮生成与剥离的预防措施 [J]．湖北电力，2013 (9)：68-70.

[145] 曾壁群，陈裕忠，冯庭有．1036MW 机组锅炉受热面氧化皮的预控措施研究 [J]．发电设备，2012，26 (004)：292-295.

[146] 徐洪．给水加氧处理引发蒸汽通道氧化皮剥落的机理 [J]．动力工程学报，2011，31 (009)：672-677.

[147] 伍宇鹏，王伟，钟万里，等．火电厂锅炉受热面管氧化皮脱落事故原因分析 [J]．广东电力，2013，26 (003)：91-94.

[148] 江志铭．工业锅炉高温受热面氧化皮堵管的成因及应策 [J]．中国新技术新产品，2013，000 (002)：108-109.

[149] 崔修强．超临界机组氧化皮机理分析及防治对策 [J]．中国设备工程，2019 (12)：112-114.

[150] 范文标．超（超）临界机组氧化皮产生的原因及防治措施 [J]．华电技术，2011 (03)：1-4.

[151] 王帅，吴新，路昆，等．1000MW 超超临界锅炉低温过热器爆管原因分析 [J]．化工进展，2019，38 (06)：2633-2640.

[152] 陈鹏，程玉贵，夏玉恒．800MW 机组锅炉过热器氧化膜脱落原因分析及对策 [J]．东北电力技术，2008 (07)：43-46.

[153] 朱志平，柳森，郑敏聪，等．不同水工况对过热器 TP347 管内氧化皮生长与剥落的影响 [J]．长沙理工大学学报：自然科学版，2016，13 (2)：86-93.

[154] 刘欣，李明，孙树翁，等．氧化皮生成与等离子体煤粉点火锅炉启动的关系 [J]．中国电力，2014，47 (08)：98-102.

[155] 朱志平，柳森，郑敏聪．外加溶氧对锅炉过热器管内氧化皮生长及剥落的影响 [J]．全面腐蚀控制，2016 (5)：12-18.

[156] 彭国达．锅炉屏式再热器 TP304H 管裂纹分析 [J]．华中电力，2009 (06)：57-59.

[157] 卞韶帅，黄新．锅炉高温受热面管内氧化皮应力分析的一种解析方法 [J]．锅炉技术，2014，45 (001)：62-67.

[158] 李志刚，张宇博，姚兵印．超（超）临界锅炉机组高温氧化案例分析与启示 [J]．中国电力，2014 (8)：88-93.

[159] 李戈，朱海宝，陈卓婷．600MW 超临界机组 T91 屏式过热器管爆管的失效分析与防治 [J]．热加工工艺，2018，047 (020)：257-260.

[160] 龙会国，谢国胜，龙毅，等．TP347H 钢管蒸汽侧氧化皮形态及其形成机制 [J]．材料热处理学报，2013 (09)：183-188.

[161] 刘秀玉，田振华．化工机械材料腐蚀与防护 [J]．中国设备工程，2016 (010)：33-33.

[162] 黄为福，叶振华，杨文彬，等．某化工厂自备电站锅炉水冷蒸发屏爆管原因分析 [J]．理化检验（物理分册），2020，56 (01)：65-69.

[163] 葛升群，刘社社．水冷壁管内壁腐蚀失效机理研究及防止对策 [J]．工业锅炉，2007 (006)：52-55.

[164] 童红政，吴小立，王维平，等．某燃机锅炉蒸发器管腐蚀原因分析及对策 [J]．东北电力大学学报，2019，39 (04)：35-40.

[165] 童良怀．一起电站锅炉严重腐蚀的原因分析及处理措施 [J]．腐蚀与防护，2011 (01)：89-92.

[166] 王焕伟，治卿，康谦，等．火电厂锅炉炉水 pH 值下降原因分析 [J]．内蒙古电力技术，2020，38 (05)：92-94.

[167] 李元浩，姜波，王鹏星．某 220MW 超高压机组修后炉水 pH 突降原因分析 [J]．工业水处理，2021，41 (02)：123-126.

[168] 冯礼奎，楼华栋，赖建忠．联合循环余热机组停/备用腐蚀防护技术综述 [J]．浙江电力，2018，037 (008)：86-91.

[169] 谢建丽，邓佳杰，胡家元．十八胺高温成膜特性及成膜形态 [J]．材料保护，2012，45 (3)：69-71.

[170] 刘世念，陈文中，葛春鹏．离子交换树脂漏入炉内引起炉管结垢腐蚀的研究 [J]．西北电力技术，2004，32 (6)：92-95.

[171] 龚云峰，吴春华．强化混凝在给水处理工程中的应用 [J]．中国给水排水，2000，16 (12)：29-31.

[172] 丁桓如．给水处理中除有机物研究的现状 [J]．水处理技术，1995 (05)：282-285.

[173] 李厚一，范玲玲，唐国，等．低温过热器受热面管焊接接头断裂失效分析 [J]．焊接技术，2020，

49（5）：109-114.

[174] 章芳芳，方湘瑜，黄六一，等 . 氧氯协同作用下 304 不锈钢管的应力腐蚀开裂 [J]. 热加工工艺，2019，48（14）：167-169.

[175] 刘献良，赖云亭，陈忠兵，等 . 余热锅炉过热器管焊缝开裂原因分析 [J]. 金属热处理，2019，45（9）：267-270.

[176] 何晓东，曹海涛，刘雪峰，某电厂 300MW 锅炉高温过热器管开裂原因分析 [J]. 理化检验-物理分册，2019，55（7）：492-497.

[177] 龚云峰，丁桓如 . 给水处理工程中去除有机物的方法 [J]. 工业水处理，2000，20（8）：1-3.

[178] Feng Q，Wang S，Kim I，et al. Heat of absorption of CO_2 in aqueous ammonia and ammonium carbonate/carbamate solutions [J]. International Journal of Greenhouse Gas Control，2011，5（3）：405-412.

[179] Watanabe H，Yamazaki H，Wang X，et al. Oxygen and hydrogen peroxide reduction catalyses in neutral aqueous media using copper ion loaded glassy carbon electrode electrolyzed in ammonium carbamate solution [J]. Electrochimica Acta，2009，54（4）：1362-1367.

[180] 黄锦阳，杨征，鲁金涛，等 . 尿素水解制氨装置法兰失效原因分析 [J]. 热力发电，2016，45（6）：111-115.

[181] 李茂东，许崇武 . 高参数汽包炉机组的腐蚀与防护 [J]. 材料保护，2003，36（10）：48-49.

[182] 蔡晖，熊伟，唐丽英，等 . 锅炉给水加氧对奥氏体管汽侧氧化皮形成及剥落的影响 [J]. 华电技术，2015，37（5）：14-20.

[183] 赵亚楠 . 304 奥氏体不锈钢在 $H_2S+Cl^-+CO_2+H_2O$ 复杂介质环境下的应力腐蚀试验研究 [D]. 浙江工业大学，2016.

[184] 李梦源 . 高温蒸汽环境对电站锅炉管材料应力腐蚀裂纹扩展影响研究 [D]. 华北电力大学（北京），2016.

[185] 朱忠亮 . 电站过热器材料在超临界水中的腐蚀机理研究 [D]. 华北电力大学（北京），2017.

[186] 张力 . 便携式多通道电化学噪声测试系统设计 [D]. 天津大学，2012.

[187] 伊成龙 . 核电厂二回路管道流动加速腐蚀性能研究 [D]. 上海交通大学，2012.

[188] 许陈兵 . 不同流动环境中 X65 管线钢的磨损腐蚀动态发展过程实验研究 [D]. 大连理工大学，2020.

[189] 王学慧 . 不锈钢和铝合金在典型环境中的应力腐蚀特征与检测方法 [D]. 天津大学，2015.

[190] 林彤 . 电厂不同流场下流动加速腐蚀的模拟与实验台设计 [D]. 东南大学，2019.

[191] 李浩 . 超超临界火电机组材料失效分析与结构改进研究 [D]. 陕西科技大学 2018.

[192] 曹海彬 . REAC 出口管道腐蚀产物保护膜及冲蚀临界特性研究 [D]. 浙江理工大学，2009.

[193] 张黎 . 电厂汽水系统腐蚀产物迁徙机理的研究 [D]. 华北电力大学（北京）.2014.

[194] 徐奇 . 超（超）临界机组流动加速腐蚀数值建模及实验研究 [D]. 东南大学，2016.

[195] 焦晓翠 . 超临界锅炉水冷壁管材的腐蚀特性研究 [D]. 长沙理工大学，2014.

[196] 黄校春 . 1000MW 超超临界机组给水加氧处理实验与应用研究 [D]. 东南大学，2016.

[197] 张乃强 . 电站锅炉管氧化层在溶氧超临界水中生长机理的研究 [D]. 华北电力大学，2012.

[198] 李琼 . 超（超）临界机组汽水系统腐蚀产物等状态监测技术的研究 [D]. 华北电力大学（北京），2019.

[199] 郑康平 . 超临界机组汽水循环中腐蚀电势和 pH 值分布的研究 [D]. 华北电力大学，2014.

[200] 张国军 . 电站汽水系统流动加速腐蚀机理及对策研究 [D]. 华北电力大学，2014.

[201] 彭佳佳 . 定向加氧处理技术在华能玉环电厂的应用研究 [D]. 浙江大学，2016.

[202] 洪文超 . 660MW 超超临界锅炉长周期给水加氧试验研究 [D]. 华北电力大学，2015.

[203] 贾伟 . 600MW 亚临界汽包锅炉化学水工况优化试验研究 [D]. 华北电力大学，2011.

[204] 赵超 . 核电汽轮机汽、水预分离器的研究 [D]. 东南大学，2015.

[205] 倪瑞涛 . 直接空冷机组流动加速腐蚀的防护研究 [D]. 西安科技大学，2017.

[206] 熊书华 . 锅炉炉管管材在含 SO_4^{2-} 和 Cl^- 介质中的腐蚀研究 [D]. 长沙理工大学，2011.

[207] 户如意 . 电站锅炉水冷壁管的疲劳失效分析 [D]. 西安工业大学，2018.

[208] 张辉 . 不同水化学工况下金属氧化膜的特性研究 [D]. 长沙理工大学，2011.

[209] 薛森贤 . 超临界锅炉氧化皮剥落爆管原因分析及对策研究 [D]. 华南理工大学，2010.

[210] 张乾 . 电站汽水系统腐蚀迁徙过程的探讨和应用 [D]. 华北电力大学，2013.

[211] 张琦瑜 . 超临界机组氧化皮生成机理及控制措施研究 [D]. 华北电力大学（北京），2017.

[212] 赵志渊 . 锅炉受热面管内氧化物生成及剥落机理的研究 [D]. 华北电力大学，2012.

[213] 裴国雄 . 锅炉高温受热面内壁腐蚀及超温问题的研究 [D]. 华北电力大学（北京），2013.

[214] 李杰 . 沧东电厂 660MW 超临界锅炉高温氧化防治研究 [D]. 华北电力大学，2013.

[215] 刘金秋 . 奥氏体锅炉管内壁氧化皮脱落堆积测量技术研究 [D]. 山东大学，2011.

[216] 荣质斌 . 超临界水环境下电厂锅炉管道材料的腐蚀性能研究 [D]. 华北电力大学，2014.

[217] 朱国栋 . 260t/h 电站锅炉水冷壁腐蚀振动问题研究 [D]. 浙江大学，2016.

[218] 张志宇 . 超（超）临界机组汽水循环系统腐蚀产物迁徙特性研究 [D]. 华北电力大学（北京），2019.

[219] 王亮亮 . 核电厂二回路主要管道流动加速腐蚀研究 [D]. 上海交通大学，2017.

[220] 彭哲言 . 热电站煤粉锅炉水冷壁爆管原因分析及预防措施研究 [D]. 华东理工大学，2014.

[221] 田珏，海正银，王辉 . 核电厂流动加速腐蚀的研究 [C] 中国核学会 2015 年学术年会 . 2015.

[222] 白青山 . 压水堆核电厂二回路管道 FAC 防范对策 [C] 中国核学会 2019 年学术年会 . 2019.

[223] 钟赵江，陈汉明 . 核电站 FAC 有效管理的六要素分析 [C] 中国核学会学术年会 . 2009.

[224] 钟志民，李劲松，郑会 . 核电厂二回路汽水管道壁厚管理实践与思考 [C] 中国核学会 2011 年学术年会 . 2011.

[225] 毕法森，李德勇 . 采用给水加氧抑制高加流动加速腐蚀 [J]. 全国火电大机组（600MW 级）竞赛第 8 届年会论文集，2004.

[226] 高永奎 . 300MW 火力发电机组汽包给水分配管腐蚀泄漏原因及危害分析 [C] 第四届火电行业化学（环保）专业技术交流会 . 2013.

[227] 潘定立，张伶俐 . 大唐洛阳首阳山发电厂♯4 机♯3 高加泄漏原因分析 [C] 全国火电大机组 . 2009.

[228] 银龙，郑怀国，王绍民，等 . 超临界机组问题及检修策略 [C] 全国火电大机组（600MW 级）竞赛第 9 届年会 . 2005.

[229] 喻兰兰，周克毅，黄军林，等 . 超临界机组给水系统流动加速腐蚀问题的数值研究 [C] 中国动力工程学会锅炉专业委员会 2013 年学术研讨会论文集 . 2013.

[230] 王国蓉 . 660MW 超超临界机组化学水工况优化初探 [C] 全国电站化学 . 中国电力企业联合会；中国水利企业协会脱盐分会，2011.

[231] 马娜，刘桂良 . FAC 的研究历程与工程应对策略 [C] 中国核动力研究设计院科学技术年报 . 2011.

[232] 张文帅，魏刚，刘伟，等 . 1000MW 超超临界机组加氧运行实践 [C] 中国动力工程学会超超临界机组技术交流 2013 年会 . 2013.

[233] 陈学兵，周亮，于春雁 . 高温氧化皮脱落运行防控探索 [C] 全国火电 600MW 机组技术协作会年

会.2009.

[234] 程亮,张楠.超超临界锅炉超温爆管故障分析及治理[C].2013年中国电机工程学会年会论文集,2013.

[235] 赵亮,胡建群,吴志刚,等.核电厂二回路管道流动加速腐蚀管理[C].压力容器先进技术——第七届全国压力容器学术会议论文集.2009.